移动物联网资源管理与网络优化

宁兆龙　王小洁　著

科 学 出 版 社

北 京

内 容 简 介

本书在作者多年从事移动物联网相关领域教学和科研的基础上编写而成。全书系统地对移动物联网络接入、数据传输、实时计算和能量管理机制等方面的理论和应用进行阐述。

本书既可以作为计算机科学与技术、通信与信息系统、软件工程等专业的研究生教材，也可供IT领域的工程技术人员学习、使用和参考。

图书在版编目(CIP)数据

移动物联网资源管理与网络优化/宁兆龙，王小洁著. —北京：科学出版社，2020.6

ISBN 978-7-03-064248-6

Ⅰ. ①移… Ⅱ. ①宁… ②王… Ⅲ. ①移动终端-应用程序-程序设计-高等学校-教材 Ⅳ. ①TN929.53

中国版本图书馆CIP数据核字（2020）第017802号

责任编辑：于海云 董素芹／责任校对：王 瑞

责任印制：张 伟／封面设计：迷底书装

科学出版社出版

北京东黄城根北街16号

邮政编码：100717

http://www.sciencep.com

北京凌奇印刷有限责任公司印刷

科学出版社发行 各地新华书店经销

*

2020年6月第 一 版 开本：787×1092 1/16

2021年3月第二次印刷 印张：14 1/2

字数：330 000

定价：98.00元

（如有印装质量问题，我社负责调换）

前　　言

互联网的发展正深刻地影响着人们的生产和生活方式。从早期的电子邮件到万维网技术引发的信息爆炸，再到当今多媒体信息的异彩纷呈，互联网已经不仅仅是一项信息技术，更构造了人类史上最大的信息库。进入 21 世纪以来，随着感知识别技术的快速发展，以传感器和识别终端为代表的信息自动生成设备可以实时准确地对物理世界进行感知、测量和监控。低成本芯片制造的高速发展使可联网终端数目激增，网络技术使物理世界信息的综合利用成为可能。物联网（Internet of Things, IoT），即物与物相连的互联网，是一种在互联网基础上延伸至物与物之间进行信息交换的网络。物联网是继计算机、互联网与移动通信网之后的又一次信息产业浪潮，其目标是通过各种信息传感设备与智能通信系统将全球范围内的物理物体、信息技术系统和人有机地关联起来，从“点”“线”“网”三个层面共同实现“智慧地球”。

随着智慧城市的构建，移动物联网已经成为新兴研究热点。然而，移动物联网的高动态性、大规模性及异构性等特征为其进行高效资源管理带来了巨大挑战，包括：网络接入的便捷性、数据传输的实时性、计算任务执行的高效性、用户个人隐私的安全性及网络能量利用的有效性等。本书共包括 12 章内容，针对网络接入、数据传输、实时计算和能量管理四部分对移动物联网高效资源管理相关技术进行阐述。第一部分为网络接入（第 1~3 章），主要内容包括社交车联网中服务质量感知的网络接入机制、移动物联网中社会感知的自适应网络接入与转发机制、高效数据分发中的隐私保护机制；第二部分为数据传输（第 4~6 章），主要内容包括基于群智感知的时延敏感数据传输机制、基于协同过滤的车辆边缘内容传输机制、基于深度学习和三角图元的边缘车辆信息传输机制；第三部分为实时计算（第 7~9 章），主要内容包括基于混合云计算的移动物联网卸载机制、面向高效数据分发的动态计算任务卸载机制、车辆边缘网络中基于深度强化学习的智能卸载机制；第四部分为能量管理（第 10~12 章），主要内容包括智慧城市中绿色抗毁协作的边缘计算机制、面向高效数据分发的协同能量管理机制、基于区块链的电力存储能量交易机制。

本书在编写过程中得到了多位同行专业老师的指导，在此表示感谢。下列人员参与了本书的编著并在校稿过程中提供了宝贵意见，他们是董沛然、孙守铭、张凯源、陈晗頔、杨雨轩、孙兰芳、许和风，在此对上述人员进行一并感谢。作者在认真听取同行意见的基础上潜心研究，精心编写了本书，希望能够为读者在移动物联网的前沿理论学习方面提供帮助。但由于作者水平有限，书中难免存在一些不足之处，希望广大读者批评指正。

作　者

2019.12

目　录

第 1 章　社交车联网中服务质量感知的网络接入机制

物联网是基于互联网、传统电信网等的信息承载体，让所有能够被独立寻址的普通物理对象实现互联互通的网络。它具有普通对象设备化、自治终端互联化和普适服务智能化三个重要特征。移动物联网 (Internet of Mobile Things, IoMT) 是在物联网的基础上通过与射频识别和无线通信技术融合而成的全新网络体系。从网络角度观察，移动物联网具有以下几个特点：在网络终端层面呈现物联网终端模块化、感知识别普适化；在通信层面呈现异构设备互联化；在数据层面呈现管理处理智能化；在应用层面呈现应用服务链条化。具体而言包含：① 联网终端规模化，物联网时代的一个重要特征是每一个物品都可以接入网络成为终端；② 感知识别普适化，近些年自动识别技术与传感网技术发展迅猛，这些技术使物理世界可以通过信息流进行描述，实现信息世界与物理世界的融合；③ 异构设备互联化，尽管硬件和软件平台千差万别，异构设备可以利用无线通信模块和标准通信协议构建自组织网络，在此基础上，执行不同协议的异构网络之间通过“网关”实现网际间信息共享及融合；④ 管理平台智能化，物联网将大规模数据高效并系统地组织起来，为上层应用提供智能支撑平台，数据存储与检索成为行业应用的重要基础设施，与此同时，各种决策手段，包括运筹学理论、机器学习、数据挖掘、专家系统等广泛应用于各行各业；⑤ 应用服务链条化，是物联网应用的重要特点。以工业生产为例，物联网技术覆盖从原材料引进、生产调度、节能减排、仓储物流，到产品销售、售后服务等各个环节，已经成为提高企业整体信息化程度的有效途径。物联网技术在一个行业的应用也将带动相关上下游产业，最终服务于整个产业链。

由于车联网 (Internet of Vehicles, IoV) 在保障行驶安全、优化交通、提高驾驶舒适性等方面具有巨大潜能，其在科学研究、标准制定和设计开发等方面逐渐成为一个热点领域。随着智能化车载设备的种类与数量的日渐丰富，用户对多样化、优质化服务的需求不断提高，如何通过在车辆与基础设施或其他车辆之间建立连接，从而为用户提供一系列安全可靠的车载应用程序十分重要。单一的车载设备获取和处理信息的能力有限，很难满足不断提高的应用需求。因此，在车载智能设备之间建立信息分享、服务接入和相互协作的机制将是车联网服务接入技术发展的必然趋势。

本章针对车联网服务接入问题，着重研究有效适应车联网接入服务的可靠性保障策略和服务质量的优化方法。本章针对车联网中设备性能的不稳定性，提出一种动态接入服务评估算法；针对设备间的服务感知问题，定义一种建立智能车载设备间社会化关系的新方法，以发掘设备间潜在的关联；针对设备之间网络拓扑不稳定和连接中断率高等问题，提出一种基于设备运动轨迹的交互时间预测算法。最后，本章提出一种基于接入协同路由协议，完成对服务从感知、评估、请求到获取的社交车联网接入方法研究。本章对真实应用场景进行一系列的仿真和对比实验，通过观察请求成功率、接入服务质量、平均请求成本等指标，验证并分析该方法的有效性和优越性。

1.1 研究背景与意义

智慧城市可以通过整合现有的创新技术高效地管理城市资源，包括信息系统、电力系统、运输系统和其他关键基础设施资源，达到提高居民生活质量的最终目标。随着城市规模的不断扩大，道路上车辆的数量飞速增长，人们在出行上花费了大量时间。因此，如何通过高效的交通网络管理，降低交通拥塞、减少事故数量，同时为驾驶员和乘客提供交互式服务具有重要意义。

车联网是物联网和车载自组织网络的有机结合。由于车联网在保障交通安全、优化交通运输、提高驾驶员和乘客的便捷性与舒适性等方面的巨大潜力，它逐渐成为科学研究、标准化制定和设计开发的热点领域。目前，大量的研究工作致力于新型车联网架构的设计与实现，而相当一部分研究工作侧重于车联网服务质量和安全性等特定领域。

车辆网络拓扑的移动性和动态性使得车辆网络中路径选择和动态链路连接等方面的研究具有很大的挑战性。高效的路由协议设计是近些年的研究热点。为了克服车联网中的连通性问题，时延容忍网络 (Delay Tolerant Network, DTN) 得到了广泛关注，该网络的核心思想是端到端的链路连通性对于链路的构建并非必要条件，信息可以通过存储和转发进行传输。DTN 协议栈通过束 (bundle) 层的设计存储初始数据包，并将其作为一个束转发，直到目的节点接收该包。

Smaldone 等提出了一个基于社交网络框架的车辆通信模型，并在该模型的基础上设计了一个名为 Roadspeak 的应用 [1]。通过该应用，驾驶员能够根据自身的兴趣加入聊天组，开启了车联网的新兴应用，即社交车联网 (Social Internet of Vehicle, SIoV)，并将其定义为由具有时空特性的车辆组成的社交网络。社交车联网将人类社会属性 (关系、相似性、社区、移动性、社会关联等) 与车辆网络相结合。基于社交车联网实现智慧城市的新兴技术研究受到了广泛关注，具体包括道路安全保障、运输效率优化以及驾驶舒适度提升等。随着远程遥控设备、个人电子助理、平板电脑以及车载控制单元等基于无线传输的电子产品不断被集成或绑定到车辆当中，社交车联网获得了新的发展机遇，同时也面临着新的挑战。这些无线设备构建起的用户与用户之间、车与车之间、车与基础设施之间的无缝连接将逐渐成为车联网应用的基本要求。此外，随着车载设备的智能化程度不断提高，以及用户对于多样化、优质化的车载服务需求不断增强，通过车联网技术建立一系列与安全性和使用性相关的车载应用及服务将是未来的重要发展方向，如安全行驶助手，自动费用支付，高级路线导航或者寻找周边加油站、停车位和其他基于位置的服务，也给车联网服务接入技术带来了挑战，如：① 复杂度，服务的维度要求更高，其关联性也更为复杂；② 个性化，用户希望获取根据他们个人特点和偏好定制服务。

然而，车联网的一些内在特点和约束可能会影响上述功能或服务的实现。首先，车联网节点 (即车辆) 长期处于高速运动或相对运动的过程中，因此，与一般的静态网络或移动自组织网络相比，其网络连接中断频率更高，且端到端的连接无法得到保证。然而值得注意的是，虽然车辆节点的移动性高，但它并不是随机移动的。由于道路环境的限制，车辆的移动性是可以预测的；其次，车联网拓扑结构的频繁变化，将直接影响到网络中诸多服务的提供，如服务信息接入、路由选择等；再次，车联网还面临着带宽受限的问题，由于网络环境中存在交叉口、交通阻塞以及建筑物等干扰因素，其带宽问题比一般的移动自组织网络更为严重；最后，车联网网络的规模实时变化，随着节点的移动，网络的规模可能从几个节点快速变化到几百个节点，这就要求网络具有良好的可拓展性，也对网络中的路由、服务发现、安全保护等算法提出了更高的要求。另外，车联网的一些特点也可能成为提供各项应用和服务的有利因素。例如，网络中相对线性的拓扑结构可以减少数据传输过程中的路径冗余，不再被节点设备的计算能力和系统资源 (内存、能耗、硬件存储) 所约束等。

作为上层车载应用的基础，车联网中服务发现和接入方法的性能直接影响着安全性和用户可用性，从而决定了车辆在行驶安全、用户体验等方面的整体质量。正因如此，在过去几年内，研究和探索车联网更好的服务发现和接入方法一直是众多学者努力的方向。

车联网中的服务发现与接入方法主要用于为上层的车载应用提供相关的数据信息，如天气查询服务应用中的降雨量和能见度信息，智能导航服务中的目的地信息、路径信息和车流信息等。目前，车联网中服务发现与接入方法的研究主要可以分为三类：服务发现协议框架的研究、服务发现算法的研究和路由协议的研究。

服务发现协议框架的研究目标主要是基于车联网的特点，研究简单、高效的服务发现协议架构，其中包括服务描述、服务注册、服务发现、服务路由和支持移动性方法等基本模块。该类研究侧重于模块之间的相互联系，并对该框架在实际车载网络中的部署和运行进行验证与分析。

服务发现算法的研究主要包括服务发现和服务选择两个部分。根据采用的方式不同，可以将服务发现方法分为推送式、响应式和复合式方法。在推送式服务发现方法中，服务提供者通过采取主动推荐的方式，周期性地向网络中的其他节点广播其当前的服务信息。该方法的优势在于能够高效地进行服务发现，但同时也将产生一定的网络负载。与之相反，在响应式服务发现方法中，服务提供者等待来自其他节点的请求消息，请求者需要将请求发送到网络，直到找到满足请求的节点。复合式服务发现方法采用推送式和响应式方法相结合的策略，并借助其他的一些方法，如目录节点方法、分组方法、覆盖层网络方法等，优化网络中的服务发现效率，同时制约了服务信息传播所产生的网络负载。另一种服务发现算法注重于研究服务发现的质量与安全。这种算法通过研究车载自组织网络中的恶意行为探测方法和可扩展的信任管理策略，建立起网络节点之间的信任关系，以区分网络中的正常节点和恶意节点，并提供接入服务的安全性和质量保障。

近年来，车联网中路由协议的研究受到了广泛关注，但由于车辆网络的特定约束，路由协议的研究相比于静态网络或传统移动自组织网络而言，复杂性明显增加。车联网路由协议的研究方法与服务发现方法相似，可以根据路由协议所采取的策略分为三类：主动式协议、被动式协议和复合式协议。在被动式协议中，只有当网络节点产生报文传输需求时才进行路由路径发现。通常在这种协议中，控制报文从请求节点广播到网络中的每个节点，并建立请求节点至目标节点的通信链路。因此，在实际传输报文之前会产生一段时延。而在主动式协议中，节点需要通过周期性地发送控制信息来实时维护路由表。因此在主动式的路由协议中不会产生路径获取时延。复合式协议将主动模式和被动模式有机结合，并致力于通过应用其他相关技术来有效降低网络负载，同时优化链路选择。

本章的主要内容研究是社交车联网服务的接入方法，重点研究接入方法中的可靠性保障机制和服务质量优化方法。基于相关研究工作的深入分析，总结出设备在车联网环境下进行服务搜索、选择以及路由过程中面临的实际问题和内部约束，提出一种基于服务质量感知的社交车联网协同服务接入方法，具体研究内容包括以下几点。

(1) 本章提出一种动态的接入服务评估算法，该算法在综合考虑节点设备间的直接和间接服务质量评估基础上，通过引入历史记录的时间属性、衰减机制和反馈调节机制来应对网络拓扑结构动态变化、节点性能不稳定等因素产生的影响。

(2) 本章设计一种新的车辆节点社会化关系建立方法，在传统社会化物联网模型所定义的外部 (固有) 相似性以及基本社会化关系形式的基础上，根据设备行为 (如分享、评价和反馈) 的探测机制发掘设备之间隐含的内部 (动态) 相似性，从而建立更为真实、准确且易扩展的节点社会化关系模型，并以此提高服务接入方法的准确度和成功率。

(3) 本章提出一种基于设备运动轨迹的交互时间预测方法，通过计算分析时间窗内设备的运动变化率并结合其当前的运动属性 (速度、方向、位置、加速度等) 对该设备在未来一段时间内的运动轨迹进行预测，并以此为基础计算可能与该设备之间建立连接的交互时间和连接性能的变化趋势，为高速移动的车联网节点提供参考。

(4) 本章提出一种基于接入服务质量感知的协同路由协议，该协议基于上述提出的车联网接入服务的选择算法实现。首先利用选择算法的结果构建一个以节点为中心的邻域网络生成树结构，并计算该结构中每个邻域节点的接入质量评估值。以此为基础，根据当前网络的不同状况采用不同的接入服务路由选择策略选择接入服务路径，并结合双向缓冲算法进一步优化协议的响应效率和准确率。

本章结构安排如下：1.2 节介绍相关研究工作；1.3 节介绍提出的接入服务选择策略；1.4 节介绍构建的协作服务质量感知接入系统，包括拓扑构建、路由策略选择和缓存机制；1.5 节通过仿真验证方案的有效性；1.6 节对本章内容进行总结。

1.2 研究现状

社交车联网接入的相关研究大致可以概括为三个方面：服务发现和网络接入、接入服务质量和安全，以及社交车联网路由。

1) 服务发现和网络接入

服务发现可以大概分为三种类型：推动式、响应式和混合式。文献 [2] 研究了基于自适应用户请求的数据传输机制，该机制允许不同的应用根据网络生成数据包来保障传输稳定性。为了获得高效带宽接入，文献 [3] 研究了一种基于技术设施支持的服务发掘协议。该协议不仅考虑服务搜索和路由，同时考虑了带宽资源受限的情况，因此需要均衡网络负载和服务发现效率。为了保证移动网络中的视频点播服务的质量，该文献提出一种基于虚拟社区在内容分享效率和网络开销间进行权衡的方案。文献 [4] 研究了车辆自组织网络中基于移动社群的视频流点播机制，主要考虑了移动社团挖掘和社会成员管理。前者通过模糊蚁群分簇算法和移动相似性估计模型来实现；后者通过定义社团成员的职能、任务、加入/离开和协作特性来实现。由于间断的链路连通性将大幅降低网络服务性能，文献 [5] 通过鼓励高速公路车辆协作，提出一种协作缓存策略用以提升多媒体流服务的用户体验质量。为了提升居民的生活质量但并不约束其行为，文献 [6] 通过挖掘社交车联网轨迹数据分析人类移动行为和影响其行为的潜在因素。

2) 接入服务质量和安全

现有的车辆网络研究主要集中在服务发掘、响应时间、带宽利用率和传输时延等方面，而基于车辆网络接入服务质量和安全方面的研究才刚刚起步。随着车辆设备定制化需求的提高，接入服务的隐私和安全将对网络连通性和带宽利用率产生重要影响。由于社交车联网中拓扑、链路干扰和网络规模的不断变化，如何构建网络检测机制，评估用户信用关系，来应对网络的可扩展性至关重要。社交车联网通过构建社会化网络连通智能设备。文献 [7] 提出了一种基于事件驱动的信任管理模型，该模型主要考虑节点的主观体验和相关节点设备。然而，在车联网动态环境中，获得动态和自适应传输门限的选择和时间窗具有一定的难度。

社交车联网的迅速发展，加速了车辆网络向车辆物理信息系统的发展。文献 [8] 提出了一种面向社交网络和车辆安全的多层内容感知网络架构，重点阐述了社交车联网和内容感知车辆安全的相关内容，并提出基于内容感知的动态停车服务系统。为了处理社交车联网中的动态拓扑、受限带宽和频繁通断等特性，文献 [9] 设计了车辆视频社交网络，通过数据信息为旅途用户推荐合适的视频内容。

3) 社交车联网路由

尽管社交车联网路由的相关研究已经得到广泛的关注，但其特殊的通信环境和约束条件带来的挑战仍有待解决。文献 [10] 综述了车联网中的路由协议，并分析现有路径规划和交通服务预测方法的性能优劣。为了激励自私节点对数据进行协作转发，文献 [11] 研究了一种副本可调激励机制，利用信用值奖励社团内外节点的转发。为了促进高速公路上车辆用户的社交通信和交互，文献 [12] 提出的社交车联网框架激励车辆用户通过车辆内部信息交互定期更新信息。通过挖掘社交车联网个体的用户特性，文献 [13] 考虑了个体用户对环境的学习和认知能力，并基于仿生学蜂群机制进行建模。

1.3 接入服务选择策略

在车辆自组织网络环境中，高速、移动的智能化车辆节点设备的规模不断变化，它们之间相互连接，并组成不同的应用场景，如安全行驶助手、自动费用支付、高级路线导航或者发现周边加油站、停车位等基于位置的服务等。随着车载设备智能化程度的不断提高，以及用户日益增长的多样性、优质化车载服务的需求，建立智能设备之间的信息分享、服务接入和相互协作机制是车联网服务接入技术发展的必然趋势。然而，协作机制的建立和应用也面临着以下几方面挑战。

(1) 如何定义、建立并管理智能设备之间的关系模型和体系结构。关系模型和体系结构的有效定义、建立与管理是共享、接入和协作的基础，直接决定了智能设备在整个参与过程中的接入方式和具体行为。

(2) 如何有效评估服务和设备，识别网络环境中的劣质服务甚至恶意行为，并为设备选择接入提供优质服务和可信的设备。

需要特别注意的是，车辆设备的能耗和负载要求不高，且一般具有较高的计算和存储能力，但同时也存在着设备间相对运动速率快、链路状态不稳定、网络拓扑结构动态变化等问题，需要在进行接入服务选择时充分考虑。综合上述分析，本章设计了一种社交车联网接入服务推荐方法，其主要特点如下。

(1) 提出了一种接入服务动态评估算法，在综合考虑直接和间接评估的基础上，通过引入历史接入记录的时间属性和反馈调节机制来应对由网络环境变化、节点性能不稳定等因素产生的干扰和影响。

(2) 在传统社会化物联网模型所定义的外部 (固有) 相似性的基础上定义了一种设备间社会化关系建立的新方法，根据设备的行为 (如分享、评价和反馈) 发掘设备之间的内部 (动态) 相似性，从而提高评估的准确度和响应效率。

(3) 提出了一种基于设备运动轨迹的交互时间预测方法，通过计算时间窗内目标设备的运动变化率和当前的运动属性 (速度、方向、位置) 对目标设备的运动轨迹进行预测，进而计算可能的与目标设备的交互时间。

1.3.1 系统模型

本章考虑了异构去中心化的动态网络环境。网络中不存在固定的信任权威来向节点设备提供信誉评估和帮助。节点设备随着用户动态地移动，加入或离开某个局域网络或群体。每个节点设备都携带自定义的概要文件用于反映自己的特征信息，包括制造商、产品批次、工作环境、能提供的服务和兴趣偏好等。节点设备的兴趣偏好代表了该设备所提供的接入服务的特点和侧重点，是设备用户在真实世界中的社会化联系或兴趣偏好在网络系统中设备之间社会化关系的映射。考虑到即使对于相同的服务或行为，具有不同特征信息的设备也可能给予不同的评价，因此根据特征信息的不同，节点设备构成不同的群体并建立不同形式的社会化关系。在同一群体内的设备间存在相类似的特征偏好和连接关系，因此具有相似的评价标准和提供、接入服务的能力，如图 1.1 所示。

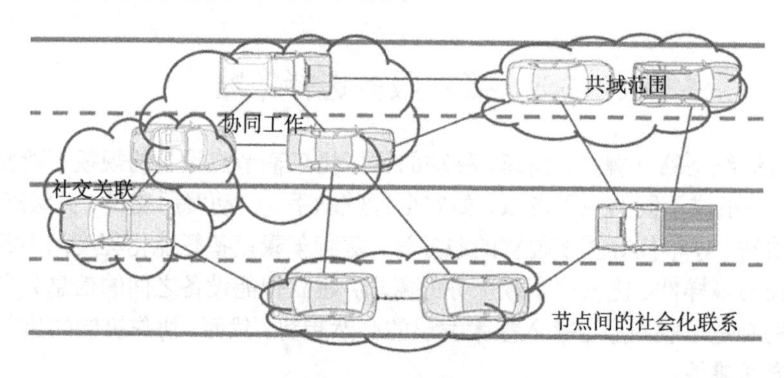

图 1.1 系统模型

在本章考虑的网络环境中，每一个节点设备都可能是正常或者非正常设备。正常设备能够提供有质量的服务并积极向其他设备提供合适的推荐信息，而一个非正常设备则通过提供劣质的服务或发送不正确的反馈评价或推荐信息来影响网络的服务质量和稳定性。考虑到真实场景中可能发生的具体情况，本章假设节点设备能够在正常和非正常行为之间进行转换。

在服务接入的过程中，每个节点设备不仅可以作为服务或信息的请求者，也可以成为信息的提供者或推荐者。本地的接入服务记录和简要配置信息存储着设备维护信息，并依据这些信息评估其他设备或者提供推荐服务。节点设备间的直接接入服务评价、间接推荐评价、社会化联系和预测交互时间均可作为评估标准，并直接影响接入服务的选择。在每次接入服务结束后，节点设备根据所接入的服务质量分别反馈给提供者及推荐者，并调整更新本地数据及配置信息。本章涉及的主要变量及其定义如表 1.1 所示。

表 1.1　第 1 章主要变量及其定义

变量	定义
S_i	接入服务类型
$R_{u,v}(t)$	节点设备 u 和 v 在时间 t 的接入服务质量评估
$\mathrm{TTL}(u, s_i)$	节点设备 u 对于服务 s_i 的生存时间
$I(u, v, t)$	节点设备 u 和 v 在时间 t 前接入所有服务的次数
$C(u, v, t)$	节点设备 u 和 v 在时间 t 前关联设备的集合
$S_{u,v}(t)$	节点设备 u 和 v 在时间 t 的节点相似性
$P_{u,v}(t)$	节点设备 u 和 v 在时间 t 的连通时间
$R_{u,v}^{\mathrm{dir}}(t)$	节点设备 u 和 v 在时间 t 的直接观察
$R_{u,v}^{\mathrm{ind}}(t)$	节点设备 u 和 v 在时间 t 的间接观察
θ_j	节点设备 j 的移动方向
G_u	节点设备 u 的生成树结构
$\mathrm{send}(S_i)$	S_i 所需传输时间
$\mathrm{hop}(u, v)$	节点设备 u 和 v 间所需跳数

1.3.2　参数定义

1) 接入服务的动态评估

本节定义的参数通过直接接入服务评价和间接推荐评价相结合的方式来评估节点设备的历史表现。在直接接入服务评价中，主要的参数除了包括节点设备间的总接入次数 (I)、对于每次服务的评价 (Q) 外，考虑到不同的接入服务之间存在的差异 (如重要性、精准度要求等)，接入服务的权重 (W) 也被引入评估算法中来降低欺诈攻击的风险。在间接推荐评价中，将节点设备之间的共同关联设备 (C) 作为累积推荐信息的主要参数引入算法中。为了满足评估的动态性要求，本章设计的算法为节点设备的每一次服务接入、评价、推荐记录都增加了时间属性 (t)，用于反映不同记录数据对当前评估的时效性差异。

2) 社会化关系的建立与量化

具有不同特征的设备构建成不同的群体并形成特定形式的社会化关系。本章定义了适应社交车联网的四类基本社会化关系形式。具体来说，协同提供服务的节点之间的关系权重值为 0.4，处于相同工作环境的节点之间的关系权重值为 0.3，经常或持续发生交互的节点之间的关系权重值为 0.2，属于相同制造商或批次节点之间的权重值为 0.1。为了尽可能提高接入服务质量，我们认为接入服务相关性越高或者提供相关服务的可能性越大的节点设备间的紧密程度越高，这样的社会化关系也会具有更高的权重值和可信度。考虑到真实网络环境中节点设备之间可能同时存在多种社会化关系，本章使用关系维度来度量社会化关系的数量。

3) 交互时间的预测与量化

节点设备间交互时间的预测模型的构建基于节点的移动信息，包括移动速度、坐标位置、时间和移动方向。此外，节点设备维护一个大小为 N 的时间窗口来监测其他节点的移动，随着时间增长，替换旧数据的同时保存新数据。计算过程中还引入了预测轨迹半径 (R) 和变化率 (a) 等中间变量，在量化过程中，利用预测距离、连接性评估值等参数来反映节点设备之间的期望连接状态。

1.3.3 接入服务的选择

当节点设备产生服务接入需求时，它首先从服务质量、服务相关度和交互时间三个方面评估其周围存在的其他节点设备 (即潜在接入对象)。评估过程所依据的数据可以从节点本身的历史访问服务记录和网络中其他节点设备发送的配置信息中获得。考虑到不断变化的网络环境，我们对每条记录和配置信息都赋予一个精确的时间属性 (t)，节点设备之间的评估计算也充分考虑数据的时效性。

服务质量评估以节点设备间的历史服务接入记录和推荐信息为基础，通过评价过去的接入服务预测未来能够获取的服务质量。在时间点 t，节点设备 u 对 v 的接入服务质量的评估 $R_{u,v}(t)$ 可以通过自身的直接观察 $R_{u,v}^{\text{dir}}(t)$ 和共同关联设备的间接推荐 $R_{u,v}^{\text{ind}}(t)$ 两种方式综合获得，如式 (1.1) 所示：

$$R_{u,v}(t) = \alpha R_{u,v}^{\text{dir}}(t) + (1-\alpha) R_{u,v}^{\text{ind}}(t) \tag{1.1}$$

其中，直接观察和间接推荐的结果均处于 $[0,1]$ 范围内，权重因子 $\alpha \in [0,1]$ 用于调节两者之间的重要性。当节点设备 u 需要评估节点设备 v 的接入服务质量时，它首先检索本地的接入服务记录和配置信息进行直接评价，并从节点 u 和 v 共同关联的其他设备所发送的推荐信息中获取间接评价信息。式 (1.2) 描述了节点设备 u 对 v 的直接评价方法：

$$R_{u,v}^{\text{dir}}(t) = \frac{\sum\limits_{i=1}^{I(u,v,t)} \rho(t,i) \times Q(v,i) \times W(v,i)}{\sum\limits_{i=1}^{I(u,v,t)} W(v,i)} \tag{1.2}$$

其中，$I(u,v,t)$ 表示直到时间点 t，节点设备 u 和 v 之间的全部服务接入次数；$Q(v,i)$ 和 $W(v,i)$ 分别代表节点设备 v 的第 i 次接入服务的质量评估和该次服务的重要性因子。考虑到车联网环境的动态变化特征，为了提高有限接入服务记录的评估价值并获得更具实时性的评估结果，我们将衰减系数 $\rho(t,i)$ 应用到接入记录的评估中。定义第 i 次接入记录的衰减系数计算为 $\rho(t,i) = 1/\ln(|t-t(i)|)$，其中 $t(i)$ 表示第 i 次接入发生的时间。

间接评价可以从共同关联设备所获取的推荐信息计算获得。节点设备 u 和 v 在 t 时刻的共同关联设备 $C(u,v,t) = \{w | I(u,v,t) > 0 \& I(w,v,t) > 0\}$，即到时间点 t 为止，u 所接入过的节点设备中同样也接入过 v 的节点设备集合。在评估算法中，请求接入节点 u 对共同关联设备的评估结果被认为是该设备所提供的推荐信息的可信度参数，如式 (1.3) 所示。来自接入服务评估结果更高的共同设备推荐信息被认为具有更高的可信度，所以将在综合计

算过程中拥有更高的权重值，从而减少虚假推荐和恶意评价等因素对接入服务质量的影响，并从另一方面提升推荐信息的准确性。

$$R_{u,v}^{\mathrm{ind}}(t)=\frac{\sum\limits_{j=1}^{C(u,v,t)}R_{u,j}^{\mathrm{dir}}(t)\times R_{j,v}^{\mathrm{dir}}(t)}{\sum\limits_{i=1}^{C(u,v,t)}R_{u,j}^{\mathrm{dir}}(t)} \tag{1.3}$$

节点设备之间的社会化关系是设备用户在现实世界中社会化关系和服务需求特征的抽象映射，是本章所提出的接入服务评估算法中第二个重要评估指标。通过发掘节点设备之间潜在的社会化联系，能够有效实现大规模动态网络环境中可信节点的快速感知与辨别，从而提升发现、接入优质服务的效率和正确率。为了更深入和全面地建立节点设备之间的社会化关系，本章所提出的评估算法引入了节点设备的行为相似度作为内在社会化关系衡量指标。将社会化关系进一步细化为内部相似性和外部相似性，节点社会化关系强度由两者综合计算得到，如式 (1.4) 所示：

$$S_{u,v}(t)=\beta S_{u,v}^{\mathrm{int}}(t)+(1-\beta)S_{u,v}^{\mathrm{ext}}(t) \tag{1.4}$$

其中，β 是节点 u 和 v 的内部和外部行为重要性的权重因子。

为了量化评估两个节点之间的内部相似性，本章引入了皮尔逊相关系数 (Pearson Correlation Coefficient) 基于节点设备对常用关联设备的评价行为进行相似度计算。如果两个节点设备对于其他设备的评价趋于一致，说明它们之间更有可能具有相似的接入服务需求，这样的节点设备之间也更有可能建立高质量的协作和共享机制；反之，关联设备评价分歧较大的节点设备之间可能会出现接入服务需求不一致，甚至提供劣质服务、虚假评价等恶意行为，这样的社会化联系应该被弱化或抑制。在外部相似性评估方面，本章根据前面定义的 4 类基本社会化关系形式，结合节点设备自身的相关配置信息进行计算。内部相似性和外部相似性的具体计算方法如式 (1.5) 和式 (1.6) 所示：

$$S_{u,v}^{\mathrm{int}}(t)=\frac{\sum\limits_{k=1}^{C(u,v,t)}|R_{u,k}^{\mathrm{dir}}(t)-\overline{R_{u}^{\mathrm{dir}}(t)}|\times|R_{v,k}^{\mathrm{dir}}(t)-\overline{R_{v}^{\mathrm{dir}}(t)}|}{\sqrt{\sum\limits_{k=1}^{C(u,v,t)}(R_{u,k}^{\mathrm{dir}}(t)-\overline{R_{u}^{\mathrm{dir}}(t)})^2}\times\sqrt{\sum\limits_{k=1}^{C(u,v,t)}(R_{v,k}^{\mathrm{dir}}(t)-\overline{R_{v}^{\mathrm{dir}}(t)})^2}} \tag{1.5}$$

$$S_{u,v}^{\mathrm{ext}}(t)=\sum_{i=1}^{\omega}V(i)\times F_{u,v}(i,t) \tag{1.6}$$

其中，$S_{u,v}^{\mathrm{int}}(t)$ 和 $S_{u,v}^{\mathrm{ext}}(t)$ 分别表示在 t 时刻节点设备间的内部和外部社会化关系；$C(u,v,t)$ 代表 u 和 v 之间的共同关联设备集合；$R_u^{\mathrm{dir}}(t)$ 表示节点设备 u 在时间 t 内的平均评价值；ω 表示节点 u 与 v 之间存在的外部社会化关系维数；$V(i)$ 和 $F_{u,v}(i,t)$ 分别表示每一维关系的标准权重值以及 t 时刻节点设备间该社会化关系的强度。

车载设备的移动性是接入服务选择算法需要考虑的重要问题，对节点设备的移动性分析和有效连接时间预测都十分重要，分析预测的准确度也直接影响着接入服务的选择策略以及最终的服务质量。车辆网络中服务发现、接入以及路由协议相关的研究大多分析计算了连接时间，并将其作为接入服务或路径选择的一个重要的衡量指标。通过分析现有的相关工作，可以将车辆节点设备间连接时间预测与量化方法分为以下两类。

(1) 线性方法：根据节点设备当前的移动速度和方向建立线性的移动预测模型，并计算连接时间。线性方法是大多数研究工作采用的方法，该方法的优势在于数据量要求较低、计算简单快速，但同时也存在预测准确度低的缺陷，尤其在曲线和加速运动的情况下很难满足预测要求。

(2) 概率方法：根据节点设备当前时刻的移动速度、方向、加速度以及初始距离等信息，预测未来某一时间段内每个时刻两个节点之间保持有效连接的可能性。该方法预测效果较好，但参数要求和计算开销相对较大。

本章提出了一种基于运动轨迹的交互时间预测方法，根据一定时间窗 (Time Window, TW) 内节点设备的运动轨迹进行分析预测，该过程为线性分析过程，是在横向移动与纵向移动分解的基础上进一步考虑节点设备的移动和横向与纵向的速度变化率，从而对节点在未来一段时间内的运动轨迹进行预测，并量化节点设备之间的可连接性。同时，随着时间窗口的不断移动，新的数据被导入并替换旧的数据，不断修正预测误差。

考虑一个长度为 n 的时间窗：$t_{\text{cur}-n+1},\cdots,t_{\text{cur}-1},t_{\text{cur}}$ 和一个长度为 m 的预测时间段 $t_{\text{cur}+1},\cdots,t_{\text{cur}+m}$，其中 t_{cur} 表示当前时间点。与时间窗内每个时间点相对应，节点设备的运动方向可以表示为：$\theta_{\text{cur}-n+1},\cdots,\theta_{\text{cur}-1},\theta_{\text{cur}}$。通过将真实世界中节点设备的转向运动模拟为以一个坐标点为圆心，半径为 r 的圆周运动，根据圆周运动过程中运动角度随运动路径长度的变化关系可以得到

$$\frac{\Delta\theta}{2\pi}=\frac{\Delta t\Delta v}{2\pi r},\quad \text{i.e.}, r=\frac{\Delta t\Delta v}{\Delta\theta} \tag{1.7}$$

其中，Δt 为时间变化量；$\Delta\theta$ 为 Δt 对应的运动角度的变化量；v 为移动速度；r 为计算所得的圆周半径。

依据式 (1.7) 依次计算时间窗内每个时刻 t_i 到当前时刻 t_{cur} 的运动过程中对应的圆周半径 r_i，可以得到一系列在与当前运动方向相垂直的方向上，且与当前坐标位置距离为 r_i 的圆心点，对这些点进行拟合便可以得到预期的轨迹半径 r_p，如式 (1.8) 所示:

$$r_p=\frac{1}{n}\sum_{\text{cur}-n-1}^{\text{cur}-1}\frac{v(t_{\text{cur}}-t_i)}{(\theta_{\text{cur}}-\theta_i)} \tag{1.8}$$

以当前位置为初始点，根据预测半径 r_p 再次使用式 (1.7)，可以得到预测时间段内每个时间点对应的运动方向 θ_j $(j=1,2,\cdots,m)$ 的计算公式如式 (1.9) 所示：

$$\theta_j=\theta_{\text{cur}}+\frac{1}{r_p}(t_j-t_{\text{cur}})v \tag{1.9}$$

水平和垂直方向的速度分别为 $v_j^x=v\cos(\theta_j)$ 和 $v_j^y=v\sin(\theta_j)$。x 轴和 y 轴的加速度分别为 $a_j^x=-\sin(\theta_j)$ 和 $a_j^x=-\sin(\theta_j)$。

通过整合节点速度、移动方向和对应移动，可得节点设备从当前时刻开始，在各个时刻点相对于当前坐标点的位移距离 δx_j 和 δy_j 如式 (1.10) 和式 (1.11) 所示：

$$\delta x_j=\delta x_{j-1}+v\cos(\theta_{j-1})(t_j-t_{j-1})-\frac{1}{2}\sin(\theta_{j-1})(t_j-t_{j-1})^2 \tag{1.10}$$

$$\delta y_j = \delta y_{j-1} + v\sin(\theta_{j-1})(t_j - t_{j-1}) + \frac{1}{2}\cos(\theta_{j-1})(t_j - t_{j-1})^2 \tag{1.11}$$

其中，$j = 1, 2, \cdots, m$；δx_j 和 δy_j 满足 $\delta x_0 = 0$ 和 $\delta y_0 = 0$。通过位移计算公式，可以计算出节点设备在预测时间段内各时间点的目标节点所在位置坐标和自身坐标，使用平面上两点间的距离公式可以快速得到两个设备间距离随时间变化的函数 $\mathrm{Dist}_{u,v}(t)$。根据 Dist 函数所求得的距离，结合网络中节点设备间的有效通信范围 (Communication Range, CR)，可以推导出随着时间 t 推移，节点设备之间连通性的变化曲线，经过归一化，则可以得到时间段 $[0, T]$ 内节点设备 u 对 v 连接时间的评估值 $P_{u,v}(t)$，计算如式 (1.12) 所示：

$$P_{u,v}(t) = \frac{1}{T}\int_0^T \left(1 - \frac{\mathrm{Dist}_{u,v}(t)}{\mathrm{CR}}\right)\mathrm{d}t \tag{1.12}$$

综合考虑接入服务质量、社会化关系相似度和预期连接性三个方面的评估指标，给定时间 t，节点设备 u 对 v 的接入服务评估值 $T_{u,v}(t)$ 可通过式 (1.13) 计算得到，其中，ω_1、ω_2 和 ω_3 分别为接入服务质量、社会化关联和预期连接性的权重值，并满足三者之和为 1。

$$T_{u,v}(t) = \omega_1 R_{u,v}(t) + \omega_2 S_{u,v}(t) + \omega_3 P_{u,v}(t) \tag{1.13}$$

经过上述方法的计算评估，节点生成一个基于接入服务评估值的选择列表。节点依照列表选择一个或者多个具有较高评估值的节点设备发起接入服务请求。在接入过程结束后，请求节点 u 将根据所获得的服务质量对提供者 v 进行反馈评价 $\mu_{u,v}(t)$。同时，作为奖惩机制，请求节点 u 也将依据所获取的推荐信息准确度对关联节点设备集合 $C(u, v, t)$ 中的节点 j 进行评价，如式 (1.14) 所示：

$$\mu_{u,j}(t) = 1 - |\mu_{u,v}(t) - R_{j,v}^{\mathrm{dir}}(t)| \tag{1.14}$$

如果从节点 j 获得的推荐信息接近于节点设备 u 实际获得的接入服务质量，即节点 j 提供了正确的建议，它将得到肯定的反馈，反之则得到否定的反馈。无论是对接入服务的反馈还是对推荐信息的反馈都将被记录到本地交互数据中，即在设计算法的奖惩机制中，积极地反馈从不同的特点和访问质量区分服务，从而提升节点提供的服务质量，否则反馈不但将传递给劣质服务的提供者，也将传递给提供错误推荐信息的相关设备，使具有不同接入质量和不同服务特征的节点设备间的区别更为明显，从而提高整体接入服务选择的正确性。

1.4 接入服务质量感知的协同路由机制

不同于传统的互联网络或普通静态网络，车联网具有结构多变、链路不稳定、干扰复杂等特点。对于服务接入过程而言，选择优质的接入对象与选择优质的传输链路同样重要。然而在真实环境中，往往很难同时满足这两项需求。因此，设计一种充分考虑上述两种需求并尽可能优化服务接入结果的路由策略具有十分重要的意义。本节提出了一种用于接入服务质量感知的协同路由机制并对其进行详细阐述。

1.4.1 网络模型

本章所设计的路由着重考虑一个动态和开放的网络环境。节点设备随着车辆高速移动并通过无线网络技术进行信息交互。考虑到无线技术的有效传输距离，所有的节点设备被限定为只能够与一跳范围内的其他设备直接进行通信。相距多跳的两个节点设备之间的交互，则需要依靠连接路径上的其他设备进行转发。与 1.3 节提出的接入服务选择算法相似，每一个节点设备都维护一个本地的数据集，其中包含自己的接入服务记录以及相关配置信息，用于评估接入服务质量和发掘节点间的社会关系。此外，节点设备还实时维护着邻域网络、路由以及缓存信息。

根据接入服务请求过程中起到的作用不同，可以将网络中的节点设备分为三类。

(1) 服务请求者：由发起接入服务请求的节点构成，它们向具有所需求服务的节点设备或向具有相关接入服务信息的节点设备发送接入请求。

(2) 服务提供者：包括网络中任何一个能够提供服务的节点设备，可能是正在移动的车载设备，也可能是固定的路侧单元 (Road Side Unit, RSU)，本章假设所有的服务提供者均为车载设备。

(3) 服务协作者：所有提供接入服务相关信息或路由信息的节点设备。

在所考虑的网络环境中，任何节点设备的角色都可能发生变化，或者同时具有多个角色。节点设备之间通过特定格式的报文相互通信，根据报文所承担的功能以及包含的数据不同，可以将报文分为以下几类。

(1) 浮标报文 (BCON)：节点设备周期性广播的一种报文，主要用于向周边节点发送自己的配置信息以及邻域网络信息，包括各相邻节点设备的基本配置、路由路径长度及评估值等。通过浮标报文的发送与传播，各节点设备可以构建一个以自身为中心，多跳范围内的邻域网络拓扑结构。

(2) 服务请求报文 (SREQ)：当节点设备产生接入服务需求时，它将向具有服务提供能力的节点设备或具有相关接入服务信息的设备发送服务请求报文，报文中将包含一个服务类型标识字段用于声明所需要接入的服务。

(3) 服务响应报文 (SRSP)：当服务请求报文传递到具有该服务类型的节点设备时，该设备将根据请求报文中的源地址和上一跳地址返回一个包含服务数据的响应报文，该响应报文将沿着请求报文的路线返回到请求设备。

(4) 服务转发报文 (STRN)：对于接收到服务请求报文的节点设备，如果节点自身无法提供该类服务，它将向其他相邻节点转发该请求报文，并沿请求报文的路径返回一个服务转发报文至源节点，来通知源节点请求报文的当前状态。

(5) 服务失败报文 (SNTF)：当请求报文生存时间结束或者已经到达最大转发跳数仍未找到所请求的服务时，节点设备将返回一个服务失败报文以通知源节点停止等待并发送新的请求报文。

处于运行状态的节点设备周期性地从其周围的其他节点设备接收各类报文，并根据报文的类型按照路由协议执行相对应的处理过程。同时在每个周期内，节点设备也将广播自己的配置信息和邻域网络信息，并在产生接入服务需求时发送服务请求报文。节点设备根据从其他节点上获取的浮标报文动态地构建并维护以自身为中心的邻域网络。本节将节点设备维护的网络定义为一个以自身为中心的广度优先生成树 $G=(V,E)$，其中 V 代表该树结构中节点的数量，E 表示节点之间的联系，即存在 $e=(u,v)\in E$ 当且仅当节点 u 和 v 之间存在交互。

假设网络中各节点所维护的生成树最大高度为 3，即生成树中根节点至末端节点的最大路由跳数为 3 跳。主要从三方面考虑：① 从接入服务质量方面考虑，由于车辆网络环境的稳定性低，路由路径长度越长意味着连接中断风险越大，而过短的路由路径又将导致接入服务质量受到通信距离的局限；② 从网络开销与计算开销方面考虑，更高的生成树需要更多传播距离更远的浮标报文来维护，由于浮标信息采用广播方式传播，会大幅增加网络数据流量；③ 动态地计算和维护一个邻域网络生成树结构也将占用大量的节点设备计算资源。

节点设备首先查看本地接收队列，根据时间戳和来源地址对接收到的浮标报文进行判断，如果该报文是重复接收的报文，则说明来源节点已在生成图中，此时节点将根据接入服务质量感知结果判断是否存在新的更可靠的路由路径，进而决定是否更新路由表。如果该报文是首次接收，则首先将其加入接收队列，根据报文中所包含的来源节点配置信息及邻域网络信息重新评估相关节点设备的接入服务质量，更新邻域节点表，同时将浮标报文来源节点和路径上一跳节点加入路由表中。对于来源节点所提供的邻域网络生成树，节点通过剪枝后合并的方式维护一个以自己为根节点且最长路径长度始终不大于 3 的生成树结构，如式 (1.15) 所示：

$$G_u = G_u \cup G_v^{3-\mathrm{hop}(u,v)} \tag{1.15}$$

其中，$G_v^x \in G_v$ 且满足对于任意的 $w \in VG_v$，且对于 $\mathrm{hop}(v,w) \leqslant x$ 满足 $w \in VG_v^x$。最后节点根据该浮标报文当前的路由跳数判断是否继续转发该报文。将报文的传播次数限定在一定范围内，能够有效地降低洪流风险与重复报文传播次数，从而提高网络整体效率。

1.4.2 协同路由选择协议

结合 1.3 节所提出的接入服务选择算法和本节所描述的节点邻域网络构建算法，节点设备构建起一个以自身为根节点、高度小于 3 的邻域网络生成树，并对生成树结构中的各个节点进行接入服务质量计算评估，评估结果被记录在本地的邻域节点表中。在结构动态变化、连接稳定性较低的车联网环境中，对于具有接入需求的节点设备而言，选择优质的接入对象和优质的传输链路具有同等的重要性。因此在发起接入请求之前，节点设备必须进行谨慎的策略选择。

(1) 直接接入邻域网络范围内接入服务评估值最高的设备。这样的选择最有希望获得优质的接入服务质量，然而由于设备的高移动性，该目标设备与自身的网络链路可能直接影响请求的传输和最终服务的送达。

(2) 首先选择一跳范围内接入服务评估最优的节点设备作为中间代理，并通过代理节点的响应或转发获取接入服务。该策略基于接入服务选择算法的迭代，并认为评估值较高的节点具有稳定的连接时间和相似的接入服务选择要求，从而基于相对稳定的链路获取质量较优的接入服务。

根据上述分析，本章提出了一种协同路由选择机制，并分别从服务质量优先选择策略、链路质量优先选择策略和复合选择策略三个方面对该机制进行描述。

1) 服务质量优先选择策略

在服务质量优先选择策略中，请求节点总是对邻域网络中具有最高接入服务评估值的节点发起接入请求，仅在接收到服务失败报文 (SNTF) 的情况下，请求节点才向具有次高接入服务评估值的节点发送请求。

具体细节如算法 1.1 所示。节点根据接入服务评估结果对本地网络节点表进行排序。当产生接入服务需求时，节点首先选择评估结果最优的目标节点发起连接请求，并根据自身与目标节点之间的路由跳数将请求生存期 (Time to Live, TTL) 设置为单跳往返时延的倍数。之后节点开始监听来自目标节点的报文。如果节点接收到了目标节点发出的请求失败报文或当前时间已超出该请求生存期报文，节点将放弃本次请求并转而向邻域节点表中次优的节点重新发起请求，直至节点成功获取请求的接入服务，或遍历邻域网络中全部节点并请求完成。当出现后一种情形时，节点认为当前网络结构已发生巨大改变，将重新构建邻域网络生成树，且重新计算邻域网络节点表，并从最优对象节点开始重启请求。

算法 1.1　服务质量优先选择算法伪代码

请求过程:

01 当 u 生成接入请求 do
02 $s_i \leftarrow$ request.servceid
03 $\text{TTL}(u, s_i) \leftarrow \text{hop}(u, \text{NodeList}(u).\text{Top}) \times \text{RTT}$
04 $t_{\text{send}(s_i)} \leftarrow t_{\text{cur}}$
05 发送 $\text{SREQ}(u, \text{NodeList}(u).\text{Top}, s_i)$ 到 $\text{NodeList}(u).\text{Top}$
06 end
07 当 u 从 v 接收 $\text{SRSP}(v, u, s_i)$ do
08 更新 receivelist(u) 并且存储 S_i 到本地
09 end
10 当 (u 从 v 收到 $\text{SNTF}(v, u, s_i)$) $\|$ $(t_{\text{cur}} > t_{\text{send}}(s_i) + \text{TTL}(u, s_i))$ do
11 if NodeList(u).Next != NULL 然后
12 $\text{TTL}(u, s_i) \leftarrow \text{hop}(u, \text{NodeList}(u).\text{Next}) \times \text{RTT}$
13 $t_{\text{send}(s_i)} \leftarrow t_{\text{cur}}$
14 发送 $\text{SREQ}(u, \text{NodeList}(u).\text{Next}, s_i)$ 到 $\text{NodeList}(u).\text{Next}$
15 else
16 重新构建 NodeList(u) 并返回重新开始
17 endif
18 end

合作过程:

19 当 w 从 u 接收到 $\text{SREQ}(u, v, s_i)$ do
20 传输数据包到 Route(w, v)
21 end
22 当 w 从 v 接收到 $\text{SRSP}(v, u, s_i) \| \text{SNTF}(v, u, s_i) \| \text{STRN}(v, u, s_i)$ do
23 传输数据包到 Route(w, u)
24 end

2) 链路质量优先选择策略

链路质量优先选择策略不同于服务质量优先选择策略，后者只关注接入服务质量评估最优节点设备而不考虑两者之间的具体链路状态，而链路质量优先选择策略则采取了一种更为稳妥的方法进行服务请求和接入。当接入请求产生时，节点根据邻域网络节点表中评估值分层排序的结果，首先从与自己距离最近的一跳范围内的节点集合中选择评估值最优的节点作为协作者节点，并向其发送一个具有协作请求标识的服务请求报文。如果请求节点接收到协作节点返回的服务转发报文，它将修改此次请求的生存期并继续监听新的反馈信息，直至服务接入成功；若请求节点接收到返回的请求失败报文或当前时间超出请求生存期，则放弃此次请求，与服务质量优先选择策略相似，它将从邻域节点表中选择次优的节点重新发起请求尝试，如果所有的尝试均失败，节点将重新构建邻域网络生成树并重新计算邻域网络节点表，并从最优对象节点开始重启请求。

当协作节点接收到请求报文后，首先确定该报文是否被重复接收，然后确认能否提供所请求的服务，如果能，则直接返回请求响应报文至请求节点，否则，该节点继续判断报文中是否包含协作请求标识和当前路由跳数是否满足设定要求，如果是，则将自己的网络标识填入报文的转发者字段，对报文路由跳数字段加 1，并从自己的邻域网络节点表中选择最优的节点 (不包含报文的上一跳节点) 作为转发对象填入目标字段中。最后，协作者节点分别向请求节点和下一跳节点发送服务转发报文及服务请求报文，并开始监听下一跳节点的反馈信息。对于接收到的新的服务转发报文或响应报文，协作者节点将根据路由表转发给请求节点。

3) 复合选择策略

服务质量优先和链路质量优先两种路由选择策略各具优势。一方面，服务质量优先选择策略完全依据接入服务选择算法的评估结果，更有可能取得全局的最优接入服务，但同时也存在更大的路由链路稳定性风险；另一方面，链路质量优先选择策略采取一跳连接选择并进行迭代，不断扩展接入的选择范围。由于在每一次选择的过程中都基于局部的最优对象，因而可以形成相比于服务质量优先选择策略更为稳定的路由路径，代价是可能无法接入整个邻域网络内的最优服务。

通过上述分析可以发现，制约服务质量优先选择策略的根本因素是当前邻域网络的稳定性。当网络稳定性较好且连接节点设备密度较高时，节点可以选择多种端到端的连接路径，链路中断的风险较低，此时服务质量优先选择策略可以发挥其优势，更高效、直接地接入优质服务。当网络稳定性较差且可连接设备较少时，受到链路中断的影响，直接的接入请求可能导致较高的丢包率和等待时间，影响网络性能。而此时，通过迭代过程逐渐扩展的链路质量优先选择策略可以通过多次单跳间可靠的链路连接选择，构建起相对稳定的路由路径，从而在网络条件不佳时帮助节点设备获得较优质的接入服务。基于上述考虑，本章结合服务质量优先选择和链路质量优先选择，提出一种复合选择策略，并引入邻域网络的节点密度参数作为选择依据。当邻域网络中可连接设备密度达到一个阈值时，路由协议将采用服务质量优先选择策略，引导请求节点直接向评估值最高的节点发起接入请求；而当可连接设备密度低于该阈值时，路由协议将采用链路质量优先选择策略，引导请求节点通过建立稳定的路径接入局部最优服务。

4) 双向缓存算法

缓存机制通过降低网络整体的消息数量和节点设备响应时间，可以有效地提升网络性能。此外，在接入服务的选择和路由过程中采用缓存机制，可以提高路由选择的正确性，从而实现对动态网络环境中接入服务质量的优化。

本节提出了一种双向缓存算法，作为对协同路由选择协议的补充和优化。该算法基于各节点维护的缓存表实现。无论节点是以接入服务的请求者、协作者或者提供者中哪种角色参与其中，缓存表都记录了与各类服务接入过程相关的完整数据信息。

对于接入服务的请求者，每当节点设备成功接入服务请求时，会将本次提供接入服务的节点设备标识及接入服务的类型和质量信息添加到缓存表中。当下次产生相同类型的接入服务需求或接收到来自其他节点设备的请求报文时，该节点便可以通过查找缓存表进行快速判断。对于接入服务的提供者，每当节点接收到一条请求报文后，会将请求节点及服务类型信息添加到缓存表。当节点本身产生了相同类型的接入需求时，它可以通过缓存表中的数据快速锁定与自己有过相同需求的节点。对于接入服务的协作者，当其接收到来自其他节点的请求报文时，会将请求节点及所请求的服务类型信息记入缓存表，当接收到来自响应节点的报文时，协作节点同时将报文对应的响应节点和请求节点连同服务类型信息记录到缓存表中。随着节点设备在网络中不断地完成请求、提供和协作，各类服务在请求和提供两个方向上的缓存数据也不断丰富与完善。具体流程如算法 1.2 所示。

算法 1.2 双向缓存算法伪代码

请求过程：

01 当 u 从 v 中接收到 $\mathrm{SRSP}(v,u,s_i)$ do

02 if $(v,s_i$ 在缓存中)

03 更新缓存：$t_{v,s_i} \leftarrow t_{\mathrm{cur}}$

04 else

05 插入缓存：new $\log_2(v,s_i,t_{\mathrm{cur}})$

06 endif

07 end

提供服务过程：

08 当 v 从 u 接收 $\mathrm{SREQ}(u,v,s_i)$ do

09 if (u,s_i) 已经在缓存中，那么

10 更新缓存 $t(u,s_i) \leftarrow t_{\mathrm{cur}}$

11 else

12 插入缓存 new $\log_2(u,s_i,t_{\mathrm{cur}})$

13 endif

14 end

合作过程：

15 当 w 从 u 接收 $\mathrm{SREQ}(u,v,s_i)$ do

16 if (u,s_i) 已经在缓存中

17 更新缓存 $t(u,s_i) \leftarrow t_{\mathrm{cur}}$

18 else

19 插入缓存：new $\log_2(u,s_i,t_{\mathrm{cur}})$

20 endif

21 end

22 当 w 从 v 接收到 SRSP(v,u,s_i) do

23 if (v,s_i) 或者 (u,s_i) 已经在缓存中

24 更新缓存：$t(v,s_i) \leftarrow t_{\mathrm{cur}}$ 或者 $t(u,s_i) \leftarrow t_{\mathrm{cur}}$

25 else

26 插入缓存：new $\log_2(v,s_i,t_{\mathrm{cur}}), \log_2(u,s_i,t_{\mathrm{cur}})$

27 endif

28 end

值得注意的是缓存表中记录的有效时间。在缓存算法中，过长的记录有效时间将导致算法实时性能不够，影响接入服务选择和路由策略的成功率，而如果有效时间过短，则可能不足以发挥缓存机制的作用，且频繁地更新数据也将造成不必要的系统存储及计算资源开销。因此，根据应用场景的特点选择合适的缓存期限尤为重要。由于缓存机制的研究并不是本章的主要内容，本章对于缓存有效时间的设置并不进行深入的理论分析，只是通过参数配置实验的方式选择符合本章应用场景和仿真实验环境的有效时间参数，并利用缓存算法达到优化协同路由协议的目的。

1.5 性能分析

本章基于 MATLAB 进行性能仿真。如图 1.2 所示，我们对 3km × 3km 的街道场景进行仿真模拟，两个街道之间的距离为 500m，考虑三种类型路口，并存在十字交叉口、T 形交叉口以及 L 形路口三类街道交汇口。在实验中，本章模拟了 1000 台车辆 (节点) 沿着实验环境中的街道 (黑线条) 任意行驶的过程。在初始状态下，这 1000 台车辆被随机分布在图中线条上的任意位置，并根据其初始位置随机产生其初始运行方向。当一台车辆抵达十字路口时，实验假设它将有 40%的概率沿着原方向继续行驶，25%的概率向左或向右转向，10%的概率反向行驶；类似地，当车辆到达 T 形路口时，它将各有 40%、40%和 20%的概率向左、向右或者反向行驶；当车辆到达 L 形路口时，它将有 70%和 30%的概率沿着街道转向或反向行驶。实验假设车辆的速度在 [60km/h, 120km/h] 范围内变化，车辆之间通过无线技术通信且最大通信距离在 [100m, 500m] 区间内变化。

为了分析算法在接入服务方面的性能，本章在实验环境中设置了 $S_1, S_2, \cdots, S_{10}$ 十类服务类型，每台车辆节点将随机拥有提供其中的 $0 \sim 10$ 类服务的能力。对于拥有某项服务提供能力的节点，其能够提供的服务质量在 $[0.6, 1.0]$ 随机产生。与接入服务提供能力相对应，每台车辆被随机设定一个关注服务类型列表，设定方式与服务提供能力的设定相似，其反映了节点发送每类接入服务请求的概率。本章通过循环迭代的方式对真实场景进行模拟，迭代间隔设置为 100ms。在每次迭代中，各车辆 (节点) 将对其接收缓冲区中的数据进行处理并向发送缓冲区中写入数据，同时也将决定接下来的运动情况。在每次迭代后，系统将对各车辆 (节点) 的缓冲区和坐标位置进行更新。权重因子 ω_1、ω_2 和 ω_3 分别设置为 0.4、0.3 和 0.3。α 和 β 分别设置为 0.7 和 0.6。整个实验过程模拟时长为 60min。

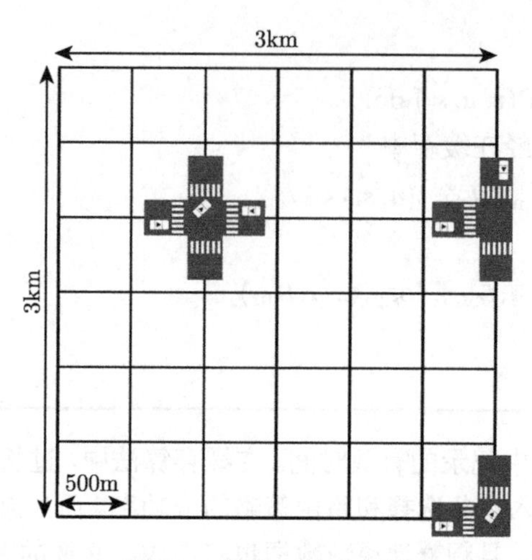

图 1.2　模拟环境示意图

为了验证所述算法在预测节点设备间连接时长方面的有效性，本章通过仿真实验模拟真实场景中车载智能设备间最常发生的相对运动行为：直线行驶、相遇和分离，如图 1.3 所示。在直线行驶场景中，节点设备 A 和 B 保持相同的运动方向；在相遇场景中，节点 A 保持横向行驶而节点 B 从垂直方向逐渐转入水平方向，并保持水平行驶；在分离场景中，初始阶段 A 和 B 行驶方向相同，随后 B 转入垂直方向行驶，A 保持水平行驶。模拟场景参数设定如下：对于平行行驶，速度 $V_a = 5\text{m/s}$，$V_b = 10\text{m/s}$；加速度 $a_a = 1\text{m/s}^2$，$a_b = 2\text{m/s}^2$；初始距离 $d = 0\text{m}$；对于分离行驶，速度 $V_a = 5\text{m/s}$，$V_b = 10\text{m/s}$；加速度 $a_a = 0\text{m/s}^2$，$a_b = 0\text{m/s}^2$；初始距离 $d = 0\text{m}$；对于相遇行驶，速度 $V_a = 5\text{m/s}$，$V_b = 10\text{m/s}$；加速度 $a_a = 0\text{m/s}^2$，$a_b = 0\text{m/s}^2$；初始距离 $d = 100\text{m}$。

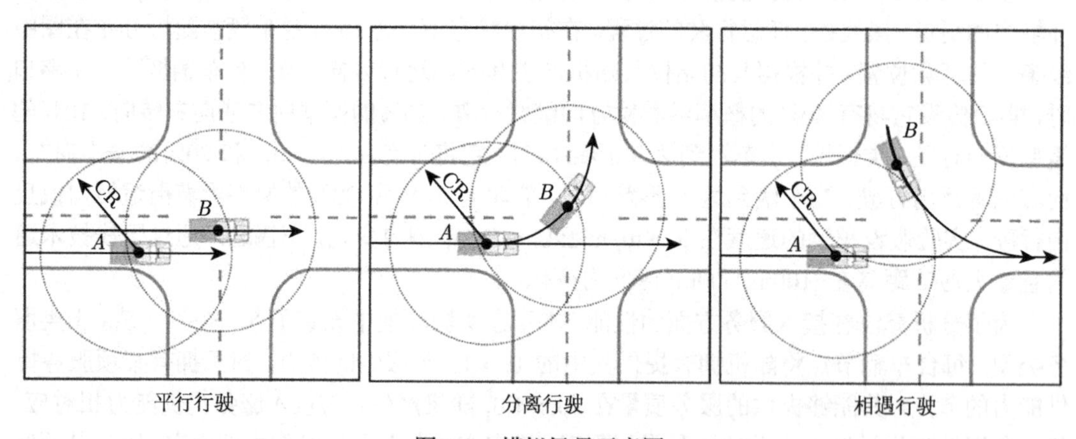

图 1.3　模拟场景示意图

作为参照对比，本章在相同条件下对文献 [14] 中使用的基于线性方法的链路终结时间预测 (LET) 算法及文献 [12] 中采用的基于维纳过程的概率密度 (WP) 算法进行了仿真，图 1.4 显示了以上三种场景对应的仿真实验结果。从图中可以看到，基于线性方法的 LET 算法在速度或者方向发生变化环境下的预测结果与理论值差距较大，而本章所提出的基于运动轨迹的预测算法和基于概率密度的预测算法虽然在预测的中后期出现了偏差，但是总体上符合节点间连接时间的变化趋势。

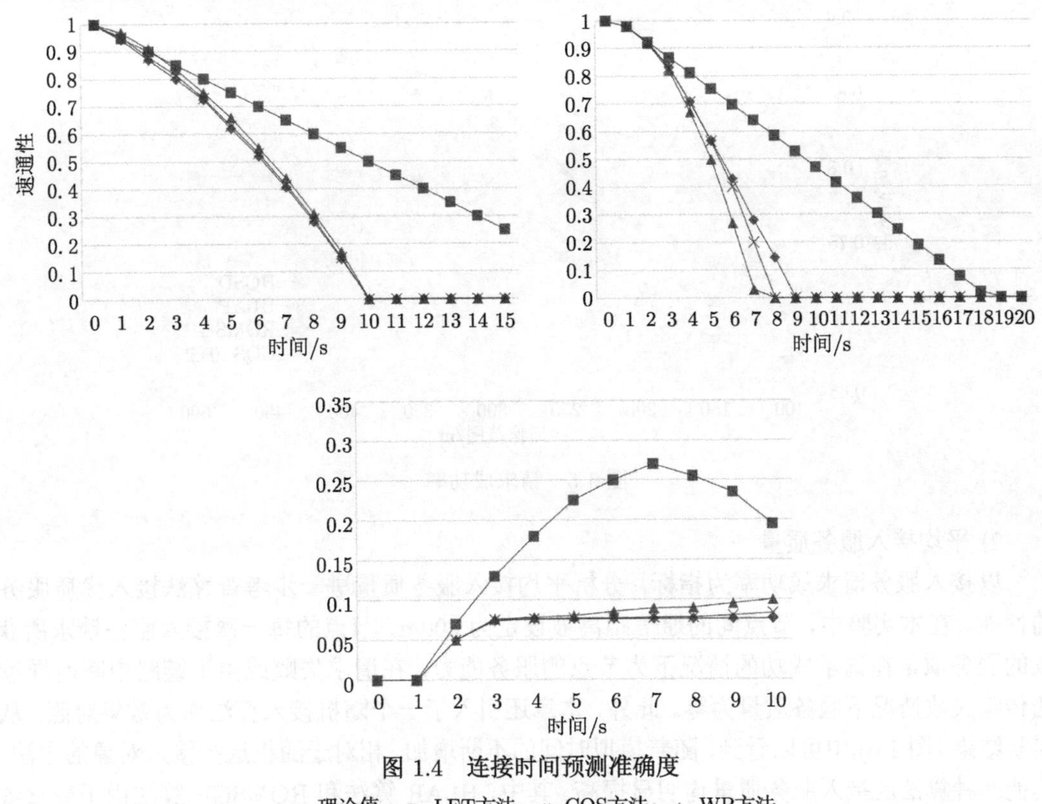

图 1.4　连接时间预测准确度

→ 理论值；-■- LET方法；-×- COS方法；-▲- WP方法

接下来的实验从接入服务请求成功率、平均接入服务质量和平均发送报文数量三方面展开，并在相同实验环境及考查指标下同时对文献 [14] 中提出的一种基于最稳定分组路径接入 (Receive on Most Stable Group-Path, ROMSGP) 算法、文献 [15] 中提出的一种基于位置的复合 Ad hoc 路由协议 (Hybrid Location-based Ad hoc Routing, HLAR) 和文献 [16] 中提出的一种复合式协同服务发现策略 (Hybrid Cooperative Service Discovery, HCSD) 进行实验对比和结果分析。

1) 接入服务请求成功率

该指标为节点设备向其他节点设备发出的全部服务请求中成功获取到所请求服务的比例。通过分析该项指标的实验结果，可以验证算法在接入服务和路由选择方面的有效性。在对比实验中，本章通过变化节点最大通信距离参数考查各算法在不同通信范围条件下成功接入服务的能力，实验结果如图 1.5 所示。可以看到随着节点通信范围的扩大，各算法接入服务成功率均明显上升，这是由于节点所能接入的设备越多，则该节点能够感知到的接入服务信息也越丰富，路由路径的选择也越多样，因此能够获得更好的请求成功率。在通信范围较小 (如 100 ~ 200m) 时，节点所能感知并维持稳定连接的邻域节点较少，HLAR 算法表现较好；而在通信范围较大 (如 300 ~ 500m) 时，由于可连接设备数量的增多，基于协同服务感知和路由策略的本章所提算法以及 HCSD 算法表现更为优秀。综合两种情况，本章提出的算法整体上的性能更加稳定，这是由于本章所提算法采用了服务质量优先于链路质量的复合选择方式，因此更能满足不同的网络状态对网络性能的需求。

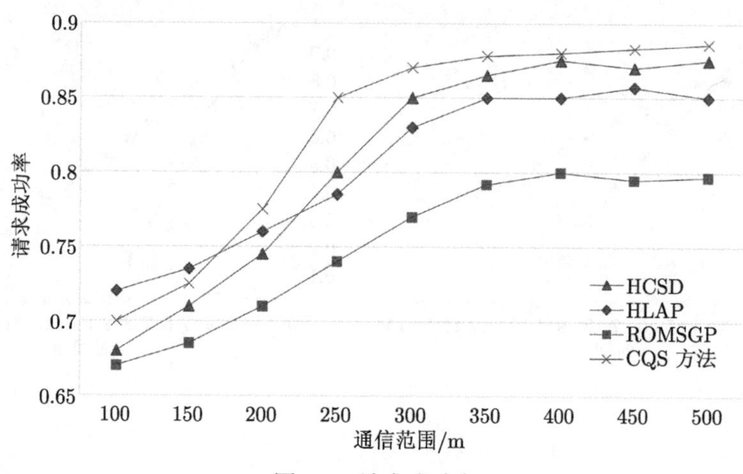

图 1.5 请求成功率

2) 平均接入服务质量

以接入服务请求成功率为指标，分析平均接入服务质量进一步考查算法接入优质服务的性能。在本实验中，节点间的通信距离被设定为 300m，节点的每一次接入服务请求所获取的服务质量在请求成功的情况下为节点的服务能力，在请求失败或由于链路中断而导致的传输失败情况下服务质量为零。此外，本章还引入了一个随机接入算法作为效果对照。从实验结果 (图 1.6) 中可以看到，随着模拟时间的不断增加，相对于随机选择接入对象的方法，其他四种算法的接入服务质量均明显提高。其中，HLAR 算法和 ROMSGP 算法由于着重依赖于链路状态进行选择而缺少接入服务质量感知能力，服务质量的增长相对较慢且最优值较低。HCDS 算法由于采用了代理节点和缓存机制协助节点设备进行接入选择，其接入质量提升效果更为明显，但由于代理节点数量和能力的局限性，其在最优值方面略低于本章所提出的基于接入服务质量感知和节点间协同选择的接入方法。

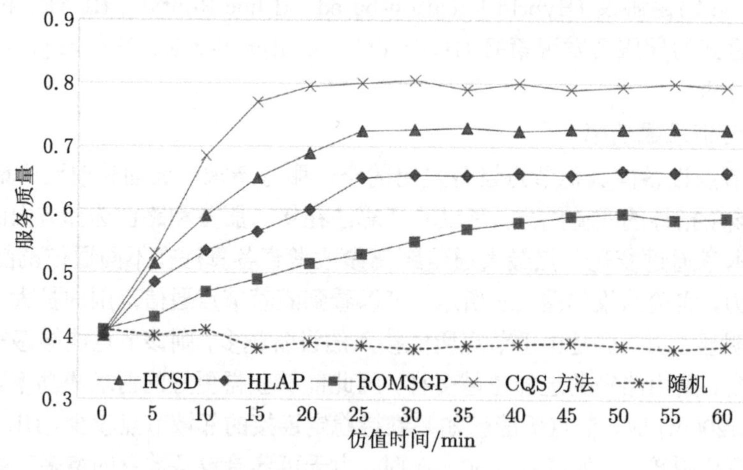

图 1.6 平均服务质量

3) 平均发送报文数量

平均发送报文数量为节点发送报文总数与节点接入服务总数的比值，该项指标反映了不同算法下各节点为接入优质服务而产生的系统开销和网络开销，可以用来验证算法在网络整体效率方面的性能，实验结果如图 1.7 所示。可以看到，随着节点通信范围的扩大，各算法产生的平均发送报文数量均呈现增长趋势，这主要是各节点为了维护邻域网络拓扑而广播发送的浮标信息数量快速增长造成的。由于 HLAR 算法始终基于稳定的连接进行服务接入，其所需要的浮标信息相对其他算法较少，故其一直维持最低的平均发送报文数量。对于另外三种算法，在节点通信距离较小的区间，由于链路连接不稳定且邻域网络信息获取困难，HCSD 算法和 ROMSGP 算法采用广播请求的方式尝试接入，平均开销相对较大。随着通信范围的扩大，节点对于网络中其他节点的感知能力和评估准确度逐渐提高，加上缓存机制的应用，HCSD 算法和本章所提出的算法性能逐渐接近 HLAR 算法。结合前面对于请求成功率及获取服务质量的验证分析，可以观察到本章所提出的算法在不显著增加网络资源消耗的情况下能够有效提升接入服务的成功率和质量。

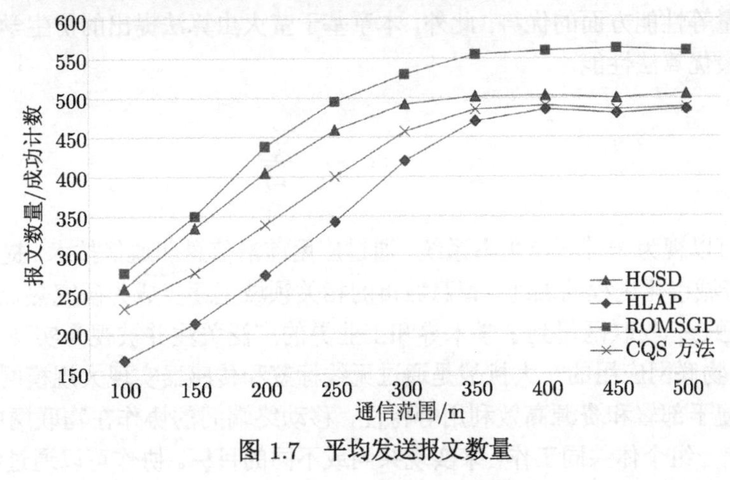

图 1.7　平均发送报文数量

1.6　本章小结

本章首先研究了动态接入服务策略在应对网络状态变化时产生的影响，接着提出了一个社会关系衡量机制，并对车辆间的内外部相似性进行评估。此外，基于车辆轨迹，我们提出了一个预测机制估计交互时间。最后介绍了一种基于接入服务质量感知的协同路由策略，并基于接入服务选择算法的结果构建起一个以节点为中心的邻域网络生成树，计算结构中各邻域节点的接入质量评估值。根据当前网络的不同状况采用不同的接入服务路由选择策略 (即服务质量优先选择策略和链路质量优先选择策略) 进行接入服务路径的选择，并结合双向缓存算法进一步优化算法的响应效率和准确率。综上所述，本章所提出的基于质量感知的社交车联网协同服务接入方法研究了从服务感知、服务评估、服务请求到服务获取的具体问题。此外，本章所提出的方法仍存在进一步研究和优化的空间，如进一步补充和细化智能节点社会化关系模型、结合地理位置和交通信息优化交互时间预测算法以及路由策略选择机制和缓存机制研究等。

第2章　移动物联网中社会感知的自适应网络接入与转发机制

稳定和可靠的无线通信对于移动物联网中的设备连通至关重要。移动终端 (如手机) 由于使用者的操控，通常具有显著的社会属性 (如自私性)。本章基于经济学双边拍卖机制提出了一个基于社会感知的移动物联网中继选择策略，通过激励终端合作提升网络连通性进而增强网络接入性能。此外，为了高效利用移动物联网的通信带宽，本章联合多种中继转发策略进行选择，进而高效利用频谱资源带宽。由于构建的问题复杂度较高，本章采用改进的萤火虫算法对该问题进行迭代近似求解。仿真结果表明本章提出的算法在链路连通性、社会福利和网络吞吐量等性能方面的优势。此外，本章基于萤火虫算法提出的仿生学解决方案性能能够有效趋近最优算法性能。

2.1　引　　言

智慧城市可以视为一种城市生态系统，通过应用前沿信息和通信技术，提升城市居民的生活质量。随着城市化进程的加速，智慧城市的相关领域正逐步成为研究热点。将因特网与物理设备关联融合，物联网得到了学术界和工业界的广泛关注并被视为实现智慧城市的关键技术。然而，物联网应用的一大挑战是通过无线标签和传感器实现大规模网络的连通。由于物联网具有便于部署和资源高效利用等特性，移动终端间的协作在物联网中起到了重要作用。协作是使一组个体共同工作，来实现共同或不同的目标。协作可以通过给予或共享实现个体间的性能增益，并在人和动物间得到广泛采用。协作通信不仅可以鼓励具有自私特性的节点进行数据转发，同时可以选择中继转发策略充分利用无线网络资源。将个体的协作特性对应到无线网络通信系统中，可以描述不同网络参与者的贡献程度。本章对于贡献程度采用更狭义的概念来描述，即参与者所获得的网络性能增益。

如本章后续内容所述，协作策略不会使每种情况下的网络性能都得到提高，个体需要考虑其周围环境，并根据周围状态信息做出相应决定。如果通过协作不能获得预期的网络性能增益，则个体间不需要相互帮助，这种拒绝帮助其他个体的行为特性称作个体的自私特性。自然界中相同物种间协作的例子很多，包括蚁群、蜜蜂和人类等。不同物种间协作的例子也很常见，如真菌和藻类作为地衣共同生存或埃及燕鸻帮助鳄鱼清除牙齿等。进行协作的一个重要前提是每个参与协作的个体较其单独行动在付出同样开销的情况下可以获得更高的性能增益。在协作过程中，每个个体是否贡献同样的力量、获得同样的增益并不是最重要的因素，最重要的因素是通过协作提升群体整体性能。整体性能通常用效用函数进行描述。

协作包括多种不同的方式，其中，最常见的一种协作方式是利他主义，这种情况下的个体贡献不受自身所获报酬驱动，而是以提高种群总体的报酬为目标。利他主义是家庭构建的一个基础要素。在无线环境下，这种情形可能存在于无线个域网中，其中每个用户周围均有无线设备，这些设备为同一用户服务并且整体构建成类似蜂房的场景。一个无线设备损耗自身能源辅助另一设备为相同的用户提供服务可以看作一种利他主义行为。当个体基于自身兴趣进行协作决策时，该个体可能会选择协作或拒绝协作。当个体成员无法得到协作所带来的效益或者达不到其静止状态所获得的增益时，该个体可能选择拒绝合作。反之，如果协作所能带来的性能增益大于非协作，个体将选择进行合作。

受自然界尤其是人类间协作特性的启发，无线通信中可以进一步应用协作的概念。对无线网络的协作方式进行分类时需要考虑多方面的因素，包括信号、函数、算法和运算处理能力等，这些元素间的相互作用会提高无线网络的性能和资源利用率。能够提高无线网络协作分集增益的技术包括天线协作、网络编码和空分复用等。根据协作的类型和协作紧密程度，无线网络协作可以大致分为以下三类。

(1) 非正式协作大多考虑公平性，并采用相对消极的合作方式。网络协议本身即可看作一种该类型的协作，在这种协作程度较低的传输方式中，网络个体的主要目标是相对公平地分配资源，而非获得性能增益。

(2) 正式协作大多通过传输方式的设计，使个体能够积极地与其他个体成员进行协作。参与协作的个体成员可以是无线终端、虚拟接入点和路由器等。这种类型的协作属于第二层次，称作“正式的宏观协作”。这种协作的应用包括中继和编码协作转发等传输方式。

(3) 最后一种协作基于用户个体，采用其部分组件作为候选者进行协作。这种类型的应用包括包含处理单元的微实体和射频多功能的器件等。这类系统的大部分硬件 (包括电池和天线) 都可以进行协作，该类型协作的目标是提高同一个用户个体的性能，是一种微观的协作方式。

随着移动终端的日益普及以及终端间相互通信需求的不断增加，由人类携带的移动终端构成的无线多跳网络得到了广泛应用，并显现出与日俱增的重要性。因为移动终端大多由受人类意志决定的通信对象携带 (如自身携带或车载)，这类移动终端具有社会关联属性；同时，无线节点间的通信方式和无线节点与基站间的通信方式存在差异，具体表现在无线节点的发射功率受限且具有移动社会属性。该网络的应用场景可以概括为：移动终端由具有不同兴趣或执行不同任务的人员携带，并且这些人员可以根据主观的兴趣和执行任务按意愿分簇，同时这些人员有互相通信的需求。汇聚节点间可以互相通信，也可以与移动终端进行通信。这样的网络广泛地存在于实际通信环境中，如一个地区执行不同任务的有分级的战斗人员网络、需要了解附近小范围路况及加油站状况的车载网络、娱乐场所中需要互相通信获取信息和娱乐活动的人员及设备组成的网络等。通过对这类网络应用场景的进一步观察不难发现，在这一类网络中，由于人类的携带，移动终端间的通信继承了人类社会的特性 (承担的角色、自身的兴趣等) 及任务，因而会出现规律性 (在周期时间内的某一时刻频繁进行通信)、周期性并且通信的概率可能并非独立，同时也可能出现传统的多跳网络中大数据量并发的情况。此外，网络中节点的通信可能同时包括单播、多播和广播等传输方式，并且链路状态的不同造成节点传输数据包的速度有所差异。网络编码对于解决这类问题具有重要的研究意义。但是贪婪地进行网络编码会降低频谱利用率从而降低系统性能，因此需要考虑相应的链路调度机制。然而基于传统中继选择方式的链路调度机制大多没有考虑人类社会特性给系统带来的影响，这就导致在网络负载较轻或负载均衡情况下，即使信干噪声比值 (Signal to Interference Plus Noise Ratio, SINR) 或接收信号强度指示值 (Received Signal Strength Indication, RSSI) 较高，网络仍不能获得较好的性能。这是因为网络没有依据节点社会属性，将相应的时间、空间和无线资源分配给通信频繁的节点对，从而导致服务质量 (Quality of Service, QoS) 的下降。因此，需要从人类需求角度出发，综合考虑节点持有者间的地位、关系以及 QoS 要求等因素，开展面向社交网络和网络编码的调度机制研究。

人类的频繁移动使具有社会网络特性的无线网络具有丰富的空间密度资源特性，通过把多个单天线节点虚拟成天线阵列，协作通信技术可以充分利用移动社会网络中的空间密度资源。由于协作通信在 Ad hoc、无线网状网、蜂窝网中的应用优势，其得到了业界的广泛关注。针对不同的网络应用环境，研究者提出了多种协同方式，如基于多源、多目的节点的可在路由层或物理层操作的协作通信技术，基于功率和速率自适应的空分复用协作通信技术等。因为允许多个源节点并发传输数据，协作通信技术可以高效地利用稀缺的频谱资源，有效缓解网络拥塞。但是，在不同的信道状态环境下，各种协作通信方式所表现的网络性能和适用环境有所差异。在信道环境复杂多变、节点移动性高的移动社会网络中，单一使用某种协作通信技术已无法保证最优的网络性能，因此有必要将多种不同的协作通信技术进行自适应的融合应用，针对不同的适用环境进行合理的选择。

近年来，基于中继的无线多跳网络由于具有提升网络性能的巨大潜力而得到广泛研究。相关研究已经证明，即使直接相连的链路存在，移动物联网中两个无线客户端的通信也可以通过多跳的方式进行传输。这是因为在直接相连的链路中，传输可能需要较大发射功率来完成长距离通信，与基于中继转发方式相比，直接链路传输可能会对其他链路带来更大的传输干扰。然而，在移动物联网商业化进程中，为了节约自身有限的网络资源 (如能量)，一些节点可能会拒绝转发数据包或者只转发与该节点社会关系密切节点的数据，这种特性称为节点自私性。另外，无线网络中存在许多中继传输技术，如基于中继传输的单播、基于网络编码的多播和基于频谱空分复用的并行传输。因此，网络应该综合考虑在不同的无线传输环境下所应用的传输技术在网络优化过程中的相互作用，并且需要在网络的自适应传输过程中考虑节点的自私属性。本章的研究目标是激励节点协作，进而提升网络吞吐量。通过鼓励将直接传输的链路拆分成基于中继节点转发的多跳传输链路，网络会产生更多的链路组合机会，从而可以更加有效地利用新兴传输技术来提高网络吞吐量。

为了提升移动物联网的网络连通性和通信效率，本章首先对网络节点的社会属性进行建模，接着提出一种基于经济学双边拍卖的调度策略对中继节点进行选择，该方案鼓励将长距离单跳通信的链路分解为多跳中继转发链路，在降低网络传输干扰的同时创造出更多链路融合和选择的机会，从而提高中继节点采用新兴传输方式的可能。随后，本章建立基于社交网络和网络编码的自适应传输机制，目标是最大化网络社会福利和网络吞吐量。由于建立的最优化模型计算复杂度较高，本章基于仿生学的萤火虫算法对该问题通过迭代算法进行求解。本章主要贡献如下。

(1) 通过考虑移动终端设备的社会关联和节点信誉，本章首先提出一种基于社会感知的双边拍卖机制进行中继选择，进而对下一跳数据转发节点进行选择。本章提出的算法面向市场并且具有自私容忍特性，中继节点根据自身的网络资源和社会属性进行竞价和要价，这种考虑在市场中是真实存在的。

(2) 本章提出一种适用于移动物联网的最优化中继选择策略，该策略通过激励终端节点进行协作通信，鼓励将直接链路传输拆分为多跳传输，基于此可以获得机会进行高效通信(如网络编码或频谱空分复用) 从而增加网络连通性和吞吐量。

(3) 由于该问题是 NP 完全问题，本章通过对萤火虫算法进行改进，进而对研究的问题通过启发式算法进行高效求解。据我们所知，本章工作率先开展通过改进萤火虫算法对整数线性规划问题进行求解方面的相关研究。

本章其他工作如下: 2.2 节介绍面向社会属性的移动物联网下一跳中继节点选择机制; 2.3 节介绍移动物联网最优中继选择策略; 2.4 节介绍基于萤火虫的启发式算法; 2.5 节介绍仿真性能评估; 最后对本章内容进行总结。

2.2 社交网络中继节点选择机制

本节首先提出基于社交网络用来衡量节点间关系特性的判据。随后，提出基于双边拍卖的社会属性感知 (Double Auction-based Social Awareness, DASA) 方案，根据计算得到的社会属性选择下一跳节点进行传输。本章涉及的主要变量及其定义如表 2.1 所示。

表 2.1 第 2 章主要变量及其定义

变量	定义
V_i	节点 i 一跳通信节点集合
V_i^+	节点 i 一跳出度节点集合
V_i^-	节点 i 一跳入度节点集合
$P_{i,j}$	节点 i 到节点 j 的发射功率
P_i^s	配置 s 中节点 i 的广播功率
$G_{i,j}$	节点 i 和 j 间的信道增益
$\gamma_{i,j}$	节点 i 和 j 间的 SINR 值
Γ	SINR 门限值
φ_i	节点 i 社会属性值
T_i	节点 i 可信度度值
$C_{i,j}$	链路 $l_{i,j}$ 速率
$C_{i,\mathrm{BC}}$	节点 i 广播速率
$F(C)$	速率 C 对应效用函数
$m_i(m_j)$	源节点 i(或中继节点 j) 的价格因子
ω_s	完成配置 s 所需时隙个数 (整数变量)
PO_i	节点 i 报酬
u_i^s	如果节点 i 在配置 s 中传输未编码数据包，该二进制变量为 1
c_i^s	如果节点 i 在配置 s 中传输传统网络编码数据包，该二进制变量为 1
d_i^s	如果节点 i 在配置 s 中传输去噪编码数据包，该二进制变量为 1
$x_{i,j}^s$	如果链路 $l_{i,j}$ 在配置 s 激活，该二进制变量为 1
$\theta(d_{i,j})$	萤火虫算法中的吸引度函数

2.2.1 社会属性判据

为了衡量节点间关联，本章的研究基于节点社会属性判据。节点社会属性判据的目标是通过衡量网络节点通信密度、通信质量和社区关系之间的相互作用，从而评估节点在网络中的社会属性因子。如图 2.1 所示，该判据包括三个子判据：邻居节点友谊度子判据、关联节点友谊度子判据和社区节点友谊度子判据。

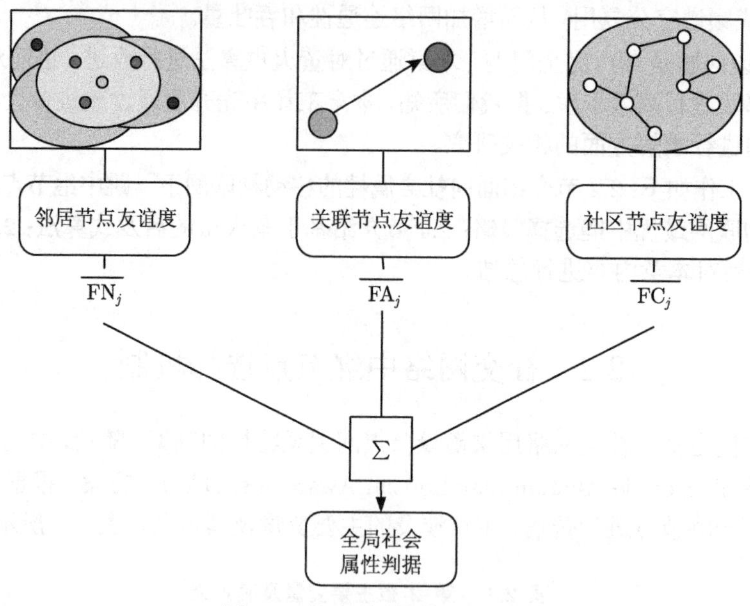

图 2.1　社会关系判据示意图

本章考虑时分多址通信方式，因为这种方式可以有效降低网络干扰，并将网络根据图论定义为 $G=(V,E)$，其中 V 为顶点，代表一组无线节点，E 为边，代表节点之间的物理传输链路。如果节点 j 与节点 j' 可以直接进行通信，定义 $j-j'$ 为一个业务传输单元；如果节点 j 与节点 j' 由于信道衰落或大尺度效应而不能直接进行通信，那么需要另外一个节点 i 进行中继转发，从而使节点 j 与节点 j' 完成通信，此时定义中继模式下 $j-i-j'$ 为一个业务传输单元。

1) 邻居节点友谊度子判据

此判据的目的是量化节点传输对其邻居节点的影响程度。该判据通过计算节点所发送数据包数量占整个目的节点总体接收到的数据包的百分比来衡量该源节点与目的节点的友谊度。节点 j 的邻居节点友谊度 (定义为 FN_j) 的计算式如式 (2.1) 所示：

$$\mathrm{FN}_j=\frac{1}{|Q_j|}\sum_{j'\in V}\frac{b_{j,j'}}{\sum\limits_{h\in V-j}b_{h,j'}} \tag{2.1}$$

其中，$b_{j,j'}$ 是源节点 j 传输到目的节点 j' 的数据包个数；$\sum\limits_{h\in V-j}b_{h,j'}$ 代表目的节点接收到网络中其他节点传输数据包个数的总和；$|Q_j|$ 是节点 j 的邻居节点个数。

2) 关联节点友谊度子判据

此判据的目的是通过归一化 SINR 来描述节点与其关联节点的友谊度。节点 j 的关联节点友谊度 (定义为 FA_j) 的计算式如式 (2.2) 所示：

$$\mathrm{FA}_j=\frac{1}{|A_j|}\sum_{j'\in V}\frac{\gamma_{j,j'}}{1+\gamma_{j,j'}} \tag{2.2}$$

其中，$|A_j|$ 是与节点 j 可以直接进行连通的节点；$\gamma_{j,j'}$ 是目的节点 j' 处的 SINR 值，如式 (2.3) 所示：

$$\gamma_{j,j'} = \frac{P_{j,j'}G_{j,j'}}{\eta + \sum\limits_{h\in V-\{j\}} P_{h,j'}G_{h,j'}} \geqslant \varGamma \tag{2.3}$$

其中，$P_{j,j'}$ 和 $G_{j,j'}$ 是节点 j 到 j' 的传输功率和信道增益；η 表示热噪声。式 (2.3) 中的分母是热噪声和其他链路并行传输时产生的干扰总和。如果接收端的信干噪比大于门限值，则直接相连的链路可以进行传输，否则该链路上的待传数据包需要经过多跳进行数据转发。因为并不是所有的邻居节点都能被关联，即 $|A_j| \leqslant |Q_j|$。

3) 社区节点友谊度子判据

此判据的目的是计算节点在社区内的友谊度，该友谊度表示为 $\dfrac{|A_j|}{|V|}$，其中 $|V|$ 是网络节点个数。该判据的目标是评估该节点在社区节点中的通信能力。

通过计算上述三个子判据的加权平均值，本节可以得到节点 j 的社会属性 φ_j。

2.2.2 节点信任机制评估

机会网络经常被部署在环境恶劣或者难以控制的网络场景中，该场景很难应用集中式入侵检测机制进行节点监测。因此，推荐系统的核心是补充缺乏有效监管的分布式网络的不足。如何对节点信誉度进行描述和衡量对于保障自组织网络 (尤其是高度异构并且关联紧密的网络) 的大规模网络应用至关重要。

本章通过对目标节点与其他节点的信息交互对网络节点的信誉度进行衡量。本节从三方面考虑节点信誉度，分别为节点中心度、过往直接交互信息和间接交互信息 (通过中继节点)。节点信用度可以通过其他节点的反馈获得。

定义 $T_{j,j'}$ 为节点 j 和 j' 的信任度，其计算如式 (2.4) 所示：

$$T_{j,j'} = \mu Q_{j,j'} + \phi Q_{j,j'}^{\text{dir}} + \chi Q_{j,j'}^{\text{ind}} \tag{2.4}$$

其中，$Q_{j,j'}$ 表示节点中心度；$Q_{j,j'}^{\text{dir}}$ 和 $Q_{j,j'}^{\text{ind}}$ 分别表示节点 j 和其他邻居节点的直接和间接交互信息状态。式 (2.4) 中三者的权重之和为 1。

节点 j 的中心度可以表示为 $Q_{j,j'} = \dfrac{K_{j,j'}}{|N_j|}$，其中分母为节点 j 的朋友数量，分子为节点 j 和节点 j' 具有共同朋友的数量。该判据的目标是阻止恶意节点通过持续不断地构建用户关联获得较高的网络中心度。

如果两个节点具有许多共同朋友，它们的关联结构构建具有很大的相似性。当节点 j 从节点 j' 获取信任度信息时，节点 j 根据下述公式核对上次直接交易，如式 (2.5) 所示：

$$O_{j,j'}^{\text{dir}} = \frac{\log_2(N_{j,j'}+1)}{1+\log_2(N_{j,j'}+1)} O_{j,j'}^{\text{sho}} + \frac{1}{1+\log_2(N_{j,j'}+1)} O_{j,j'}^{\text{lon}} \tag{2.5}$$

其中，$O_{j,j'}^{\text{sho}}$ 和 $O_{j,j'}^{\text{lon}}$ 是节点间短期和长期的评价意见。权重因子的选择主要考虑用户间关联度的重要性，并且会随着交易结束逐渐降低。式 (2.5) 中的节点间短期和长期的评价意见可

以通过式 (2.6) 和式 (2.7) 进行计算：

$$O_{j,j'}^{\text{sho}}=\frac{\sum\limits_{l=1}^{L^{\text{sho}}}f_{j,j'}^{l}\pi_{j,j'}^{l}}{\sum\limits_{l=1}^{L^{\text{sho}}}\pi_{j,j'}^{l}} \tag{2.6}$$

$$O_{j,j'}^{\text{lon}}=\frac{\sum\limits_{l=1}^{L^{\text{lon}}}f_{j,j'}^{l}\pi_{j,j'}^{l}}{\sum\limits_{l=1}^{L^{\text{lon}}}\pi_{j,j'}^{l}} \tag{2.7}$$

其中，L^{sho} 和 L^{lon} 表示短期和长期的评价意见窗口；l 表示上一次交易。用户反馈通过加权因子区分交易的重要性，$\pi_{j,j'}^{l}$ 表示节点 j 和 j' 间的交易相关性。需要注意的是短期评价对节点风险的评估更为重要。间接评价意见可以通过式 (2.8) 进行计算：

$$O_{j,j'}^{\text{ind}}=\frac{\sum\limits_{k=1}^{|K_{j,j'}|}(C_{j,k}O_{k,j'}^{\text{dir}})}{\sum\limits_{k=1}^{|K_{j,j'}|}C_{j,k}} \tag{2.8}$$

其中，$C_{j,k}$ 表示节点 i 到节点 k 的可信度，计算公式如式 (2.9) 所示：

$$C_{j,k}=\eta O_{j,k}^{\text{dir}}+\mu Q_{j,k}^{\text{ind}} \tag{2.9}$$

在式 (2.9) 中，$\eta+\mu=1$。$C_{j,k}$ 由节点间的直接经验获得。通过计算式 (2.5)~式 (2.9)，可以求解式 (2.4) 中的信任度。节点 j 的可靠性可以通过式 (2.10) 计算：

$$T_j=\frac{1}{|N_j|}\sum_{j\in N_j'}T_{j,j'} \tag{2.10}$$

2.2.3 基于信任度的社会感知用户分配策略

双边拍卖机制广泛地应用于求解多个买家和多个卖家共存的资源分配问题中，这在真实市场中是非常普遍的现象。本章涉及的移动网络将中继转发服务定义为商品，源节点和目的节点定义为买家和卖家，从而将基于社交网络的下一跳中继选择问题建模为双边拍卖问题。

一方面，中继节点由于具有自私性而不主动进行数据转发，除非该节点转发数据包后能够得到相关补偿；另一方面，为了获得更高的传输速率，源节点倾向于从中继节点购买中继转发服务。按照经济学术语，源节点和中继节点提出的价格分别定义为报价和询价。前一轮拍卖结束后，中继节点开始询问不同源节点的报价，同时，源节点收到潜在中继节点的询价。双边拍卖过程周期性地进行，一个周期内的双边拍卖过程描述如下。

基于香农公式，直接相连链路的传输速率如式 (2.11) 所示：

$$C_{j,j'}=W\log_2\left(1+\frac{P_{j,j'}G_{j,j'}}{\eta+\sum\limits_{h\in V-\{j\}}P_{h,j'}G_{h,j'}}\right) \tag{2.11}$$

其中，W 为链路带宽。为了不失一般性，本章假定每条链路的带宽均相同。如果节点 i 被选为节点 j 和 j' 的中继节点，一条基于中继传输的数据流即构成了。该数据流包含两条链路 $j-i$ 和 $i-j'$，链路对应的传输速率分别如式 (2.12) 和式 (2.13) 进行计算：

$$C_{j,i} = W\log_2\left(1+\frac{P_{j,i}G_{j,i}}{\eta+\sum\limits_{h\in V-\{j\}} P_{h,i}G_{h,i}}\right) \tag{2.12}$$

$$C_{i,j'} = W\log_2\left(1+\frac{P_{i,j'}G_{i,j'}}{\eta+\sum\limits_{h\in V-\{i\}} P_{h,j'}G_{h,j'}}\right) \tag{2.13}$$

因此，一个传输单元完成数据传输的所需时间如式 (2.14) 所示：

$$T=\frac{1}{C_{j,i}}+\frac{1}{C_{i,j'}} \tag{2.14}$$

此时的链路传输速率如式 (2.15) 所示：

$$C_{j,i,j'}=\frac{1}{T}=\frac{C_{j,i}C_{i,j'}}{C_{j,i}+C_{i,j'}} \tag{2.15}$$

从买方 (源节点) 观点来看，增加的传输速率为 $C_j^i = C_{j,i,j'} - C_{j,j'}$，其中 C_j^i 为买方 j (源节点) 通过卖方 i (目的节点) 获得的速率增益。很显然除非由中继节点转发提供的速率增益大于直接传输时获得的速率增益，否则没有买家愿意购买相应的商品。如果这两种传输方式提升速率恰好相同，本章采用基于中继转发的方式，因为该方式能够为网络编码和空分复用提供更多的传输机会。

从中继节点 (卖方) 的角度考虑，除非这些节点的网络开销可以得到一定补偿，否则这些节点并不一定倾向于提供中继转发服务。本章采用与文献 [17] 相同的效用函数，该效用函数用来定义速率和获得网络效用的对应关系，如式 (2.16) 所示：

$$F(C)=\alpha(1-\mathrm{e}^{-\beta C}) \tag{2.16}$$

如果中继节点 i 为源节点 j 向目的节点 j' 转发数据包，相比于直接链路传输，网络增加的效用值 I_j 如式 (2.17) 所示：

$$I_j = F(C_{j,i,j'}) - F(C_{j,j'}) \tag{2.17}$$

其中，$F(C_{j,i,j'})$ 和 $F(C_{j,j'})$ 分别是基于中继传输和直接链路传输所获得的效用函数值。

提供了中继转发服务后，中继节点 i 损失的转发能力 L_i 可以表示为

$$L_i = F(C_{i,j'}(P_{i,j'})) - F(C_{i,j'}(P_{i,j'} - P_{i,j'}^{\mathrm{con}})) \tag{2.18}$$

其中，$P_{i,j'}$ 和 $P_{i,j'} - P_{i,j'}^{\mathrm{con}}$ 分别为中继节点 i 转发前和转发后的可用传输功率；$P_{i,j'}^{\mathrm{con}}$ 是中继节点转发数据包所消耗的功率；$C_{i,j'}(P_{i,j'})$ 和 $C_{i,j'}(P_{i,j'} - P_{i,j'}^{\mathrm{con}})$ 分别代表中继提供转发前和

转发后所获得的传输速率；$F(C_{i,j'}(P_{i,j'}))$ 和 $F(C_{i,j'}(P_{i,j'}-P_{i,j'}^{\text{con}}))$ 分别表示节点 i 转发前和转发后能够提升中继节点传输速率的能力。

受利益驱使，交易双方在商品实际交易过程中不愿意按照商品的真实价值出价和询价。买家 j 报价会比商品真实值低，而卖家 i 会索要比真实值高的价格。商品市场价与真实价的差额称为利润。考虑到双边拍卖网络参与者的贪婪特性，源节点 j 的询价定义如式 (2.19) 所示：

$$I_j^{\text{bid}} = I_j(1-m_j) \tag{2.19}$$

其中，$m_j \in [0,1]$ 是买方的价格因子，中继节点 i 的要价如式 (2.20) 所示：

$$L_i^{\text{ask}} = L_i(1+m_i) \tag{2.20}$$

其中，$m_i \in [0,1]$ 是卖方的价格因子。

与文献 [18] 假设所有节点的竞价为恒定值不同，本章价格因子的设计考虑了节点社会属性、可信度和能量。这是因为一方面，真实世界中的网络用户通常存在自私属性，即他们更愿意为与其社会关系强的节点转发数据包。如果源节点的社会属性较强，许多中继节点将愿意为其转发数据。另一方面，如果源节点有充足的能量，为了节省开支，该节点不会具有购买中继服务的强烈意愿。此外，个体更愿意与具有较高信誉值的节点进行交易。因此，源节点在这些情况下将要压低报价。相反，如果源节点的社会属性较弱、自身能量较低、社会信誉度一般，该节点将会相对诚实地进行询价来寻找更多的交易机会。源节点的价格因子定义如式 (2.21) 所示：

$$m_j = A_1\varphi_j + A_2\frac{\text{AE}_j}{\text{TE}_j} + A_3T_j \tag{2.21}$$

其中，AE_j 和 TE_j 分别表示节点 j 的可用 (剩余) 能量和总能量；φ_j 表示节点 j 的社会属性值；T_j 是节点 j 对应的节点信誉值。

从中继节点的角度来看，它的询价函数将和源节点的报价函数有很大不同。如果潜在中继节点的能量不足，该节点将不主动为其他节点提供转发服务，因为其自身传输通信需求需要首先被满足，其次才会考虑转发其他节点的数据并赚取额外利润。此外，如果中继节点的社会属性和信誉度很强，许多源节点将会竞价购买该节点的中继服务。因此，在这两种情况下中继节点将要比商品真实值要价更高。相反，该中继节点将要合理要价，寻求交易并获得利润。中继节点的价格因子定义如式 (2.22) 所示：

$$m_i = A_1\varphi_i + A_2\left(1-\frac{\text{AE}_i}{\text{TE}_i}\right) + A_3T_i \tag{2.22}$$

其中，AE_i 和 TE_i 分别表示中继节点 i 的可用 (剩余) 能量和总能量；φ_i 表示节点 i 的社会属性值；T_i 是节点 i 对应的节点信誉值。

本章考虑一个基于中央银行的模型，其中每个节点在虚拟银行中均存在一个账户，并在每个调度周期完成后进行更新。接入信道被分为控制子信道和数据传输子信道。前者不但负责信道状态信息测量，而且负责节点与中央银行的信息交互。当数据包被中继节点转发后，源节点将要通过中央银行支付给中继节点转发补偿费用，而在双边拍卖中胜出的中继节点将要通过中央银行得到虚拟货币支付。每个节点在中央银行中的虚拟货币可以用来购买其他节点的中继转发服务。如果源节点 j 胜出，该节点获得的报酬如式 (2.23) 所示：

$$\mathrm{PO}_j = I_j - \mathrm{Pay}_j \tag{2.23}$$

其中，Pay_j 是节点 j 的实际支出。如果节点 i 胜出，对应的报酬如式 (2.24) 所示：

$$\mathrm{PO}_i = \mathrm{Rec}_i - L_i \tag{2.24}$$

其中，Rec_i 是节点 i 的实际收入。

本章假设双边拍卖过程中间机构的经济收益为 0，对应的支出 Pay_j 和收入 Rec_i 如式 (2.25) 所示：

$$\mathrm{Pay}_j = \mathrm{Rec}_i = \frac{I_j^{\mathrm{bid}} + L_i^{\mathrm{ask}}}{2} \tag{2.25}$$

基于上述分析，我们可以得到如下定理。

定理 2.1 双边拍卖机制将持续进行，除非源节点和中继节点获得的增益为非负值，即满足 $I_j^{\mathrm{bid}} \geqslant L_i^{\mathrm{ask}}$。

证明： 当 $I_j^{\mathrm{bid}} \geqslant L_i^{\mathrm{ask}}$ 时，通过式 (2.19) 和式 (2.20)，显然有

$$I_j(1 - m_j) \geqslant L_i(1 + m_i) \tag{2.26}$$

我们可以得到

$$I_j - L_i \geqslant I_j \times m_j + L_i \times m_i \tag{2.27}$$

通过将式 (2.19)、式 (2.20)、式 (2.23)、式 (2.24) 进行整合，我们得到

$$\begin{aligned}\mathrm{Pay}_j &= I_j - \frac{I_j^{\mathrm{bid}} + L_i^{\mathrm{ask}}}{2} = I_j - \frac{I_j(1 - m_j) - L_i(1 + m_i)}{2} \\ &= \frac{I_j - L_i + I_j \times m_j - L_i \times m_i}{2}\end{aligned} \tag{2.28}$$

根据式 (2.25)，我们可以得到

$$\begin{aligned}\mathrm{Pay}_j &= \frac{I_j - L_i + I_j \times m_j - L_i \times m_i}{2} \\ &\geqslant \frac{I_j \times m_j + L_i \times m_i + I_j \times m_j - L_i \times m_i}{2} \geqslant 0\end{aligned} \tag{2.29}$$

对于节点 i，可以得到下述类似结论：

$$\mathrm{Rec}_i \geqslant I_i \times m_i \geqslant 0 \tag{2.30}$$

□

每个节点在中央银行的虚拟货币根据式 (2.23) 和式 (2.24) 计算支出和得到的报酬，并进行实时更新。

从经济学观点分析，如果市场参与者能够获得满意的收入，他们将更乐于在市场中进行交易，从而使市场更加繁荣。因此双边拍卖模型的目标是最大化社会福利 (Social Welfare, SW)。网络社会福利计算如式 (2.31) 所示：

$$\mathrm{SW} = \sum_{i \in V} \sum_{j \in V} (\mathrm{PO}_i + \mathrm{PO}_j) \tag{2.31}$$

在结束双边拍卖机制后，网络可以确定数据传输的下一跳节点，如果下一跳节点不是最终目的节点，上述双边拍卖过程继续进行中继传输节点选取，直到数据包传输到目的节点。

2.3 网络编码感知的自适应调度机制

本节的优化目标是选择合适的中继传输方式，最小化链路激活时隙个数，进而最大化网络吞吐量。通过 2.2.3 节提出的双边拍卖机制，节点被鼓励参与协作通信传输，这将为采用网络编码和空分复用提高网络吞吐量提供更多的传输机会。先前的研究已经证明贪婪地进行网络编码会降低网络空分复用的性能。因此，本节提出一种基于网络编码感知的自适应调度传输机制，从而最优地选取同时进行激活的链路组。

定义 $P_{X,Y}$ 为节点 X 到 Y 的发射功率。为了确保传输的数据包在传统网络编码 (CNC) 和物理层网络编码 (PNC) 阶段能够正确得到解码，中继节点 B 的传输功率应满足 $P_{B,\mathrm{BC}} = \max(P_{B,A}, P_{B,C})$。然而，高发射功率会对更多条链路产生干扰。通过 2.2 节所述 DASA 机制，长距离传输可以被分解为多跳传输并且通过激励机制促使节点进行协作传输，这样进行网络编码和空分复用的概率更大。如果网络编码的机会得到充分利用，通过中继转发会大幅提升链路传输速率；与此相反，如果采用贪婪的编码方式则会降低频谱资源利用率。

接下来对网络限定条件进行阐述，包括对网络通信节点的半双工传输特性、传输模式特性和链路容量特性等进行限定。定义 S 为网络中所有传输配置的集合，ω_s 代表完成传输配置 s 所需要的时间。在特定时隙中，如果链路 $i \to j$ 在传输配置 s 中处于激活状态，定义二进制整数变量 $x_{i,j}^s$ 为 1，否则为 0。在全网调度中，$x_{i,j}^s$ 可以表示为 $x_{i,j}^s(t)$，通过时间 t 的变化，该因子决定时分多址调度下的链路激活模式。物理层网络编码主要分为两种方式：模拟网络编码 (Analog Network Coding, ANC) 和去噪转发网络编码 (DeNoise-and-Forward Coding, DNF)，由于前者对信号进行放大的同时会放大噪声，从而降低网络性能，本章主要考虑 DNF 方式。如果中继节点 i 采用非编码中继转发方式，本章将其定义为 $u_i^s = 1$；如果基于传统网络编码进行中继转发，将其定义为 $c_i^s = 1$；如果基于去噪转发网络编码传输方式，将其定义为 $d_i^s = 1$。定义 V_i 为中继节点 i 的关联节点集合。对于节点 $j \in V_i^+$ 或者 $j \in V_i^-$，节点 j 对应为中继节点 i 的流出和流入节点。Y_i^j 为节点 i 在链路 $i \to j$ 上进行单播传输的数据量；$\sum\limits_{j' \in V_i^- - \{j\}} Y_i^{j,j'}$ 表示 $j \to i$ 和 $j' \to i$ 链路在 DNF 多址接入阶段进行传输的数据量，$\sum\limits_{j' \in V_i^+ - \{j\}} Y_i^{j,j'}$ 表示中继节点 i 在 $i \to j$ 和 $i \to j'$ 在 CNC 和 DNF 广播阶段发送的数据之和。$W_{i,j}^s$ 表示一个调度周期内传输到链路 $i \to j$ 的数据包个数。最优中继选择方式可以建模为

$$\min \sum_{s \in S} \omega_s \tag{2.32}$$

满足条件：

$$x_{i,j}^s + x_{j,i}^s \leqslant 1 \tag{2.33}$$

$$u_i^s + c_i^s + d_i^s \leqslant 1 \tag{2.34}$$

$$\sum_{j \in V-\{i\}} x_{i,j}^s \leqslant 1 + (1 - u_i^s) \tag{2.35}$$

$$\sum_{s \in S} (u_i^s + c_i^s + d_i^s) x_{i,j}^s \omega_s W_{i,j}^s \geqslant u_i^s Y_i^j + d_i^s \sum_{j' \in V_i^- - \{j\}} Y_i^{j,j'} + (c_i^s + d_i^s) \sum_{j' \in V_i^+ - \{j\}} Y_i^{j,j'} \tag{2.36}$$

本节的优化目标是最小化所需要的链路激活时间 (即目标函数式 (2.32))，从而最大化网络吞吐量，因此目标是通过中继方式的选取来最小化链路激活时间。式 (2.33) 是节点半双工特性的限制条件，即任何节点不能同时发送和接收数据包。式 (2.34) 表明在一个调度时隙内，中继节点至多只能选择一种传输模式。式 (2.35) 表明如果节点 i 处于单播传输模式，那么在一个传输时隙内至多只有一条链路可以处于激活状态。式 (2.36) 对链路容量进行限制，表明一条链路激活需要足够的时间以便所有待传的数据都能够得到传输。

接下来，本章确定编码感知调度的中继选择方式，对中继节点流入和流出的数据流、链路激活状态等因素进行限定。具体约束条件如下：

$$c_i^s + d_i^s \geqslant \sum_{j \in V_i^+} x_{i,j}^s - 1 \tag{2.37}$$

$$d_i^s \geqslant \sum_{j \in V_i^-} x_{i,j}^s - 1 \tag{2.38}$$

$$d_i^s \leqslant \sum_{j \in V_i^-} x_{i,j}^s - u_i^s - c_i^s \tag{2.39}$$

$$\sum_{j \in V_i^-} x_{i,j}^s \leqslant 1 + d_i^s \tag{2.40}$$

$$1 + \sum_{j' \in V_i^+ - \{j\}} x_{i,j'}^s \geqslant x_{i,j}^s + c_i^s + d_i^s \tag{2.41}$$

其中，式 (2.37) 表明如果多于一条链路从中继节点 i 流出，那么中继节点进行物理层网络编码或传统网络编码。式 (2.38) 表明如果多于一条链路流入中继节点 i，那么中继节点进行物理层网络编码。式 (2.39) 表明如果仅有一条链路流入中继节点 i，那么中继节点一定不执行物理层网络编码操作。式 (2.40) 表明单播链路激活的个数一定小于整体链路激活的个数，从而对单播传输链路个数的上限进行了限定。式 (2.41) 表明在广播情况下，中继节点将要至少激活两条链路。

当节点处在单播传输下时，信干噪比限制如式 (2.42) 所示：

$$\begin{aligned} & P_{j,j'} G_{j,j'} + M_{j,j'}^s (1 - x_{j,j'}^s) + M_{j,j'}^s (1 - u_j^s) \\ & \geqslant \Gamma \left[\eta + \sum_{h \in V-\{j\}} P_{h,j'} G_{h,j'} u_h^s + \sum_{h \in V-\{j\}} P_{h,\mathrm{BC}} G_{h,j'} (c_h^s + d_h^s) \right] \end{aligned} \tag{2.42}$$

其中，$P_{h,\mathrm{BC}}$ 是节点 h 采用 CNC 或 DNF 网络编码形式时在广播阶段的发射功率。因为传统网络编码和物理层网络编码方式在广播阶段本质相同，定义节点 i 的广播功率 $P_{i,\mathrm{BC}}$ 等于 $P_{i,j}$ 和 $P_{i,j'}$ 的最大功率，目标是接收端信道较差的信道可以成功对广播信号进行解码；$M_{j,j'}^s$ 是一个恒定因子，满足 $M_{j,j'}^s \geqslant \Gamma\left[\eta + \sum\limits_{h\in V-\{j\}} P_{h,j'}G_{h,j'}u_h^s + \sum\limits_{h\in V-\{j\}} P_{h,\mathrm{BC}}G_{h,j'}(c_h^s + d_h^s)\right]$。式 (2.42) 的不等式右边对应其他节点传输时对目的节点的干扰。

在 DNF 的多址接入阶段，最小的接收功率 ($\min\ (P_{j,i}G_{j,i}, P_{j',i}G_{j',i})$) 用来计算信噪比值。考虑到一般性，我们假设 $P_{j,i}G_{j,i} < P_{j',i}G_{j',i}$，对应信噪比的限制条件如式 (2.43) 所示：

$$
\begin{aligned}
&P_{j,i}G_{j,i} + M_{j,i}^s(1 - x_{j,i}^s) + M_{j,i}^s(1 - d_j^s) \\
&\geqslant \Gamma\left[\eta + \sum_{h\in V-\{j\}} P_{h,i}G_{h,i}u_h^s + \sum_{h\in V-\{j\}} P_{h,\mathrm{BC}}G_{h,i}(c_h^s + d_h^s)\right]
\end{aligned}
\tag{2.43}
$$

其中，$M_{j,i}^s \geqslant \Gamma\left[\eta + \sum\limits_{h\in V-\{j\}} P_{h,i}G_{h,i}u_h^s + \sum\limits_{h\in V-\{j\}} P_{h,\mathrm{BC}}G_{h,i}(c_h^s + d_h^s)\right]$ 条件需得到满足。

在 CNC 和 DNF 方式的广播阶段，对于节点 j (节点 j' 类似) 的信噪比限制如式 (2.44) 所示：

$$
\begin{aligned}
&P_{i,\mathrm{BC}}G_{i,j} + M_{i,j}^s(1 - x_{i,j}^s) + M_{i,j}^s(1 - c_i^s - d_i^s) \\
&\geqslant \Gamma\left[\eta + \sum_{h\in V-\{i\}} P_{h,j}G_{h,j}u_h^s + \sum_{h\in V-\{i\}} P_{h,\mathrm{BC}}G_{h,j}(c_h^s + d_h^s)\right]
\end{aligned}
\tag{2.44}
$$

其中，$M_{i,j}^s \geqslant \Gamma\left[\eta + \sum\limits_{h\in V-\{i\}} P_{h,j}G_{h,j}u_h^s + \sum\limits_{h\in V-\{i\}} P_{h,\mathrm{BC}}G_{h,j}(c_h^s + d_h^s)\right]$ 条件需得到满足。

因此，一个调度方案产生的链路集合 (s) 由 $x_{i,j}^s$、u_i^s、c_i^s、d_i^s 和发射功率共同决定，同时一个调度集合 S 包含相关链路集合。由于 2.2 节已经通过 DASA 机制将直接传输的链路变为多跳传输，本节根据目标函数式 (2.32)，以及式 (2.33)~式 (2.41) 决定相应的中继传输方式。

由于固定传输速率的链路调度问题已经被证明是 NP 完全问题，该问题需要对所有可行解进行枚举。第 3 章将基于仿生学的萤火虫算法对上述问题进行求解。

2.4 基于萤火虫算法的最优化问题求解

许多最优化方法适用于求解混合整数线性或非线性问题。传统的最优化问题求解方法已经广泛应用到常规问题求解中，这些方法包括动态规划、分支界定法、混合整数规划和拉格朗日松弛等。然而，这些方法或者随着网络规模的扩大而计算复杂度过高，或者收敛性较慢。因此，研究学者提出许多人工智能算法对最优化问题进行求解，如基于神经网络、遗传算法、禁忌算法、蚁群算法、模糊逻辑、粒子群优化、蛙跳算法和自适应学习算法，这些算法可以有效求解局部最优解，并在部分场景中适用。随着粒子群优化技术的提出，如何设计具有低复杂度并能有效趋近最优解的算法成为学术界的研究热点。受生物学灵感的启发，Yang 于 2008 年首次提出萤火虫算法 (Firefly Algorithm，FA) 并将其引入最优化问题求解中 [19]。

然而，由于之前的研究大多基于实数变量而非整型变量，现有方法无法直接应用于相关研究。由于 2.2 节提出的基于社交网络和网络编码的自适应调度机制具有较高的计算复杂度，本节基于萤火虫算法提出了一种仿生学启发式算法进行中继方式自适应选择，该算法具有计算复杂度较低且快速趋近最优解的特性。

2.4.1 萤火虫算法简介

热带和温带的盛夏夜天空中闪烁的萤火虫光芒是一道奇妙的景象。萤火虫有两千多类，它们中的大多数能够产生短距离有节奏的光芒。不同种类萤火虫的光芒通常不同，该光芒由萤火虫生物体自身所产生。尽管萤火虫产生光芒的主要功能还在进一步讨论，但是相关专家在两大方面的基本作用达成了共识，即吸引异性配对 (通信) 和吸引潜在的猎物。这种在特定速率和时间下的有规律闪烁可以将雌雄萤火虫聚集到一起。一些热带萤火虫甚至可以对它们的发光进行同步，从而形成生物学自组织行为。

因为接收端接收到的来自光源的光密度与其到光源的距离成反比，并且空气也会对光进行吸收，随着距离的增加，接收端所接收到的光越来越微弱。上述两个因素导致大多数萤火虫所发的光仅能在一定范围内可见，萤火虫可利用上述光源进行通信。基于萤火虫活动的自然特性，本节基于优化目标并利用萤火虫的发光特性提出优化问题求解的相应策略。文献 [19] 基于萤火虫发光问题做了如下三方面理想化假设。

(1) 所有的萤火虫不分性别，萤火虫之间可以通过发光进行吸引而不考虑其性别。

(2) 萤火虫间的吸引力和它们的亮度成正比，对于任意两个发光的萤火虫，发光较暗的将要向发光较亮的萤火虫移动，吸引力随着萤火虫间距离的增加而降低。如果两个发光的萤火虫亮度不分伯仲，其中一个萤火虫随机移动。

(3) 萤火虫的亮度仅受距离的影响。

在萤火虫算法中，吸引力函数 θ 为一个单调递减函数，定义如式 (2.45) 所示：

$$\theta(d_{i,j}) = \theta_0 \mathrm{e}^{-\tau d_{i,j}^{\nu}}, \quad \nu > 1 \tag{2.45}$$

萤火虫吸引力函数由 θ_0 和 τ 共同决定，$d_{i,j}$ 是两个萤火虫间的直线距离，且 $d_{i,j} = ||D_i - D_j||$。相较于其他问题，如调度问题，萤火虫间的距离也可以换成其他因子而非固定。通常，$\theta_0 \in [0,1]$，当 $\theta_0 = 0$ 时为非协作机制，此时采用随机选取策略。当 $\theta_0 = 1$ 时，萤火虫的亮度可以决定不同萤火虫间的飞行轨迹。变量决定吸引力函数的变化趋势，并与相互通信的萤火虫之间的距离有关。当 $\tau = 0$ 时说明萤火虫的吸引力因子保持恒定，当 $\tau = +\infty$ 时说明吸引力接近于 0，这种情况又转化为完全随机选取策略，τ 取值通常为 $0 \sim 10$。

萤火虫 i 的移动轨迹受另一萤火虫 j 的亮度 (吸引力) 影响，其移动趋势如式 (2.46) 所示：

$$D_i' = D_i + \theta(D_i - D_j) + \kappa(\mathrm{rand} - 0.5) \tag{2.46}$$

其中，D_i' 和 D_i 是萤火虫 i 本次和下次迭代时的位置。该式第二项表明萤火虫间的相互吸引力对于其下一时刻位置的影响。第三项表示了移动的随机性，其中，D_i 是一个随机化参数，rand 是在 0 和 1 之间均匀分布的随机化因子。

2.4.2 萤火虫算法建模和问题求解

2.3 节最优化问题中的高计算复杂度主要由调度因子传输选择方式的整数变量造成。定义 X_i 和 X_j 分别为 1 和 0 来表示节点 i 和 j 是否在传输中进行激活，定义 $X_{i,j} = X_i - X_j$，这样 $d_{i,j}$ 的范围为 $-1 \sim 1$，并且下一次迭代状态 X_i 可以表示为

$$X_i' = X_i + \theta(X_i - X_j) + \kappa(\text{rand} - 0.5) \tag{2.47}$$

为了确定下一个状态是 0 还是 1，本节需要计算该节点的相应函数值。如果计算得到的函数值大于门限值，那么该节点进行数据传输，即设置为 1；如果该值小于门限值，则设置为 0。为了使函数值浮动在 $0 \sim 1$，本章采用双曲正切函数 tanh 对函数值进行限定，如式 (2.48) 所示：

$$f(X_i') = \tanh(|X_i'|) = \frac{\mathrm{e}^{2|X_i'|} - 1}{\mathrm{e}^{2|X_i'|} + 1} \tag{2.48}$$

基于萤火虫算法的中继选择方式包括下述七个步骤。

(1) 初始化萤火虫算法的参数 (包括 θ_0、τ 和最大迭代次数等)。

(2) 初始化萤火虫的状态。2.3 节基于社交网络和双边拍卖机制已经将多跳传输的链路分解为单跳待激活的传输链路，网络初始化传输过程中将 50%待激活链路的初始传输状态设置为 1，另外 50%的初始状态设置为 0。

(3) 更新萤火虫状态信息。一个萤火虫根据其他萤火虫的亮度对其位置进行相应调整，新的状态信息采用式 (2.46) 进行计算。

(4) 对约束限制条件进行修复。当下一次迭代过程的萤火虫位置确定后 (即节点是否进行数据传输)，检查约束条件式 (2.33)~式 (2.35)。如果新得到的萤火虫位置信息和上述约束条件符合，进入步骤 (5)；否则，2.4.3 节将提出一种修复策略克服这个问题。

(5) 基于适应度函数求解中继选择问题。适应度函数对应于萤火虫的亮度，函数定义为式 (2.16)，该适应度函数说明所获得链路速率越大，适应度函数值越大，因此，我们提出一个基于链路传输速率的判据对中继传输方式进行选择，该判据表示如下：

$$\varOmega_i^s = \begin{cases} c_i \times C_{i,\mathrm{BC}} \times \dfrac{2n_i^C}{2n_i^C - 1} \times \dfrac{n_i^C \times L}{n_i^C \times L_C + L}, & \text{采用 CNC} \\ d_i \times C_{i,\mathrm{BC}} \times \dfrac{n_i^D}{n_i^D - 1} \times \dfrac{n_i^D \times L}{n_i^D \times L_D + L}, & \text{采用 DNF} \\ d_i \times C_{i,j} \times \varPsi_i, & \text{其他} \end{cases} \tag{2.49}$$

其中，$C_{i,\mathrm{BC}}$ 和 $C_{i,j}$ 分别对应于节点 i 在广播和单播情况下的传输速率；$\dfrac{2n_i^C}{2n_i^C - 1}$ 和 $\dfrac{n_i^D}{n_i^D - 1}$ 对应于 CNC 和 DNF 方式带来的网络编码增益；n_i^C 和 n_i^D 是进行 CNC 和 DNF 传输方式的节点个数；$\varPsi_i$ 是节点在空分复用情况下能够同时传输的数据包个数，如果 $\varPsi_i = 1$，这时的链路传输对应单播模式；L_C 和 L_D 分别是节点采用 CNC 和 DNF 传输方式所需的额外开销；L 是数据包的长度。式 (2.49) 的三项之和代表不同传输组合方式所带来的速率 (适应度函数) 提升。为了最大化适应度函数，网络需要选择能使组合式 (2.49) 最大化的方案。

(6) 记录至今通过迭代所获得最大效用函数的解，并将迭代次数加 1。

(7) 重复步骤 (3)~步骤 (6)，直到网络达到终止条件，或终止条件设定为迭代次数达到上限值。

2.4.3 基于萤火虫算法的修复策略

2.4.2 节按照萤火虫算法和式 (2.47) 对个体状态进行更新时，可能不能完全满足约束条件式 (2.33) 和式 (2.36)，因此本节提出下述修复策略算法。

(1) 如果约束条件式 (2.33) 得到满足，前往步骤 (3)；否则前往步骤 (2)。

(2) 约束条件式 (2.33) 得不到满足，说明节点的半双工条件没有满足，即节点既有数据包待发送，又有数据包待接收。此时计算该节点发送的萤火虫亮度和该节点作为接收节点时接收到的萤火虫的亮度，并将亮度值较低的萤火虫状态设置为 0。

(3) 如果约束条件式 (2.36) 得不到满足，那么说明待传输的链路较多，而激活的时隙个数较少，此时将最接近门限值且设置为 0 的节点设置为 1。

(4) 步骤 (3) 可能对步骤 (2) 产生影响，如果步骤 (2) 得到满足，结束；否则，返回步骤 (2) 接着进行迭代求解。

2.5 性能分析

本实验考虑包含 100 个节点的随机拓扑网络，一些随机选取的源节点向随机选取的目的节点发送数据包。节点随机分配在一个边长 1km 长度的正方形区域内，考虑的网络结构可以视为校园的一部分，并且认为手持终端用户从属于同一个社区。由于学生在校园环境的活动规律重复性较高，活动时长相对较为固定，所以基于时隙模型的假设是合理的。信道衰落模型的交叉增益可以表示为 $G_{i,j}=\beta_{i,j}^{S}\beta_{i,j}^{F}d_{i,j}^{-\nu}$，其中，$d_{i,j}$ 是节点 i 和节点 j 的几何半径距离，ν 是路径损耗因子并设置为 4。$\beta_{i,j}^{S}$ 和 $\beta_{i,j}^{F}$ 分别代表大尺度阴影效应和小尺度信道衰落带来的信道扰动，并假定阴影效应值为固定因子。SINR 门限值设定为 2.5，带宽设定为 56MHz。每个节点的初始剩余能量 (单位为 J) 随机在 (0,1] 范围，节点的总能量为 1J。根据文献 [20]，$\alpha=1$，$\beta=\dfrac{\ln 0.1}{12.5}$，热噪声为 10^{-6}mW。社会属性三个互补判据的权重均为 $\dfrac{1}{3}$，萤火虫算法中的 θ_0 设置为节点的社会属性值，$\tau=0.5$，迭代次数设置为 500 次。

除了仿真模拟外，我们采用文献 [21] 的社交数据集进行性能评估。该数据集包括 80 名学生 8 个月移动电话的轨迹信息。本实验的用户通信和社交属性跨度时间为 2009 年 1 月到 6 月，并考虑其中 6 种属性进行社会关系度量：① 蓝牙通信频率；② 用户兴趣；③ 生活领域；④ 学校时长；⑤电话通话；⑥ 短信。本实验考虑 4 条判据，分别为：① 平均传输率，即发送消息数量与总产生消息数量的比值；② 平均吞吐增益，定义为 ω_u 和 ω_s 的比值，前者只考虑采用单播传输时的调度时隙个数，后者考虑采用网络编码和空分复用的调度时隙个数；③ 链路容量，正比于传输速率；④ 传输能量开销。

为了表明本章提出算法的有效性，我们选用 3 种方法进行对比。

(1) TASC [22] 算法，该算法的主要思路是要求买卖双方根据商品的真实价值进行报价，目标是避免市场化所带来的价格欺诈。然而，TASC 为了实现完全公平交易而牺牲了许多可以进行交易的潜在用户，这导致买卖双方对市场交易的积极性不高，从而造成社会福利值较低，并进而导致通过协作进行交易的节点个数进一步降低。本章提出的 DASA 方案以市场为导向，通过考虑节点社会属性来最大化社会福利。尽管节点不完全按照商品价值进行报价，但是这种行为在真实的市场中更常见。

(2) 基于粒子群优化 (PSO) 算法的 DASA。

(3) 基于遗传算法 (Genetic Algorithm, GA) 的 DASA，其中交叉和变异的概率设置为 0.85 和 0.05。

基于 DASA 和 TASC 的最优中继方式分别命名为 OPT_DASA 和 OPT_TASC。基于萤火虫算法、粒子群优化算法和遗传算法的方案分别标记为 FF_DASA、PSO_DASA 和 GA_DASA。有关粒子群优化算法和遗传算法的更多介绍可以参阅文献 [23]。

图 2.2(a) 和图 2.3(a) 为仿真和基于真实轨迹的平均传输比例示意图。随着传输数据量的增加，不同方案的数值均有所增加，说明网络的连通性有所增强。图中可见，随着传输数据量的增加，FF_DASA 和 OPT_DASA 的间距变大，这是因为启发式算法的搜索空间有限。FF_DASA 的性能甚至比 OPT_TASC 的性能更好。这是因为 DASA 中的更多用户参与到双边拍卖，使社会福利得到提高，进而大幅提升了链路连通性。

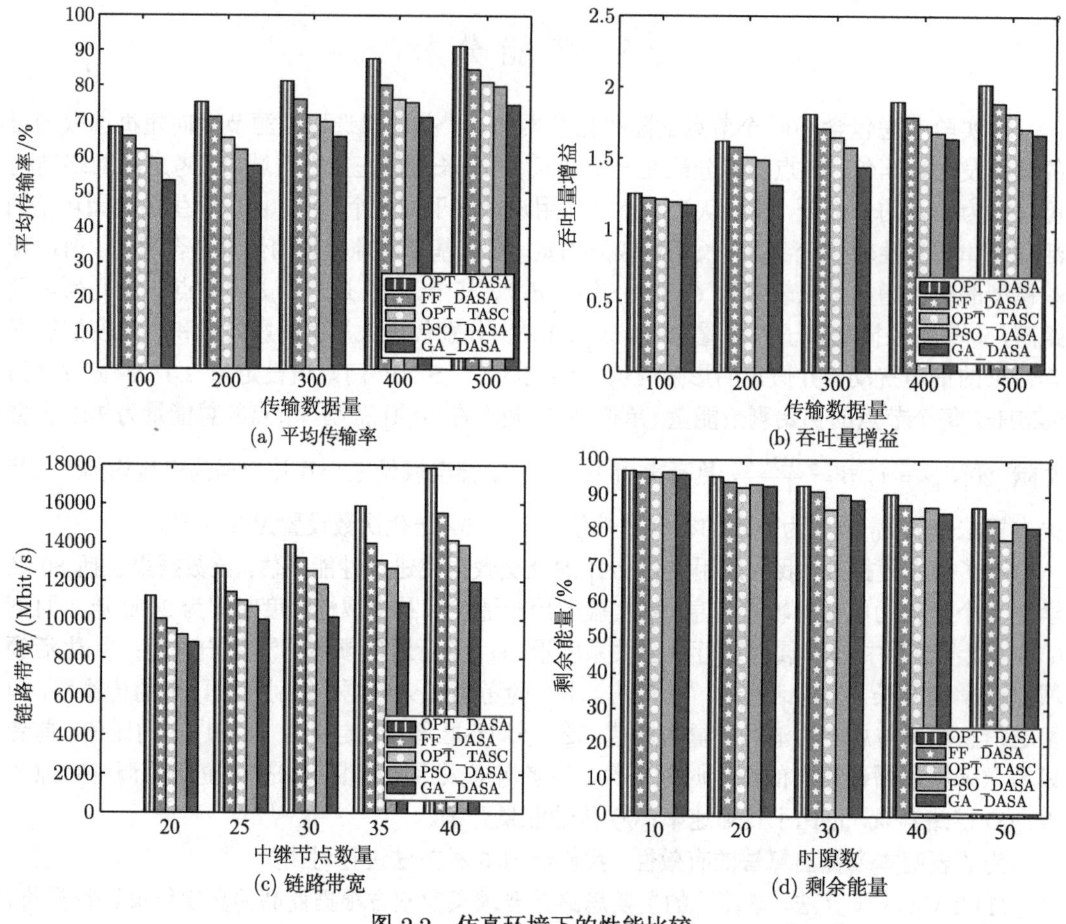

图 2.2 仿真环境下的性能比较

图 2.2(b) 和图 2.3(b) 为不同传输方式的吞吐量。FF_DASA 能够有效接近最优网络性

能。OPT_DASA 性能相较于 OPT_TASC 大幅提升，这是因为本章的方案激励节点进行协作传输，这样更多直接传输的链路可以通过中继辅助的多跳传输完成。图 2.2(c) 和图 2.3(c) 为不同方案的链路连通性比较。图中可见，随着中继节点数量的提升，链路连通性也得到增强。一方面因为数据转发的机会更多；另一方面，当中继节点数量增加时，源节点对于中继选择的竞争在相对减弱。

图 2.2(d) 和图 2.3(d) 表示网络剩余能量的百分比。随着时隙数的增加，OPT_DASA 的剩余能量缓慢下降，而其他方法剩余能量出现迅速下降，尤其是 OPT_TASC 下降最为严重。这是因为该方案牺牲一些传输机会来保证交易的真实性，这将造成一定传输交易的损失。本章提出的 DASA 方法面向市场并且可以容忍自私性，源节点和中继节点根据资源状况进行竞价和要价。因此，OPT_DASA 的优越性得以体现。

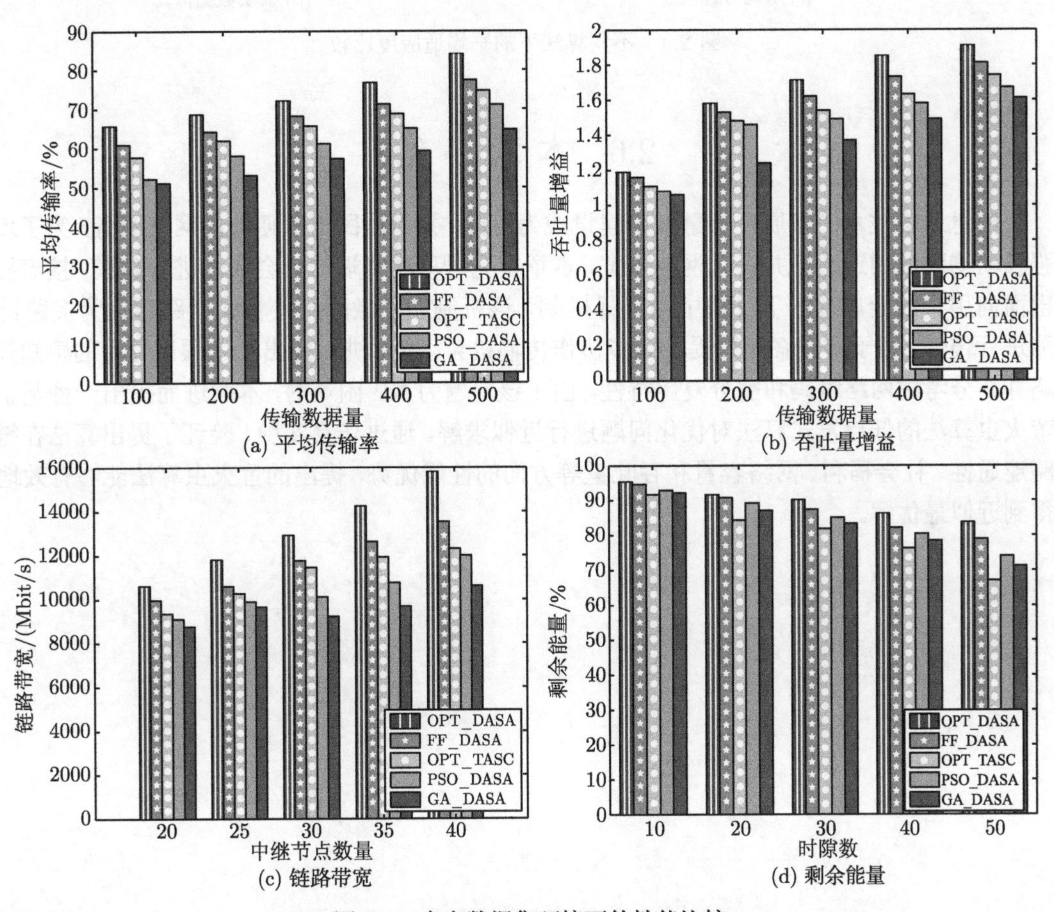

(a) 平均传输率 (b) 吞吐量增益 (c) 链路带宽 (d) 剩余能量

图 2.3 真实数据集环境下的性能比较

不同仿生学算法的性能对比如图 2.4 所示，该图对不同仿真场景下算法的收敛性进行了对比。适应度函数 Ω_i^s 如式 (2.49) 所示，适应度表明算法收敛的特性。如图所示，本章算法较其他有较快的收敛性，这是因为设计的算法能够有效避免局部最优解。

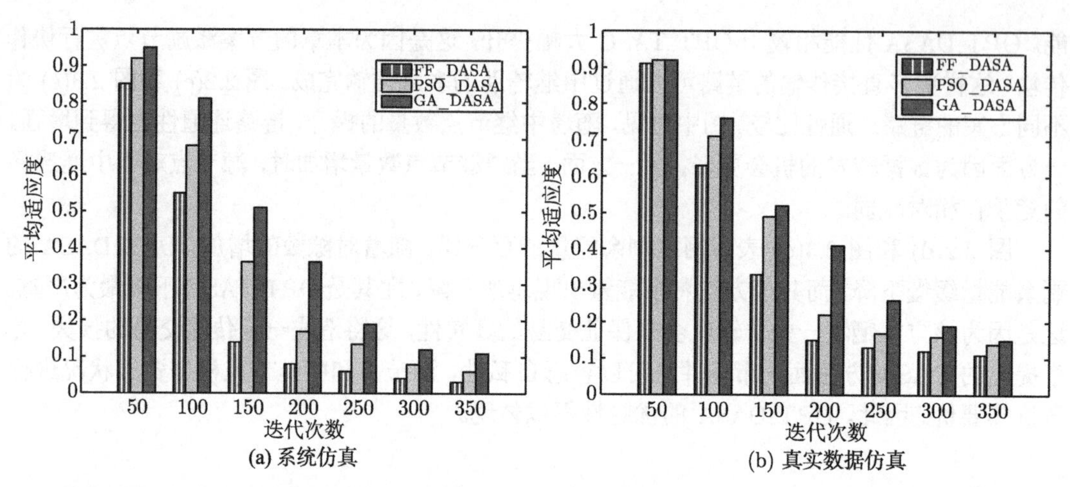

(a) 系统仿真

(b) 真实数据仿真

图 2.4 不同算法下的平均适应度比较

2.6 本 章 小 结

信息通信技术的发展使智慧城市建设成为可能，并为居民提供便捷的网络服务。为了增强移动物联网的连通性并提升网络带宽，本章首先对移动终端的社会属性进行建模，接着提出面向用户社会属性的下一跳中继选择机制，该机制能够激励直接传输链路转化为多跳链路进行传输。由于本方案能够提供更多协作传输机会，本章进而提出一个频谱复用的感知策略并充分考虑网络编码和空分复用特性。由于该问题为 NP 困难的，本章进而提出一种基于萤火虫算法的低启发式算法对优化问题进行近似求解。通过仿真实验，验证了提出算法在链路连通性、社会福利、网络容量和吞吐量等方面的性能优势，提出的萤火虫算法能够有效地得到近似最优解。

第3章 高效数据分发中的隐私保护机制

本章主要研究高效数据分发中的隐私保护机制。目前，学术界提出了许多基于社会感知的方案来提高消息的传输效率和网络的吞吐量，这些方案大多利用用户的社会属性和相遇的历史记录来预测未来的相遇概率。然而，在基于车联网的机会传输过程中，用户的个人隐私非常容易泄露，尤其是在相遇预测和消息传输阶段。另外，数据的分发效率和安全机制间往往相互影响，高安全性往往意味着低传输效率，而高传输效率会导致低安全性。因此，如何在不暴露用户隐私的前提下进行高效数据传输具有很大的挑战。目前，该方面的研究还不充分。本章提出一种移动数据分发中的隐私保护机制，目的是在保护用户隐私信息的同时提高消息的传输效率。本章首先提出一种基于云计算的系统架构，并将基于安全的移动预测与路由决策过程相结合，然后将一种基于属性的加密算法应用到消息传输过程来抵御攻击，攻击类型包括女巫攻击 (Sybil Attack)、丢包获利攻击 (Drop for Profit) 和消息篡改攻击 (Data Tampered Attack)。通过在 INFOCOM06 和 SIGCOMM09 数据集上的实验比较所提出算法和其他算法的性能。

3.1 引　　言

物联网作为一种新型的网络平台，可以为居民提供无处不在的网络连接从而实现智慧城市。机会联网技术是一种可以在物联网基础上进行通信的技术，它允许邻近终端的设备采用短距离无线通信技术进行信息共享。而车联网作为一种新型的网络架构，允许用户采用机会联网技术在支持云计算的物联网中进行通信，从而缓解蜂窝网络的负载。换句话说，车联网适合间歇性的连接，使移动终端能够通过蓝牙或者其他无线通信技术进行机会通信。节点可以通过“存储—携带—转发”的机制实现文本和信息共享，而不是从网站上直接下载数据。

车联网具有广阔的应用前景，随着智能车辆的飞速增长，机会车联网逐渐形成。日本已经搭建了智能交通系统 (Intelligent Transportation System, ITS)，日本政府允许运营商在每条高速公路两旁放置了 1000 多个路侧单元以便支持车辆之间通过机会连接进行通信。车联网支持各种类型的信息传输，包括实时新闻、天气预报以及电影等。尤其是当一个服务提供商想要将推送内容发送给特定用户时，一些推送内容持有者可以通过行驶的车辆与其他移动用户进行机会性的接触来分享推送内容。因此，高效的信息传输机制对于车联网来说至关重要。

随着网络的不断发展和信息的逐渐开放，个人隐私成为用户尤为关心的问题。高效的隐私保护机制是用户积极参与车联网中消息传输过程的重要前提。然而，怎样设计一个高效且基于隐私保护的消息传输机制面临以下一些挑战。

(1) 怎样保证终端设备与其他网络设备之间进行实时且有效的通信。采用短距离无线传输技术进行消息传输和身份认证十分具有挑战性，目前的一些研究通常假设终端设备可以和其他网络设备之间进行实时通信。然而，在车联网中，终端设备和其他网络设备之间通过机会连接模式进行通信，那么可能会存在很长的一段时间无法连接，直到二者的距离足够近。这就会导致恶意节点有机会利用这种时间差来发动攻击。因此，需要设计一个合理的通信系统架构来抵御攻击。

(2) 怎样保护在连接预测阶段所涉及的个人隐私信息。一般地，相关研究使用连接预测算法可以克服车联网本身的网络特点带来的通信缺陷，如高传输时延、低传输效率和高资源消耗等。然而，连接预测过程往往会涉及很多个人隐私，包括连接级别和社会级别等信息，连接级别信息包括连接时间和频率，社会级别信息包括节点中心度和人气。如果没有相关的攻击抵御策略，恶意节点很容易获得并滥用这些隐私信息。然而，连接预测阶段的隐私保护和安全尚未得到广泛关注，这是因为网络安全和传输效率之间相互影响，通常来讲，高安全性会降低传输效率，高传输效率会降低安全性。

(3) 怎样基于一个高安全性且易于使用的加密系统来保护数据的隐私。很多研究致力于将匿名 (Pseudonym) 技术和密码学技术运用于数据保护的过程中。例如，同态加密技术和椭圆加密算法是两个被广泛应用的密码学技术，k-匿名技术是匿名接入的有效手段。然而，这些方案或者要求复杂的网络计算，或者要求严格的网络环境，例如，一些基于匿名技术的方案要求足量的终端设备必须同时存在于某一特定区域来完成匿名更新过程，否则容易被攻击者追踪。这些严苛的网络条件容易导致车联网中消息传输过程的低传输效率和高传输时延。

(4) 为了追求利润，自私节点和恶意节点可以欺诈甚至修改它们通过消息传输所获得的奖励。因此怎样保证用户所获奖励的安全性，防止自私节点和恶意节点破坏激励机制的公平性值得深究。

为了解决上述挑战，本章提出了一种车联网平台下基于隐私保护的消息传输机制，命名为 PCON (Privacy-preserving Message Forwarding Framework for Cloud-enabled IoV Systems)，来保证消息的传输效率和个人隐私。本章对数据隐私 (Data Privacy) 和基于属性的隐私 (Attribute-based Privacy) 设计了相应的保护策略，其中，基于属性的隐私信息包括用户连接级别和社会级别的信息。基于本章所设计的两层云服务器架构，可以大幅度降低终端设备的计算负载。同时，密钥的管理和验证也几乎可以实时进行。此外，本章将基于安全的移动预测算法和路由决策过程结合起来选择下一跳路由节点，目的是在保护节点交互过程中所涉及的用户社会属性的同时，提高消息的传输效率。本章还设计了一种新型的消息结构用以记录中继节点所获得的奖励，目的是作为一种安全的激励机制激励节点参与消息的传输。本章的贡献主要包括以下几点。

(1) 本章定义了一种新型的消息结构来记录中继节点所获得的奖励，并通过一个适用于车联网平台的加密系统来处理消息。对于用户来说，这是一种安全的激励机制。

(2) 本章将基于安全的移动预测方案与路由决策过程相结合，目的是保护属性隐私信息的安全且提高消息传输效率。此外，本章还设计了一个基于属性的加密系统来保证数据隐私，代价为可接受的资源消耗。

(3) 本章建立了一个基于两层结构的云服务器系统，目的是提高服务器和用户之间的通信效率。此外，该系统还可以有效地减轻用户端的加密计算负载。

(4) 基于两个真实数据集 INFOCOM06 和 SIGCOMM09，将本章所设计的算法 PCON 与两个具有代表性的算法进行比较，一个是基于群簇的社会感知网络中自适应消息传输及激励机制 (CAIS) [24]，另一个是基于社会相似性的可信路由算法 (TRSS) [25]。实验结果表明，PCON 在消息传输时延和传输效率方面具有较强的竞争力，同时可以保证系统的安全性。

本章的结构安排如下：3.2 节介绍机会传输的相关工作；3.3 节对所提出的系统模型进行描述；3.4 节描述提出的系统框架；3.5 节详细地介绍所提算法 PCON；3.6 节对算法进行安全性分析；3.7 节介绍实验设计与结果分析；最后，3.8 节对本章工作进行总结。

3.2 相关工作

本节回顾一些具有代表性的机会传输算法，主要涉及三部分内容，分别是移动预测算法、基于激励机制的消息传输算法及隐私保护算法。移动预测算法通过预测未来节点的相遇情况来提高消息的传输效率；基于激励机制的消息传输算法通过激励机制来刺激用户积极参与消息传输；隐私保护算法通过保护用户的隐私来确保机会传输算法的安全性。

1) 移动预测算法

节点的移动性和连接模型的不确定性会导致车联网中数据传输效率低下。连接预测结合了历史相遇概率和通信记录，对未来的相遇进行预测，该方法是克服节点移动性导致低效数据传输的有效手段。文献 [26] 中提出了一种提高消息传输效率的方法，通过检测车辆的历史运动轨迹来对未来的移动进行预测，并基于车辆社会层和连接层的移动信息进行消息传输。基于连接层信息的传输模型通过预测节点未来的连接状态提高消息的传输概率，包括周期性相遇时间、相遇概率的时空分布函数。基于社会层信息的传输模型关注网络结构，使所传送消息能够发送到具有更高网络中心度的邻居节点。文献 [27] 采用了一种周期性模式挖掘算法和决策树理论来预测相遇时间、相遇频率和非周期性的相遇，在提高传输效率的同时降低了传输代价。文献 [28] 中提出了一种移动感知的位置辅助多播算法 (GeoMob)，目的是克服车联网的高移动性和连接短暂性带来的传输挑战。作者将车辆的移动信息分成不同的级别，使 GeoMob 具有良好的可扩展性和通信高效性。然而，安全和隐私问题在基于移动预测的数据传输方案中并没有得到广泛关注，涉及的个人隐私信息得不到有效的保护，这就容易导致基于移动预测的方案难以在现实场景中实施。

2) 基于激励机制的消息传输算法

在车联网中，自私节点无处不在，为了节约自身资源，它们对于消息传输的任务并不积极。目前激励机制广泛应用于消息传输算法中，目的是通过相应的奖励机制来激励自私节点积极参与消息的传输过程。目前的激励机制大致分为三种类型，分别是基于威望 (Reputation) 的激励机制、基于信用 (Credit) 的激励机制及基于针锋相对的激励机制。文献 [29] 中提出了一种基于威望的激励机制，通过增加中继节点的威望来刺激自私节点进行可信的数据传输。在基于信用的激励机制中，虚拟货币 (Virtual Money) 通常用来奖励给积极参与消息传输的节点。文献 [30] 提出了一种自身兴趣驱动的激励机制，通过自身兴趣的驱动使节点选择想要传输的消息，并通过消息的传输获得相应的虚拟货币奖励。基于 Tit-For-Tat 的激励机制通常要求通信的两个节点彼此之间互传等量的数据或消息，例如，文献 [31] 中建立了一个基于效用驱动的交易系统，目的是通过效用函数的刺激来促进节点间消息的共享。

此外，目前一些基于社会信息的消息传输机制利用用户之间的社会关系来建立传输连接，从而提高消息的传输效率。例如，一个簇群感知的机会路由算法 (CAOR)，首先建立一个簇群感知的模型，然后根据节点所属的不同社会群体将节点划分到不同的簇群中，节点通过感知周围的相关的簇群来传输消息 [32]。文献 [24] 同样基于簇群使用虚拟货币来刺激自私节点进行消息的传输。文献 [33] 提出了一个基于兴趣驱动移动模型的两层路由算法，考虑了用户的行为模型和地理位置偏好。以上算法从社会关联的不同方面出发来做出路由决策。然而，这些社会属性较敏感且易于受到攻击。

3) 隐私保护算法

近年来，如何保护用户的隐私并抵御恶意节点的攻击已成为焦点问题。通常，个人隐私包含三方面，分别是位置隐私 (Location Privacy)、数据隐私 (Data Privacy) 和身份隐私 (Identity Privacy)。目前，基于隐私保护的算法得到了学术界的广泛关注。文献 [34] 中提出了一种基于环境的系统级别隐私保护方案，该系统可以自动地学习用户在不同环境下的个人隐私偏好，并且为用户提供一种透明的隐私控制机制。隐私级别的配置是通过自动化位置偏好管理、本地环境分类和用户偏好学习三部分实现的。文献 [35] 提出了一种群组匹配算法来保护用户的个人隐私，并且不需要依赖任何第三方可信机构 (Trust Third Authority, TTA)。文献中用模糊矩阵算法来产生用户的权威，与密码计算相比，可以减小计算和通信开销。然而，不依赖第三方可信机构，其安全性也无法得到保障。文献 [36] 全面分析了目前物联网系统模型所面临的安全和隐私问题，指出攻击抵御算法和信任机制是确保系统安全的两个重要手段。

本章旨在设计一种机会云平台中基于隐私保护的数据传输策略，目的是既可以保护用户隐私，又可以提高传输效率。本章主要考虑以下几方面的内容：① 抵御恶意节点的各种攻击策略，包括女巫攻击、丢包获利攻击和消息篡改攻击；② 设计基于两层云服务器的系统模型，目的是提高通信效率并卸载移动终端的计算负载；③ 提出基于安全的移动预测算法，目的是保护用户基于社会属性的个人隐私；④ 将基于属性的加密算法与消息传输过程相结合，目的是保护用户的属性隐私；⑤ 基于两个真实数据集与两个具有代表性的数据传输算法进行性能指标的比较和评价。

3.3 系统及攻击模型

本节详细描述系统模型和攻击模型。图 3.1 描述了 PCON 的系统模型，该系统模型中包含 N 个移动节点，可以通过蓝牙或者其他无线通信技术进行通信。当用户第一次加入该系统时，需要通过第三方可信机构进行注册并获得初始信用值，其中姓名、年龄、职业和兴趣爱好等社会属性需要在注册时提供。

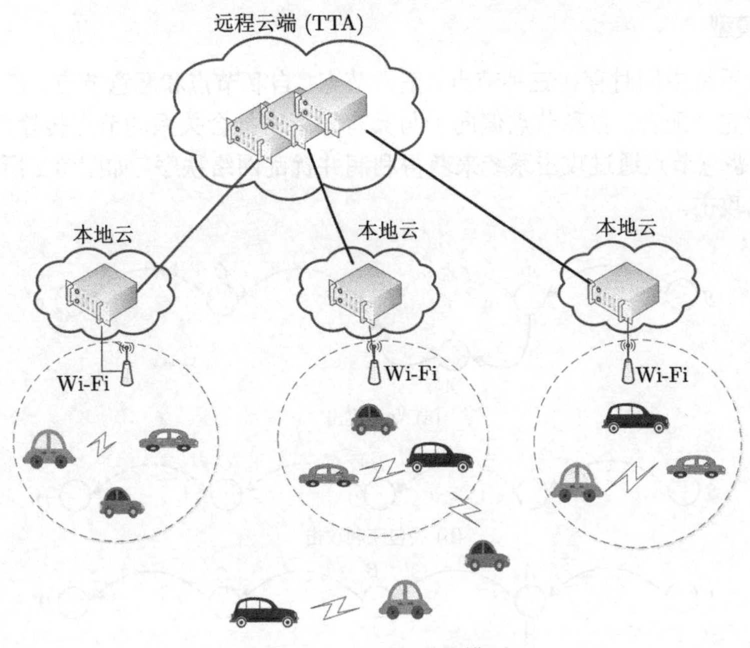

图 3.1　PCON 系统模型

3.3.1　系统模型

怎样保证车联网系统中终端设备和其他网络设备之间进行实时通信具有很大的挑战性。这是因为如果用户仅依赖于“存储—携带—转发”模型进行机会通信，很难保证数据的及时传送和消息的及时验证。虽然一些时延容忍应用可以忍耐高时延的数据传输，但是用户和第三方可信机构之前的通信，尤其在隐私保护和安全应用中，需要保证其实时性。目前大部分方案假设用户和第三方可信机构之间可以通过蜂窝网络进行实时数据更新，但这种实现方案不适用于仅依赖短距离无线传输技术的应用或者蜂窝网络超负荷的区域。针对这一问题，本章设计了一种基于两层架构的云服务器模型，如图 3.1 所示。一般认为，云服务器可以作为第三方可信机构的代理来执行可信计算和管理。

本章所设计的基于两层的云服务器由两部分组成：底层为本地云服务器，顶层为远端云服务器。为简便起见，本章考虑系统中仅存在一个远端服务器，且用户和远端服务器之间距离较远，该远端服务器直接由第三方可信机构管理。与传统的第三方可信机构相比，这样做的好处是可以增大第三方可信机构的计算和存储空间。当用户注册完成时，远端云处于离线模式。本地云的作用是降低终端的计算负载并提高通信效率。这里假设本地云总是处于在线状态，且安装在用户经常访问的地点，如咖啡馆、学校或者商场。无线通信技术可以运用于本地云和终端设备之间的通信。如果终端设备不在本地云的无线信号覆盖范围内，那么终端设备无法和本地云进行通信，如图 3.1 中底部的节点。此外，当两个节点同处于彼此的无线信号覆盖范围内的时候，这两个节点可以进行通信。本地云的集合用 $C = \{c_1, c_2, \cdots, c_q\}$ 表示，远端云用符号 R 表示。

3.3.2 攻击模型

本章假设系统中同时存在三种节点：正常节点、自私节点和恶意节点。正常节点对于消息的传输过程完全配合，自私节点偏向于与具有较亲密社会关系的节点传输数据，如亲戚、朋友和同事，恶意节点通过攻击系统来获得利润并扰乱网络秩序。如图 3.2 所示，本章考虑了三种类型的攻击。

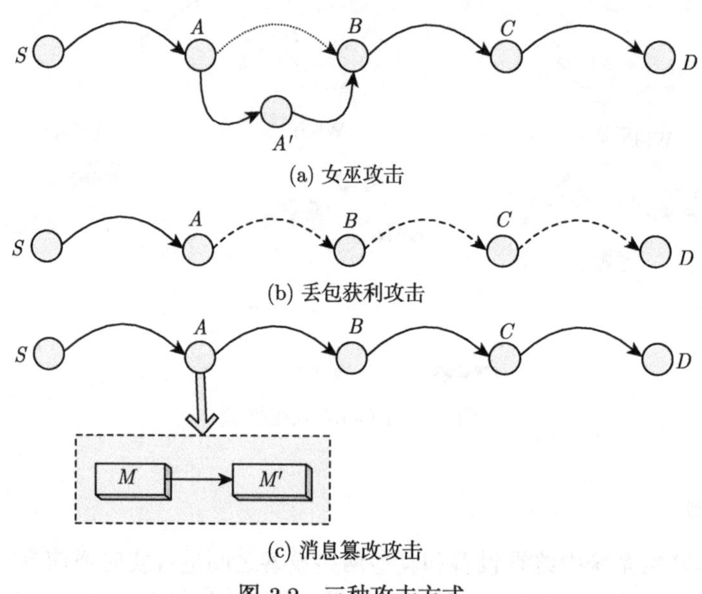

图 3.2　三种攻击方式

(1) 女巫攻击：恶意节点可以通过在消息传输的路径上伪造虚拟节点来获取额外的利润。如图 3.2(a) 所示，节点 A 伪造了节点 A' 并将 A' 放置在自身和节点 B 之间。这样，节点 A' 所获得的奖励就会全部归节点 A 所有。

(2) 丢包获利攻击：为了获得奖励，攻击者先假装愿意为其他节点传递消息，当接收到消息后再将其丢弃。如图 3.2(b) 所示，攻击者 A 在未将消息传送到下一跳节点 B 之前将其丢弃。

(3) 消息篡改攻击：攻击者对消息的内容进行篡改，进而误导目的节点的行为。此外，云服务器发送的节点奖励消息可能被篡改，以便于攻击者获得更多的利益。如图 3.2(c) 所示，攻击者 A 将消息 M 篡改成消息 M'，并将其发送给其他节点。最终目的节点收到消息 M'。

此外，本章考虑了三种个人隐私信息：数据 (Data)、属性 (Attribute) 和交易 (Transaction) 隐私。丢包获利攻击会泄露用户的数据隐私，消息篡改攻击会导致数据和交易隐私信息的泄露。女巫攻击和个人隐私保护相冲突，因为个人信息保护得越好，攻击者越容易发动女巫攻击。此外，如果一个正常的节点与一个女巫节点进行通信，基于属性的隐私信息容易通过移动预测阶段进行泄露。另外，本章认为本地云是诚实但好奇的 (Honest-but-Curious)，它可以通过发送被动攻击来获取个人隐私信息，还可以和恶意节点相勾结在消息传输阶段进行数据获取。

3.4 基于用户隐私保护的系统设计

本节详细阐述 PCON 的系统设计。

3.4.1 系统设计

PCON 致力于在提高消息的传输效率的同时保护用户的个人隐私信息。首先，本章建立了一个基于两层结构的云系统模型。然后，基于该模型提出了一种基于隐私保护的消息传输机制。该机制共包含三部分内容，分别是移动预测、消息处理和节点激励保护。当节点产生消息后，需要为该消息寻找一条到达目的节点的传输路径。移动预测模块的设计目的是高效且安全地为消息寻找合适的下一跳路由节点。消息处理模块将基于属性的加密策略与路由过程相结合来保护用户的数据隐私。最后，节点激励保护模块以加密的方式记录并向本地云服务器报告中继节点的奖励，来保护用户的交易隐私信息。

为了更深入地了解本章的系统设计，本章以消息的传输过程为例，对整个系统的运行进行以下描述：当节点 v_i 与节点 v_j 相遇时，节点 v_i 基于安全多方计算 (Security Multiparty Computation, SMC) 通过比较节点介数 (Ego Betweenness) 和相遇时延估计 (Contact Delay Estimation) 来判断 v_j 是否适合作为下一跳中继节点。当节点 v_i 移动到本地云 c_l 的信号覆盖范围内时，节点 v_i 首先通过一个对称加密算法 (如 AES) 对本地消息进行加密，然后采用基于属性的加密算法对 AES 算法的密钥进行加密。同时，本地云 c_l 验证节点 v_i 上传的报告信息，并且计算各中继节点的奖励。本地云 c_l 将节点上传的密钥进行再加密，并且定期与远端云进行信息同步。

3.4.2 详细设计

本节详细描述系统模块和 PCON 的通信模式。

1) 系统模块

云计算被认为是一种有效的负载卸载手段，终端设备可以将计算负载卸载到一个本地云上，来提高自身的性能。同时，第三方可信机构可以将自己的部分功能授权给本地云，从而克服了节点因为无线链路的不稳定性及蜂窝通信的高代价而不能与第三方可信机构进行直接通信的缺点。本章建立的基于两层云服务器的系统架构具有如下优点：① 将终端设备的计算负载卸载到本地云上，可以缓解终端设备的负荷；② 增强了系统的鲁棒性，如果某个本地云出现故障，其他本地云仍然可以保证系统的正常运行；③ 终端设备使用无线通信技术发送和接收消息可以降低用户的开销。

如图 3.3 所示，远端云由五个模块组成，分别是负载均衡模块、属性管理模块、密钥管理模块、信息同步模块及信用管理模块。负载均衡模块通过将本地云安置到合适的地点来均衡本地云之间的负载；属性管理模块管理通过用户注册信息得到的用户的社会属性信息；密钥管理模块管理系统中涉及的密钥；信息同步模块负责同步远端云和本地云之间的信息；信用管理模块负责管理系统中的所有用户的信用更新与维护。

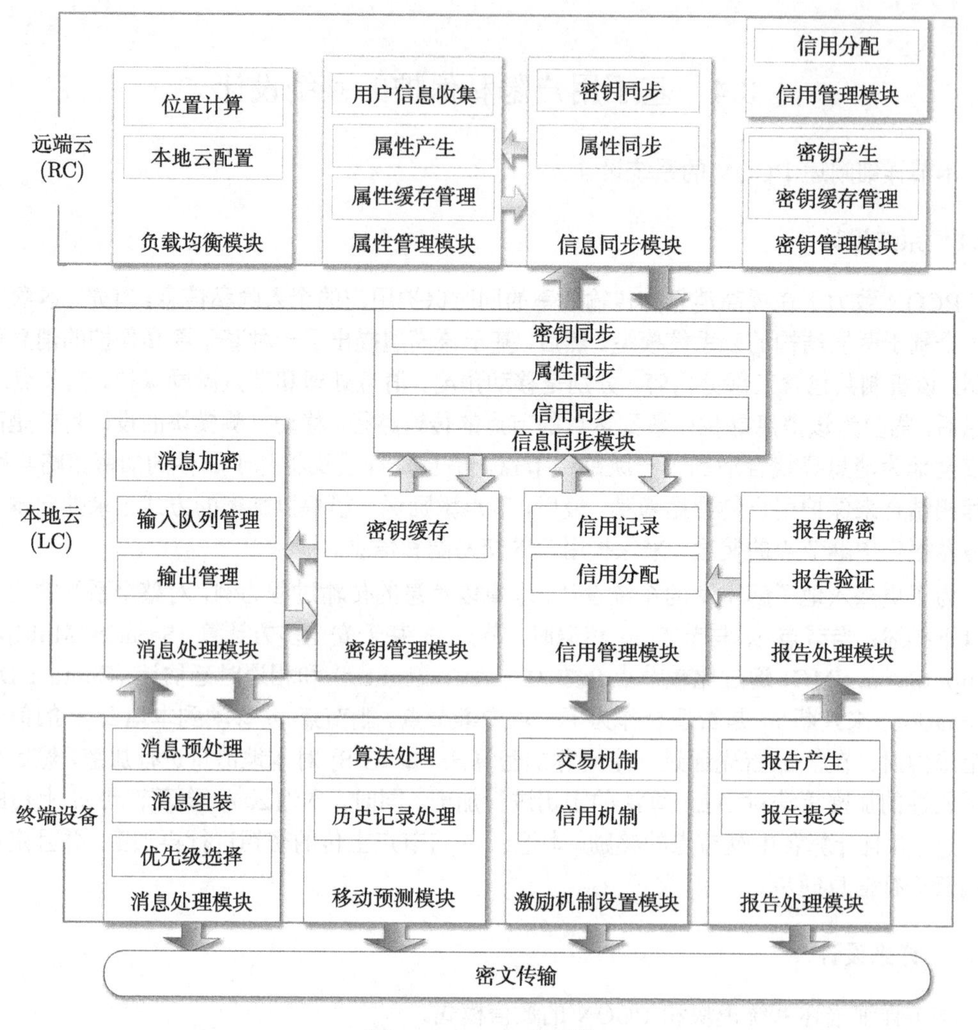

图 3.3　PCON 的架构

每个本地云同样由五部分组成，包括消息处理模块、信用管理模块、报告处理模块、密钥管理模块及信息同步模块。消息处理模块可以为节点加密消息；信用管理模块用来管理相应节点的信用值；报告处理模块用来验证目的节点上传的报告消息，并将奖励列表提供给信用管理模块；密钥管理模块管理用户的转换密钥，并且可以提供给其他需要的模块；信息同步模块负责定期与远端云进行信息同步。

每个终端设备包含如下四个功能模块：消息处理模块、移动预测模块、激励机制设置模块和报告处理模块。消息处理模块对需要传输的消息进行预处理，包括消息及密钥加密处理；移动预测模块建立移动预测模型并指导节点合理地选择下一跳路由节点；激励机制设置模块根据采用的激励机制激励用户传送数据并记录用户所获得的虚拟货币；报告处理模块负责生成用户奖励报告消息，并将其添加到所要传送消息的末端。

2) 通信过程

系统中主要存在三种类型的通信：① 终端设备间的通信；② 终端设备和本地云间的通

信；③ 本地云和远端云间的通信。当一个节点准备和另一个节点进行数据交换时，移动预测模块对二者历史相遇信息进行分析。如果相遇节点适合进行消息传输，那么消息模块中的排序子模块对本地缓存中需要发送的消息进行优先级排序。激励机制设置模块实施相应的激励机制来提高节点的参与度，同时报告处理模块将两个节点最终协商的买卖价格进行记录并形成报告消息，并将该报告放到需要传输消息的末端。当该节点移动到一个本地云信号覆盖范围内时，可以和本地云进行通信来对需要发送的消息进行预处理并获得相应的奖励。首先，节点检查本地缓存中需要传输的消息是否已经完成预处理。如果没有，那么消息处理模块将消息采用 AES 加密算法进行加密，并用基于属性的加密算法将 AES 的密钥进行加密，然后将加密后的密钥通过安全的通信信道发送给本地云。本地云在接收到节点发送的密钥后，对其进行再加密过程，并将结果返回给节点。此外，在节点上传完报告信息后，本地云验证报告，并根据报告信息分配奖励。

本地云通过同步管理模块与远端云进行信息同步，包括用户的注册信息和生成的转换密钥。当用户首次加入网络进行信息注册时，远端云的属性管理模块将用户的输入转换成属性信息，密钥管理模块根据用户产生的属性信息产生各种密钥。节点的消息处理伪代码、本地云的服务提供伪代码及远端云的信息同步伪代码可见算法 3.1~算法 3.3。

算法 3.1 节点 v_i 消息处理伪代码

输入: v_i

输出: 节点 v_j 的输出信息

```
1: coverageofLC ← GetcoveragesofLCs()
2: if this.location ∈ coverageofLC then
3:     reportMessages ← GetReportMesFromBuffer()
4:     if reportMessages ≠ null then
5:         传输报告消息到
6: LC(reportMessages)
7:     end if
8:     plainMessages ← GetPlainMessagesFromBuffer()
9:     if plainMessages ≠ null then
10:        curEncMes ← GetEncrypteeMes(this, key)
11:        encrytpedkKey ← GetGetEncryptedKey(key)
12:        reEnKey ← LC.GetReEnKey(encrytpedkKey)
13:        this.encryptedMessages ← curEncMes + this.encryptedMessages
14:    end if
15: end if
16: if v_i 与 v_j 相遇 then
17:     desMess ← GetDesMesForEncounteredNode(v_j)
18:     Send(desMess)
19:     isSuitableForTrans ← SecMobilityPredicition (v_j.delay, v_j.centralilty)
20:     if isSuitableForTrans ≠ 0 then
```

```
21:        sendmes ← REMOVE(v_j.encryptedMessages)
22:        SORT(sendmes)
23:        SEND(sendmes, reEnKey)
24:        UPDATEREPORTMESSAGES(reward_j)
25:     end if
26: end if
```

算法 3.2　本地云 c_l 消息处理服务伪代码

输入： SEVICEWAITING(), v_j

输出： 节点 v_j 处理的消息

```
 1: [inComMessages, mesFlag] ← GETINCOMMESSAGES()
 2: if mesFlag == MessageType.ReportMessage then
 3:     reportInfos ← GETREPORTINFO(inComMessages)
 4:     isValidate ← VALIDATEREPINFO(reportInfos)
 5:     if isValidate == true then
 6:         ALLOCATEREWARDSFORUSERS(reportInfos)
 7:     end if
 8: end if
 9: if mesFlag == MessageType.Keys then
10:     tansKey ← GETTRANSFORMATIONKEY(v_s, v_j)
11:     reEnKey ← REENCRYPTKEYS(inComMessages, tansKey)
12:     PUTMESINOUTPUTQUEUE(reEnKey, v_j)
13: end if
14: nrewards ← GETREWARDSFORNODEv_j
15: PUTREWARDSINOUTPUTQUEUE(nrewards, v_j)
16: if time.Interval == this.fixedTime then
17:     SENDSYNCREQUESTTORC(this.lastSyncTime)
18: end if
```

算法 3.3　远端云 r 信息同步伪代码

输入： SEVICEWAITING(), c_l

输出： c_l 的同步信息

```
1: [idOfLC, lastSyncTime] ← GETSYNCREQUEST()
2: latestInformation ← GETUPDATEINFO(lastSyncTime)
3: if latestInformation ≠ null then
4:     PUTINFOINOUTPUTQUEUE(latestInformation, c_l)
5: else
6:     PUTINFOINOUTPUTQUEUE(null, c_l)
7: end if
```

3.5 数据转发机制

本节将详细描述 PCON 的数据转发机制。表 3.1 列出了 PCON 算法中的主要变量及其定义。

表 3.1 第 3 章主要变量及其定义

变量	定义
v_i	节点 i
M_i	节点 i 本地缓存中的消息集合
m_{ii}	节点 i 消息集合中第 i 个消息
C	网络中本地云的集合
c_i	网络中第 i 个本地云
R	远端云
$M_i^e, \vec{M}_i^e$	节点 i 缓存中的消息列表
S	用户的属性集合
S_i	用户属性集合中第 i 个属性
v_{i,k_i}	第 i 个属性的值
$\mathbb{P}_i$	节点 i 的公钥
$\mathbb{S}_i$	节点 i 的私钥
$\mathbb{T}_i$	节点 i 的转换密钥
Υ_i	节点 i 的访问树
$D_{i,d}$	从节点 i 到目的节点 d 的传输时延估计
C_i	节点 i 的节点介数
$D^{\min}$	最小传输时延估计
$C^{\min}$	最小节点介数

3.5.1 移动预测

预测算法可以提高移动网络中消息的传输效率，因此受到了广泛的关注。然而目前的移动预测算法忽略了对预测阶段所涉及的个人隐私信息的保护。为了解决上述问题，本节提出了一种基于安全的移动预测算法。这种算法可以使互不信任的双方进行合作的同时，不把个人隐私信息泄露给对方，这实际上是一个姚氏百万富翁问题 [37]。

如图 3.4 所示，假设两个节点 v_i 和 v_j 相遇。本章使用 $M_i = \{m_{i1}, m_{i2}, \cdots, m_{ir}, \cdots, m_{iP}\}$ 表示节点 v_i 缓存中的消息集合。节点 v_i 的网络层模块负责决定 M_i 中的消息是否发送给 v_j。应用层存在一个代理，负责执行移动预测算法来预测未来的相遇情况并反馈结果给网络层。这样节点 v_i 就可以结合网络层和应用层的信息做出下一跳节点选择。首先，本章使用 k 阶马尔可夫链并根据历史相遇信息模拟节点的相遇过程，并基于此预测下一次的相遇时间。节点 v_i 通过比较节点介数 C_i 与 C_j 及相遇时延估计 $D_{i,d}$ 与 $D_{j,d}$，进而判断节点 v_j 是否适合作为下一跳路由节点。相遇时延估计 $D_{i,d}$ 定义为从节点 v_i 到目的节点 v_d 的传输时延估计，而节点介数 C_i 是一个社会指标，代表节点 v_i 在网络中的重要性。如果 $D_{j,d}$ 比 $D_{i,d}$ 小，那么节点 v_j 可以作为下一跳路由节点，并令 $D^{\min} = D_{j,d}$。如果 $D_{i,d}$ 和 $D_{j,d}$ 无法获得，那么对 C_i 与 C_j 进行比较。如果 C_j 大于 C_i，那么节点 v_j 可以作为下一跳节点，且

$C^{\min}=\min\{C_i,C_j\}$。

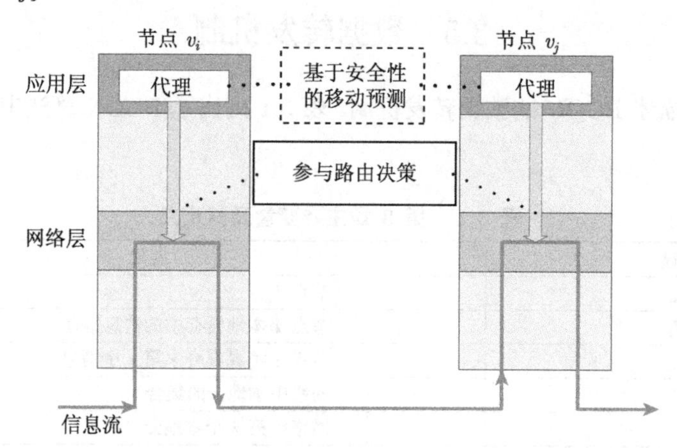

图 3.4 消息路由

从上述过程，本章可以看出 $D_{j,d}$ 与 C_j 需要提供给节点 v_i 以便进行比较。然而，节点 v_j 可能不信任节点 v_i，并且不愿意将数据提供给 v_i。这种情况将执行一个基于隐私保护的比较过程。本章假设 $D_{i,d}$、C_i、$D_{j,d}$ 及 C_j 可以转化为 $1\sim100$ 的整数。否则，令 $D_{i,d}$ 及 $D_{j,d}$ 等于 0。基于安全的移动预测过程如下：

(1) 节点 v_i 随机选择两个较大的数 $x_1,x_2\in[1,100]$，并使用 v_j 的公钥计算 $C=E_j(X)$，其中 $X=(x_1,x_2)'$。

(2) 节点 v_i 选择两个较小的数 $\Delta x_1\in[0,100-x_1)$，$\Delta x_2\in[0,100-x_2)$，并计算 $X^{\text{th}}=(x_1+\Delta x_1,x_2+\Delta x_2)'$。然后发送 $\varGamma=C-(D_{i,d},C_i)'$、$C$ 和 X^{th} 到节点 v_j。

(3) 节点 v_j 计算向量 $\boldsymbol{Y}_u=\mathbb{S}_j(\varGamma+U)$，其中 $U=(u,u)'$，$u\in\{0,1,2,\cdots,100\}$。然后，本章使用式 (3.1) 生成矩阵 $\boldsymbol{Y}$，其中 $\mathbb{S}_j$ 是节点 v_j 的私钥。

$$\begin{aligned}\boldsymbol{Y}=(Y_0,Y_1,\cdots,Y_u,\cdots,Y_{100})&=\begin{pmatrix}y_{0,1} & y_{1,1} & \cdots & y_{u,1} & \cdots & y_{100,1}\\ y_{0,1} & y_{1,2} & \cdots & y_{u,2} & \cdots & y_{100,2}\end{pmatrix}\\ &=\begin{pmatrix}\mathbb{S}_j(\varGamma_1+0) & \mathbb{S}_j(\varGamma_1+1)\cdots & \mathbb{S}_j(\varGamma_1+u)\cdots\\ \mathbb{S}_j(\varGamma_2+0) & \mathbb{S}_j(\varGamma_2+1)\cdots & \mathbb{S}_j(\varGamma_2+u)\cdots\end{pmatrix}\end{aligned}\tag{3.1}$$

(4) 节点 v_j 选择两个较大数 $p_1\in\left[0,100-x_1^{\text{th}}\right]$ 和 $p_2\in\left[0,100-x_2^{\text{th}}\right]$。然后通过式 (3.2) 计算 $\boldsymbol{Z}$，其中 $|z_{u,1}-z_{v,1}|\geqslant 2,u\neq v$，并且 $u,v\in[1,100]$。

$$\begin{aligned}\boldsymbol{Z}=(Z_0,Z_1,\cdots,Z_u,\cdots,Z_{100})&=\begin{pmatrix}z_{0,1} & z_{1,1} & \cdots & z_{u,1}\cdots & z_{100,1}\\ z_{0,2} & z_{1,2} & \cdots & z_{u,2}\cdots & z_{100,2}\end{pmatrix}\\ &=\begin{pmatrix}y_{0,1} \mod p_1, & y_{1,1} \mod p_1,\cdots, & y_{u,1} \mod p_1,\cdots\\ y_{0,2} \mod p_2, & y_{1,2} \mod p_2,\cdots, & y_{u,2} \mod p_2,\cdots\end{pmatrix}\end{aligned}\tag{3.2}$$

(5) 如果 $D_{j,d}=0$，节点 v_j 根据式 (3.3) 计算结果矩阵 $\widetilde{\boldsymbol{Z}}$，其中 $\kappa=D_{j,d}$ 且 $\rho=C_j$。反

之，节点 v_j 根据式 (3.4) 计算 $\widetilde{\boldsymbol{Z}}$。然后，节点 v_j 将 $\widetilde{\boldsymbol{Z}}$ 返回给节点 v_i。

$$\begin{aligned}\widetilde{\boldsymbol{Z}} &= (\widetilde{Z_0}, \widetilde{Z_1}, \cdots, \widetilde{Z_u}, \cdots, \widetilde{Z_{100}}, \widetilde{Z_{101}}) \\ &= \begin{pmatrix} z_{0,1} & \cdots & z_{\kappa,1}+1 & z_{\kappa+1,1}+1+ & \cdots & z_{\kappa+2,1}+1 & \cdots & z_{100,1}+1 & p_1 \\ z_{0,2} & \cdots & z_{\rho,2}+1 & z_{\rho+1,2}+1+ & \cdots & z_{\rho+2,2}+1 & \cdots & z_{100,2}+1 & p_2 \end{pmatrix}\end{aligned} \tag{3.3}$$

$$\begin{aligned}\widetilde{\boldsymbol{Z}} &= (\widetilde{Z_0}, \widetilde{Z_1}, \cdots, \widetilde{Z_u}, \cdots, \widetilde{Z_{100}}, \widetilde{Z_{101}}) \\ &= \begin{pmatrix} z_{0,1} & \cdots & z_{\kappa,1} & z_{\kappa+1,1}+1 & z_{\kappa+2,1}+1 & \cdots & z_{100,1}+1 & p_1 \\ z_{0,2} & \cdots & z_{\rho,2} & z_{\rho+1,2}+1 & z_{\rho+2,2}+1 & \cdots & z_{100,2}+1 & p_2 \end{pmatrix}\end{aligned} \tag{3.4}$$

(6) 如果 $D_{i,d}$ 的值为 0 且 $\widetilde{z}_{\varsigma,1}$ 等于 $x_1 \mod p_1$，节点 v_i 选择节点 v_j 作为下一跳路由节点，其中 $\varsigma = D_{i,d}$。否则，节点 v_i 确认 $\widetilde{z}_{\eta,1}$ 是否等于 $x_2 \mod p_2$。如果上述条件成立，那么节点 v_j 可以作为下一跳路由节点，并且 $\eta = C_i$。当 $D_{i,d}$ 的值大于 0 时，$\widetilde{z}_{\varsigma,1}$ 等于 $x_1 \mod p_1$，节点 v_i 选择 v_j 作为下一跳路由节点。

3.5.2 消息处理

消息处理模块在消息产生之后、发送之前对消息进行加密处理。当节点移动到本地云信号覆盖范围内时，消息处理模块首先采用 AES 对称加密算法将本地消息进行加密，而后将加密算法的密钥采用基于属性的加密算法进行加密。然后，节点将加密后的密钥发送给本地云。本地云中的消息处理模块将节点上传的密钥进行再加密，然后将结果返回给节点。最后，节点将加密的消息与再加密的密钥发送给下一跳路由节点。

传统的加密算法为了保证其安全性，需要定期更新密钥，这样不仅消耗了大量的网络资源，同时增加了算法的计算复杂度。本节提出了一种基于属性的加密算法，不仅可以通过可靠的密钥及安全的访问控制机制来保证系统的安全，同时可以避免密钥的定期更新。本节共使用了三种类型的密钥，分别是公钥、私钥及转换密钥。这样设计系统的好处是：① 加密算法的计算负载可以被卸载到本地云上，保证了终端设备的最小计算量；② 本章采用转换密钥对对称加密算法的密钥进行再加密，使本地云无法获得用户的个人隐私信息。

本章定义 B_0 为一个阶为素数 p 的双线性群，g 是 B_0 的一个生成元，e 是一个双线性映射，即 $e: B_0 \times B_0 \longrightarrow B_1$。本章使用一个哈希 (Hash) 函数 $H: \{0,1\}^* \longrightarrow B_0$ 将用户的属性映射到 B_0 中。加密系统的主要步骤如下。

1) 用户注册

当节点 v_i 首次加入网络时，需要向远端云进行注册。远端云为用户初始化以下密钥。

公钥：远端云随机选择两个参数 $\alpha, \beta \in z_p$ 来计算节点 v_i 的公钥 $\mathbb{P}_i$。如式 (3.5) 所示：

$$\mathbb{P}_i = B_0, g, h = g^{\beta}, f = g^{\frac{1}{\beta}}, e(g,g)^{\alpha} \tag{3.5}$$

因此，主密钥为 $\mathbb{M}_i = (\beta, g^{\alpha})$。

私钥：远端云将用节点 v_i 的属性集合作为输入，并产生私钥。当用户向远端云注册时，用户为每个属性 A_i 从其备用值集合中选出一个值形成自己的属性值集合 $A = \{A_1, A_2, \cdots,$

$A_n\} = \{v_{1,k_1}, v_{2,k_2}, \cdots, v_{n,k_n}\}$，并作为密钥生成算法的输入，其中 $1 \leqslant k_i \leqslant n_i$。密钥 $\mathbb{S}_i$ 的计算公式为

$$\mathbb{S}_i = \left(D = g^{\frac{\alpha+\gamma}{\beta}}, \forall j \in n: D_j = g^{\gamma} \times H\left(j \| v_{j,k_j}\right)^{\gamma_j}, D'_j = g^{\gamma_j}\right) \tag{3.6}$$

转换密钥：远端云随机选择一个值 $b \in Z_p$，并通过以下公式计算转换密钥 $\mathbb{T}_i$。如式 (3.7) 所示：

$$\mathbb{T}_i = \mathbb{S}_i^b = \left(D^t = g^{\frac{(\alpha+\gamma)b}{\beta}}, \forall j \in n: D_j^t = g^{\gamma b} \times H\left(j \| v_{j,k_j}\right)^{\gamma_j}, D_j^{t'} = g^{\gamma_j b}\right) \tag{3.7}$$

远端云首先将公钥 $\mathbb{P}_i$ 在系统中进行公开，并将 $\mathbb{S}_i$ 与 b 发送给节点 v_i。其次，远端云将转换密钥 $\mathbb{T}_i$ 发送给所有本地云，并存储于本地云的缓存中。

2) 消息加密

当节点 v_i 产生消息 m_i 后，v_i 首先采用 AES 对称加密算法对 m_i 进行加密，密钥为 $\mathbb{E}_i$。另外，节点 v_i 基于公钥和目的节点的属性对密钥 $\mathbb{E}_i$ 进行加密处理。具体过程如下。

首先，本章生成一个访问树 $\varUpsilon_i$，并为每个节点 x 生成一个多项式 q_x。该访问树的根节点 R 的值被设置成一个随机数 $s \in Z_q$，即 $q_R(0) = s$。对于其他节点 x，本章定义 $q_x(0) = q_{\text{parent}}(x)$，并通过式 (3.8) 对 $\mathbb{E}_i$ 进行加密：

$$\mathbb{E}_i^{\text{en}} = \left(\varUpsilon_i, \tilde{C} = \mathbb{E}_i e(g,g)^{\alpha s}, C = h^s, \forall y \in Y: C_y = g^{q_y(0)}, C'_y = H\left(j \parallel v_{j,k_j}\right)^{q_y(0)}\right) \tag{3.8}$$

以上公式中 Y 为访问树 $\varUpsilon_i$ 的叶子节点。当节点 v_i 移动到某个本地云的通信范围内时，该节点可以将加密的密钥 $\mathbb{E}_i^{\text{en}}$ 发送给本地云。然后本地云使用目的节点的转换密钥 $\mathbb{T}_{\text{des}}$ 计算，如式 (3.9) 所示：

$$\varLambda^{\text{en}} = \frac{e\left(D_i^t, C_x\right)}{e\left(D_i^{t'}, C'_x\right)} = \frac{e\left(g^{\gamma b} \times H\left(i \parallel v_{i,k_i}\right)^{\gamma_i}, h^{q_x(0)}\right)}{e\left(g^{\gamma_i b}, H\left(i \| v_{i,k_i}\right)^{q_x(0)}\right)} = e(g,g)^{\gamma q_x(0) b} \tag{3.9}$$

最后，本地云将 $\varLambda^{\text{en}}$ 返回给节点 v_i。在传输过程中，节点 v_i 将 $(\varLambda^{\text{en}}, m_i^{\text{en}}, \mathbb{E}_i^{\text{en}})$ 发送给下一跳路由节点，其中 m_i^{en} 是加密消息。

3) 消息解密

当接收到 $(\varLambda^{\text{en}}, m_i^{\text{en}}, \mathbb{E}_i^{\text{en}})$ 后，目的节点可以通过式 (3.10) 对 $\mathbb{E}_i$ 进行恢复：

$$\mathbb{E}_i = \tilde{C} / \left(e\left(C, \left(D^t\right)^{\frac{1}{b}}\right) / \left(\varLambda^{\text{en}}\right)^{\frac{1}{b}}\right) = \tilde{C} / \left(e\left(h^s, g^{\frac{\alpha+\gamma}{\beta}}\right) / e(g,g)^{\gamma s}\right) \tag{3.10}$$

3.5.3 节点激励保护机制

基于信用的激励机制可以应用于本系统中来激励节点进行消息传输。如果节点成功地进行消息传输，那么它们可以获得相应的虚拟货币作为奖励。本章所设计的系统与多种激励机制兼容，例如，文献 [38] 中提出的基于博弈论的激励机制可以应用到本系统中。为了确保奖励机制的公平性和系统的安全性，本节设计了一种新型的消息结构，如图 3.5 所示。它可以对节点在数据传输过程中所获得的奖励进行记录，并采用加密的方式保证其数值的私密性及防止恶意节点的篡改。

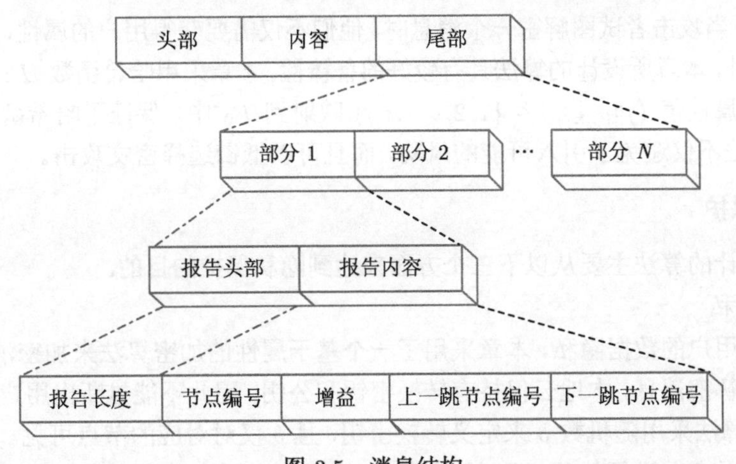

图 3.5 消息结构

如图 3.5 所示，消息的头部 (Header)、内容 (Content) 和尾部 (Tail) 是消息的重要组成部分。当消息在传输过程中，报告部分 (Report Section) 会被追加到消息的尾部。例如，每个中继节点可以将自身博弈过程中所获得的奖励进行记录并形成报告部分。报告部分同样包括报告头部 (Section Head) 和报告内容 (Section Content)。报告头部定义了报告部分的长度，而报告内容包含四部分的内容，分别是节点编号 (Node Id)、收益 (Gain)、上一跳节点编号 (Preview Node Id) 和下一跳节点编号 (Next Node Id)。节点使用数值 b 形成一个新的公钥 $\mathbb{P}_i^{\text{new}}$，如式 (3.11) 所示：

$$\mathbb{P}_i^{\text{new}} = (\mathbb{P}_i)^b = B_0^b, g, h = g^{\beta b}, f = g^{\frac{b}{\beta}}, e(g,g)^{\alpha b} \tag{3.11}$$

然后节点使用 $\mathbb{P}_i^{\text{new}}$ 对报告内容 M_{sec} 进行如下加密处理，如式 (3.12) 所示：

$$\begin{aligned} M_{\text{sec}}^{\text{en}} = \Big(& \Upsilon_i, \tilde{C} = M_{\text{sec}} e(g,g)^{\alpha s b}, C^{\text{sec}} = h^{bs}, \forall y \in Y: \\ & C_y^{\text{sec}} = g^{q_y(0)b}, C_y^{\text{sec}\prime} = H\left(j \parallel v_{j,k_j}\right)^{q_y(0)b} \Big) \end{aligned} \tag{3.12}$$

当目的节点接收到消息后，将消息尾部附带的所有报告信息形成一个新的消息，并发送给本地云。本地云只需要使用每个中继节点 v_i 的转移密钥 $\mathbb{T}_i$ 来解密报告消息中的各个报告部分，如式 (3.13) 所示：

$$M_{\text{sec}} = \tilde{C} / \left(e\left(C^{\text{sec}}, D^t\right) / \varLambda^{\text{sec}} \right) = \tilde{C} / \left(e\left(h^{bs}, g^{\frac{(\alpha+\gamma)b}{\beta}} \right) / e(g,g)^{\gamma s b} \right) \tag{3.13}$$

3.6 安全分析

本节对 PCON 的安全和隐私特性进行全面的分析。

3.6.1 基本思想

为了保证本章所使用的基于属性加密算法的安全性，本章共生成了三种类型的密钥，分别是公钥、私钥及转换密钥。如果没有私钥和转换密钥，消息不能被解密。另外，本章在密钥生成过程中使用了参数 $j \| v_{j,k_j}, j \in \{1, 2, \cdots, n\}$，即用户的属性和属性值都参与了私钥的产

生过程。这样，当攻击者试图解密一个消息时，他们不仅需要获得用户的属性，还要获取他们的属性值。此外，本章所设计的算法具有较好的鲁棒性。本章采用哈希函数 $H:\{0,1\}^* \longrightarrow B_0$ 将用户属性和属性值 $(j\|v_{j,k_j}, j\in\{1,2,\cdots,n\})$ 映射到 B_0 中，保证了哈希函数结果的一致性。因此，算法不仅避免了引入可能的风险，而且可以抵御选择密文攻击。

3.6.2 隐私保护

本章所设计的算法主要从以下三个方面来达到隐私保护的目的。

1) 数据隐私

为了保护用户的数据隐私，本章采用了一个基于属性的加密算法来加密消息，并且中继节点没有权限解密消息。本地云仅持有转换密钥和公钥，因此不能推断出用户的私钥和访问树。原因是本算法采用随机数 b 来定义转换密钥，且 b 仅对对应的节点可见。本地云仅可以利用转换密钥对 $\mathbb{E}_i^{\mathrm{en}}$ 进行处理，而无法获得其他信息。没有 b 和属性值，本地云即使与恶意节点相勾结也无法推断出私钥。

2) 基于属性的隐私

为了保护基于属性的隐私信息，本章采用了两种方法。

(1) 本章设计了基于安全的移动预测算法，目的是保护用户的属性信息，如接触时延估计及节点介数估计。两个相遇节点可以在未知对方隐私信息的情况下获得比较结果。同时恶意节点无法推测出具体的数值，因为通过安全多方计算理论，两个节点具体比较的数值在每次通信的过程中都被随机转换成不同的数值。

(2) 通过用户的属性信息来构建访问树。

3) 交易隐私

本章提出了一种新型的消息结构，利用这种结构可以确保激励机制的公平性，并可以通过以下方式保护用户的交易隐私：① 使用报告部分来记录节点所获的奖励，并且使用公钥来加密这些报告部分，只有本地云使用转换密钥才能解密报告部分，其他节点没权限解密除自身以外所生成的报告；② 本系统仅采用本地云来验证报告并为用户分配奖励，可以保证系统的公平性。

3.6.3 攻击抵御

本系统考虑了三种不同的攻击方式，以下对相应攻击的防御力进行分析。

1) 女巫攻击

女巫攻击可以通过伪造虚假身份或者盗用合法用户的身份来实现。PCON 可以有效抵御通过伪造虚假身份来实施的女巫攻击，原因是本章采用报告和基于属性的加密算法来记录用户的奖励，伪造的节点无法拥有一个合法的公钥或者私钥，因此它无法对报告部分进行合法的加密。这就导致本地云无法正确识别伪造节点生成的报告信息。通过此系统本地云可以识别出这些伪造的节点。同样，PCON 还可以有效抵御通过盗用合法用户身份来实现的女巫攻击。

2) 丢包获利攻击

PCON 允许节点通过传输消息获得适量的虚拟货币。这就意味着如果节点 v_i 准备发送一个消息到目的节点 v_{Des}，v_i 需要为消息传输服务付出一定的虚拟货币。本地云 c_k 在接收到目

的节点 v_{Des} 上传的报告消息 m_r 后，对所有中继节点 (定义为集合 $G_p=\{v_{n_1},v_{n_2},\cdots,v_{n_n}\}$) 进行奖励分配。如果在集合 G_p 中任意节点丢弃消息，会导致报告消息 m_r 不能到达本地云 c_k，并且集合 G_p 中所有节点不能获得奖励。因此，节点会尽可能配合消息传输过程，以便获得更多的虚拟货币来发送本地产生的消息。

3) 消息篡改攻击

消息篡改攻击试图泄露用户的数据隐私信息。本系统首先采用一个对称的加密算法来加密消息，其次对称加密算法的密钥通过一个基于属性的加密算法进行加密。基于属性的加密算法不仅使用公钥进行加密，还根据用户的属性定义了一个访问树来控制用户的访问权限。目的节点可以使用私钥首先解密对称加密算法的密钥。因为私钥建立在访问树的基础上，所以如果用户的访问策略不符合访问树，那么该用户甚至都没有读取消息的权限。如果恶意节点试图解密消息，必须拥有密钥和符合访问树的访问策略。然而，私钥仅掌握在远端云和用户手中。此外，本章还定义了一个转换密钥，在解密消息时，数值 b 是必需的，这样进一步增加了系统的安全性。

3.7 性能分析

本节使用 ONE (Opportunistic Network Environment) 仿真软件对 PCON 的性能进行仿真和分析。

3.7.1 实验设置

本章使用两个真实数据集 INFOCOM06 和 SIGCOMM09 来进行实验仿真。INFOCOM06 数据集记录了 2006 年的 IEEE INFOCOM 会议中 76 个携带 iMotes 的与会者的移动轨迹信息。SIGCOMM09 数据集包含了将近 100 个携带移动电话的参与者的社交和相遇信息，用户的信息从 Facebook 网站上获得。这两个数据集的物理位置信息可以通过分析节点的相遇记录得到。本系统使用了两个数据集中以下几种类型的特征来形成加密算法的访问树：用户兴趣、归属地、学校、所在城市和国籍。本章所设计的加密算法是基于 JPBC 函数库开发的。JPBC 函数库是一个基于双线性对的密码学函数库并采用 Java 语言开发。本章将 JPBC 函数库导入 ONE 仿真软件中来实现 PCON 的路由算法和网络性能评估。此外，本章采用 k-means 算法来计算本地云的位置信息。实验参数的设置如表 3.2 所示，实验运行 100 次，计算平均实验结果。同时，本章使用了如下五个评价指标。

(1) 平均传输效率：网络中所有传送的消息与所有产生的消息个数的比值，该指标描述了高效数据传输机制的有效吞吐量。

(2) 平均传输时延：从消息产生到消息被送达的平均时延，该指标描述了高效数据传输机制的时延。

(3) 平均传输代价：所有副本消息与所有被送达消息的比率，该指标描述了高效数据传输机制的开销。

(4) 信用值：节点获得的平均虚拟货币数量，该指标描述了高效数据传输机制的节点收益。

(5) 成功传输比率：正确送达的消息与系统产生的所有消息个数的比率，该指标描述了高效数据传输机制的传输成功率。

表 3.2　仿真参数设置

仿真参数	数值
数据集	INFOCOM06, SIGCOMM09
仿真时间	94h/36h
预热	5000s
接口类型	蓝牙
传输模式	外部传输
传输范围	10 m
传输速度	250 KB
缓存大小	5 MB
消息大小	500~1024 KB
消息生存时间	20 ~ 90h/2 ~ 30 h
本地云数量	1-5

3.7.2　对比算法

在实验中，本章将提出的 PCON 算法与三个具有代表性的算法进行比较，所对比的算法包括以下几种。

(1)Prophet 路由算法 [39]：该算法可以根据节点的移动性和历史相遇信息进行路由选择。但该算法未考虑自私及恶意节点的行为。

(2)CAIS 算法 [24]：该算法是一个社会感知的路由算法，使用一种基于信用的激励机制来激励自私节点参与消息的传输。

(3)TRSS 算法 [25]：该算法是一个安全的路由算法，根据节点的社会相似性来进行路由决策。它可以抵御多种恶意攻击，包括信用欺诈 (Trust-boosting)、丢包获利攻击 (Promise-then-drop) 及污蔑攻击 (Defamation)。

3.7.3　结果分析

1) 攻击抵御

(1) 丢包获利攻击对性能的影响。图 3.6(a) 展示了平均传输效率的实验结果。本章中丢包率定义为所有执行丢包获利攻击的节点与网络中所有节点的比值。当丢包率低于 20% 的时候，CAIS 算法的传输效率比 PCON 算法的传输效率高。原因是当仅有一小部分恶意节点的时候，CAIS 的性能没有被过多影响。经过足够长的仿真时间，CAIS 算法可以成功传输大部分的消息。然而，当丢包率上升的时候，CAIS 算法和 Prophet 算法的平均传输效率迅速下降，PCON 及 TRSS 算法的性能平缓下降。例如，当丢包率为 80% 时，CAIS、PCON、TRSS 及 Prophet 算法的平均传输效率分别为 0.32、0.58、0.49 及 0.26。原因是 PCON 和 TRSS 算法设计了相应的攻击抵御策略，可以阻止节点执行丢包获利攻击，然而其他两个算法并没有考虑安全性能。相似的结果可见图 3.6(b)。

(2) 消息篡改攻击对性能的影响。图 3.7 展示了消息的成功传输比率随消息篡改率变化的趋势图。在图 3.7(a) 中，当消息篡改率低于 20%的时候，CAIS 的成功传输比率比 PCON

高一些。原因是即使是在少量恶意节点存在的情况下，CAIS 算法也可以促使更多的自私节点参与消息的传输。此外，在消息篡改率不断增大的同时，使用 PCON 算法的消息成功传输率变化趋势趋于平缓，而其他算法的消息成功传输率急剧下降。例如，当消息篡改率为 20%时，CAIS、PCON、TRSS 及 Prophet 算法的消息成功传输率分别为 0.72、0.72、0.56 及 0.42。然而，当消息篡改率为 80%时，上述四种算法的性能指标分别为 0.31、0.65、0.32 及 0.25。原因是 PCON 算法可以检测出消息篡改攻击，并且可以保证目的节点接收到正确的消息。然而其他三个算法欠缺这种能力。相似的结果可见图 3.7(b)。

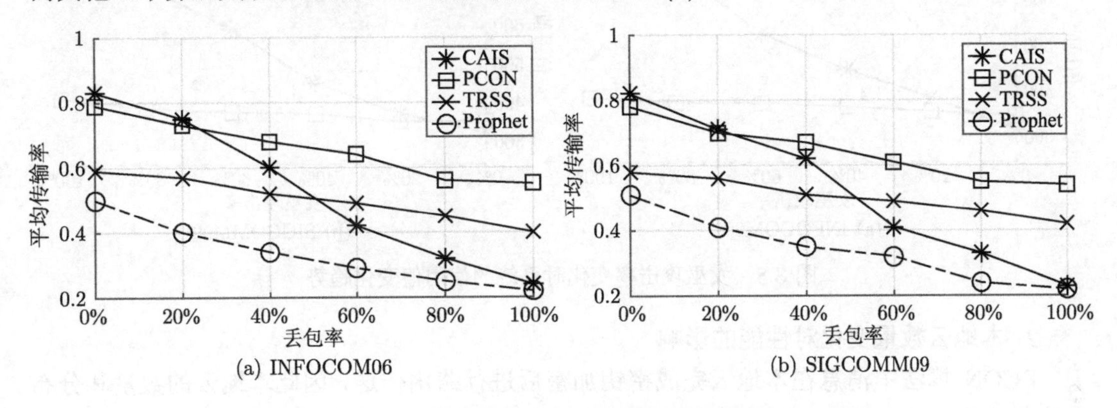

(a) INFOCOM06 (b) SIGCOMM09

图 3.6 丢包率变化时算法的平均传输效率

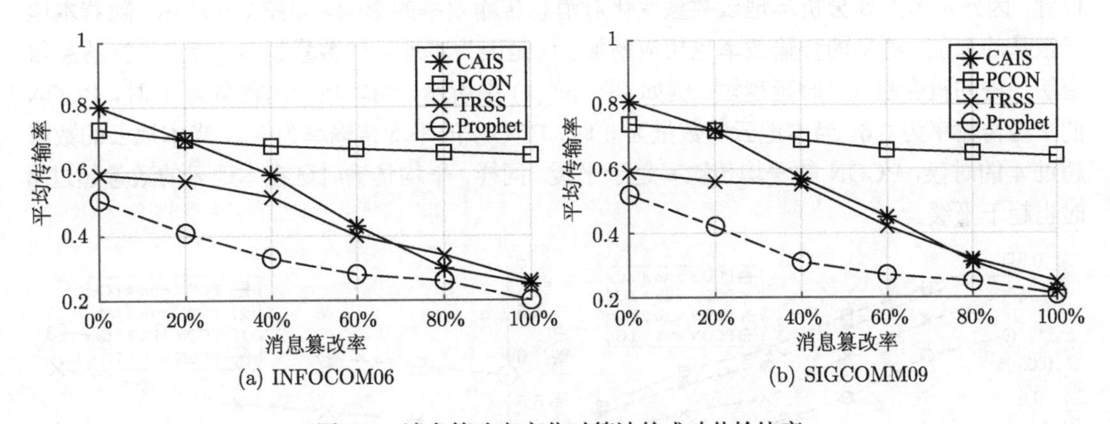

(a) INFOCOM06 (b) SIGCOMM09

图 3.7 消息篡改率变化时算法的成功传输比率

(3) 女巫攻击对性能的影响。从图 3.8(a) 中，可以看到随着女巫攻击率的变化，系统信用值的变化趋势。CAIS 和 PCON 算法都是基于信用机制的路由算法，而 TRSS 是基于信任机制的路由算法，Prophet 并未设计任何激励机制。因此，本章仅比较 CAIS 及 PCON 算法信用值的变化趋势。当女巫攻击率低于 16%时，CAIS 的性能优于 PCON 的性能。原因是 CAIS 算法是基于社会感知的路由算法，可以大幅度提高消息的传输效率。当系统内存在少量恶意节点的时候，CAIS 的性能并没有受到太大的影响。而随着恶意节点数的增加，CAIS 的性能急剧下降而 PCON 的性能趋于平缓。例如，当女巫攻击率为 20%时，CAIS 的信用值仅比 PCON 的信用值高 5%。而当女巫攻击率达到 80%的时候，CAIS 的信用值比 PCON 的信用值高 74%。原因是 PCON 的本地云可以通过报告信息检测到女巫攻击，保证恶意节点不能获得奖励。当恶意节点不能获得奖励时，为了传输本地生成的消息，它们必须规范自己的行为并合法地参与消息传输过程来获得足够的虚拟货币以便发送本地消息。然而，CAIS 算法不存在女巫攻击检测方案，系统付出的虚拟货币会随着女巫攻击的实施而不断增加。从图 3.8(b) 中也可以看到类似的性能趋势。

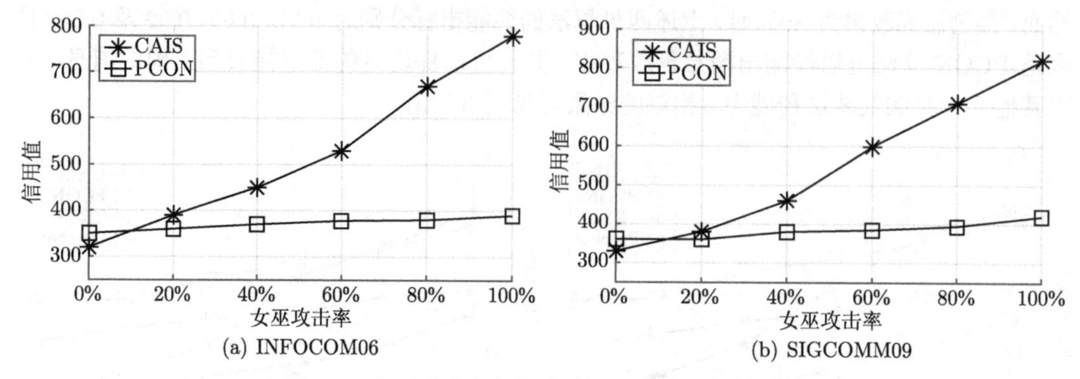

(a) INFOCOM06　　(b) SIGCOMM09

图 3.8　女巫攻击率变化时系统的信用值变化趋势

2) 本地云数量变化对性能的影响

PCON 算法中消息在本地云完成密钥加密后进行路由传送，因此本地云的数量和分布对消息的传输效率有重大影响。因为本系统采用机器学习算法来智能地决策本地云的安放位置，因此本节主要分析本地云数量变化对消息传输效率的影响。如图 3.9 所示，随着本地云数量的增加，消息的传输效率也相应增加。这是因为本地云的数量越多，节点进行消息与密钥加密的机会越多，时延越短。例如，图 3.9(a) 中所示，当本地云的数量为 1 时，PCON 的平均传输率为 0.6。当本地云的数量为 3 时，PCON 的平均传输率为 0.7。当本地云的数量超过 4 的时候，PCON 的平均传输率趋于平缓。同样，平均传输时延在本地云的数量超过 4 时也趋于平缓。

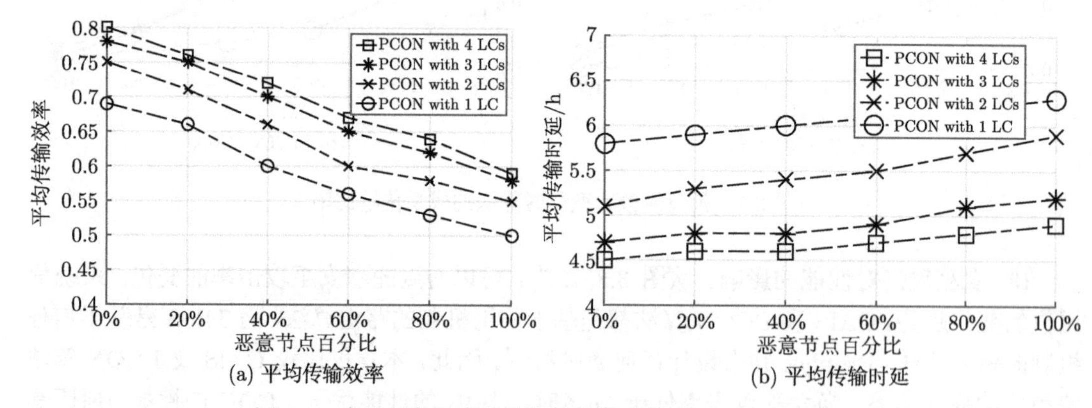

(a) 平均传输效率　　(b) 平均传输时延

图 3.9　本地云数量变化时算法的性能趋势，INFOCOM06

3) 消息生命周期对性能的影响

从图 3.10(a) 可以看出，PCON 的平均传输效率优于 TRSS 和 Prophet，而低于 CAIS。原因是 PCON 考虑了用户的隐私，并设计了基于隐私保护的消息传输策略，在隐私保护性能和传输效率之间进行折中。而 CAIS 专注于提高消息的传输效率且未设计安全机制。TRSS 算法没有考虑自私节点对性能的影响，而 PCON 设计了基于信用机制的激励算法，因此 PCON 的性能优于 TRSS。

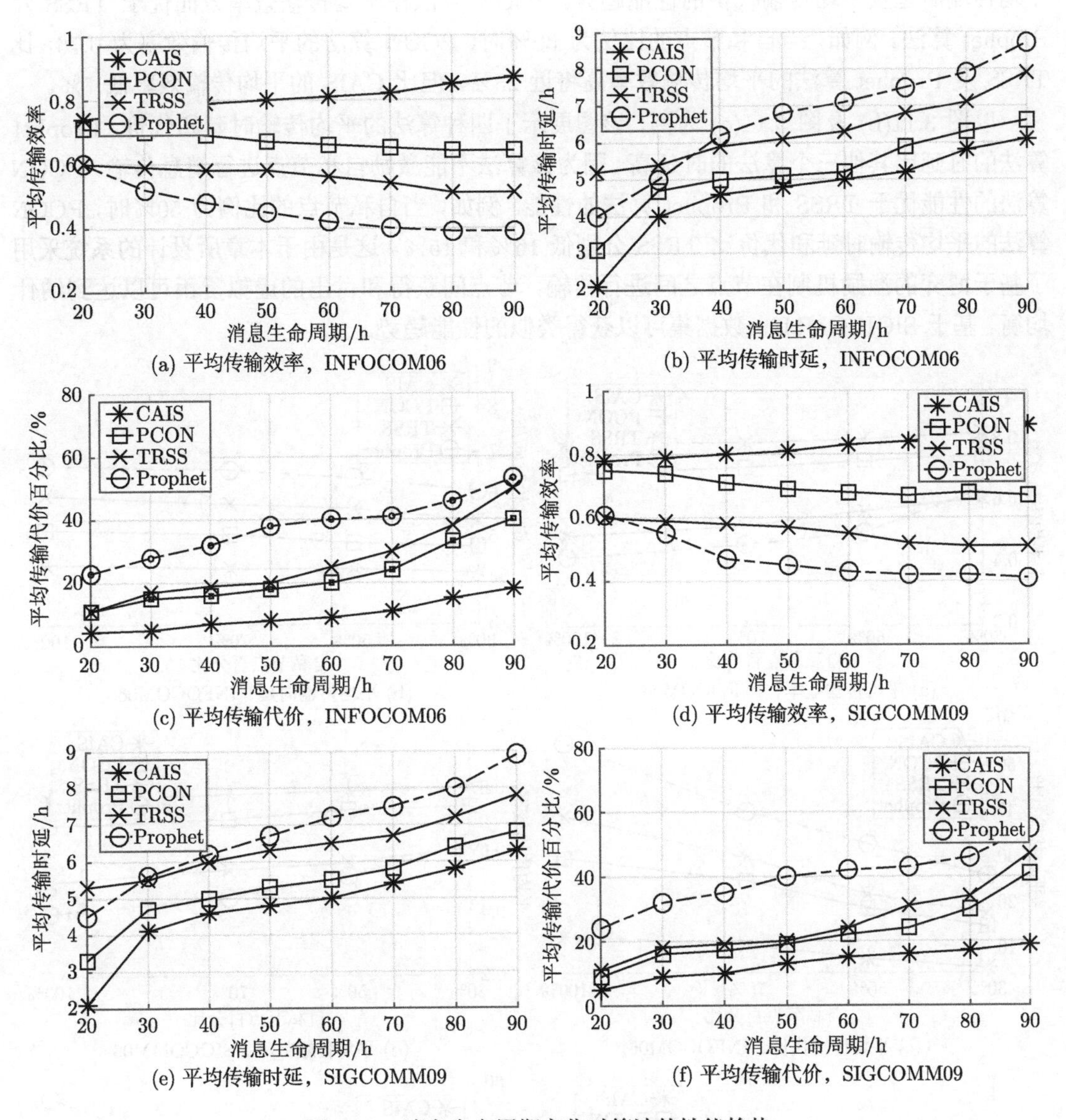

(a) 平均传输效率，INFOCOM06　(b) 平均传输时延，INFOCOM06

(c) 平均传输代价，INFOCOM06　(d) 平均传输效率，SIGCOMM09

(e) 平均传输时延，SIGCOMM09　(f) 平均传输代价，SIGCOMM09

图 3.10　消息生命周期变化时算法的性能趋势

图 3.10(b) 展示了平均传输时延的性能趋势。当消息的生命周期逐渐变长时，算法的平均传输时延逐渐增大。PCON 算法中，如果转换密钥未经过本地云加密，消息不能被发送，与 CAIS 算法相比传输时延有少量增加。从图中可以看出，PCON 的传输时延和 TRSS 的传输时延相比下降了 20%，和 Prophet 相比下降了 35%。从图 3.10(c) 可以看出，平均传输代价的趋势和平均传输时延的性能趋势类似。当消息的生命周期为 40h 时，TRSS 的平均传输代价比 PCON 的平均传输代价高 5%，而 CAIS 的平均传输时延和平均传输代价比 PCON 的下降 6% 和 40%。原因是 CAIS 算法仅考虑如何激励自私节点进行消息传输。

4) 自私节点数量对性能的影响

图 3.11 展示了当自私节点的数量分别是 30%、50%、70%及 100%时，平均传输效率、平均传输时延及平均传输代价的性能趋势。PCON 算法在平均传输效率方面优于 TRSS 及 Prophet 算法。例如，当自私节点的比例为 30%时，PCON 算法的平均传输效率为 0.76，比 TRSS 及 Prophet 算法的平均传输效率高将近 25%，但比 CAIS 的平均传输效率低 7%。

以图 3.11(b) 及图 3.11(c) 为例，该图展示了四种算法的平均传输时延和代价。Prophet 算法的时延比其他三个算法的时延高，因为该算法不能激励自私节点进行消息传输。PCON 算法的性能优于 TRSS 和 Prophet 算法的性能。例如，当自私节点的比例为 50%时，PCON 算法的平均传输时延和代价比 TRSS 分别低 16%和 15%。这是由于本章所设计的系统采用了基于博弈的激励机制在节点之间进行传输，节点间获得和付出的虚拟货币可以达到纳什均衡。基于 SIGICOMM09 数据集可以获得类似的性能趋势。

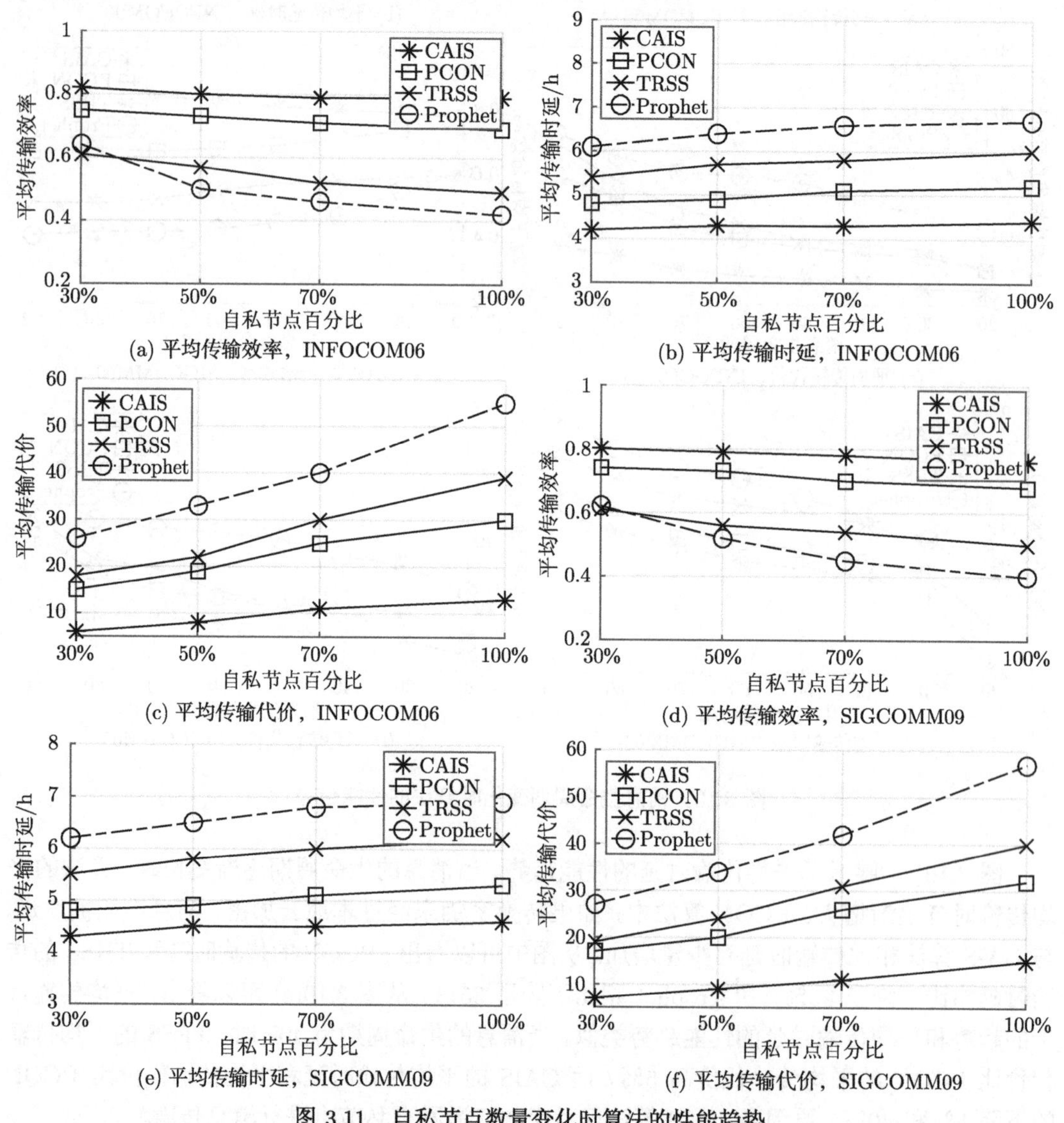

(a) 平均传输效率，INFOCOM06　(b) 平均传输时延，INFOCOM06

(c) 平均传输代价，INFOCOM06　(d) 平均传输效率，SIGCOMM09

(e) 平均传输时延，SIGCOMM09　(f) 平均传输代价，SIGCOMM09

图 3.11　自私节点数量变化时算法的性能趋势

5) 讨论

上述实验主要关注两方面对系统性能影响的因素，一是自私节点，二是恶意节点。当恶意节点存在时，本章考虑了多种类型的攻击，包括女巫攻击、丢包获利攻击及消息篡改攻击。可以看出，PCON 算法的性能更加稳定，同时优于其他三个算法。原因是 PCON 算法综合考虑了攻击抵御策略和数据传输机制，不仅能够保护用户的个人隐私免遭恶意节点的攻击，还能够提高消息的传输效率。当自私节点存在时，PCON 的性能优于 TRSS 和 Prophet，且与 CAIS 相比性能稍有下降。这是由于 CAIS 算法是一个基于激励机制的路由算法，可以刺激自私节点进行消息传输，而 PCON 算法关注于可靠传输机制但缺少激励机制，同样 TRSS 和 Prophet 算法也缺少激励机制。总的来说，PCON 算法在同时抵御攻击和提高消息传输效率方面具有较强的竞争力。

3.8 本章小结

车联网为终端设备的端到端无线通信提供了重要平台，同时对于缓解蜂窝网络的负载提供了有力支持。目前，对于车联网平台中消息传输机制的研究主要集中在如何提高数据传输的效率上，包括设计社会感知的路由算法和基于移动预测的传输机制。但是，这些算法在提高数据传输效率的同时，加剧了个人隐私泄露的风险。因此，设计基于隐私保护的高效数据传输算法，在提高数据传输效率的同时保护用户的个人隐私是非常有必要的。

针对这一挑战，本章提出了一种面向高效数据分发的隐私保护机制。首先，本章设计了一种基于两层云服务器的系统模型，包括远端云和若干本地云来支持数据的安全传输。其次，为了抵御不同类型的攻击，本章将基于安全的移动预测算法和基于属性的加密算法运用到路由决策和消息传输阶段，不仅定义了细粒度的访问控制机制，还保护了用户的个人隐私信息。基于两个真实数据集，实验结果表明所提出的算法与其他基于安全的算法相比具有更高的传输效率和更低的传输时延，和非安全算法相比，仅存在少量的性能下降。本章提供的基于隐私保护的数据分发机制为车联网中消息的安全传输提供了一种新型的解决方案。

第 4 章　基于群智感知的时延敏感数据传输机制

车联网是基于车载自组织网络形成的一种新型网络结构，现已成为物联网中智能交通的一种重要应用，并吸引了国内外学者及企业的广泛研究。随着智能车辆的发展以及与传感器的结合，交通管理和道路安全应用在大规模车联网系统中已经受到了广泛关注。通过感知路上发生的事件，车辆通过广播信息来通知其他车辆从而避免交通拥堵或者交通事故。但基于传统的“存储—携带—转发”模式会产生很大的传输时延，给大规模实时交通管理带来了巨大的挑战。本章利用车联网中异构的网络接入模式，提出一种时延敏感的数据传输机制来最小化交通管理服务的响应时间。本章首先为大规模车联网系统设计一个基于群智感知的系统模型。而后研究一个基于簇群的优化方法来为交通管理提供及时响应。本章通过随机理论进行消息传输时延估计，为所设计的时延敏感路由方法中下一跳的中继选择提供了依据。最后，基于两个城市 (曼哈顿和东京) 的交通路线图，评估网络的性能并验证系统的优越性，性能指标包括平均传输时延、平均传输率、平均通信成本和平均接入率。

4.1　引　　言

在过去的若干年中，物联网在学术领域和工业领域都受到了广泛关注。物联网已渗透到我们生活的方方面面，并由随处可见的设备连接而成，如平板电脑、笔记本电脑、电视机、智能手机和车辆。物联网整合了现有的网络并形成了异构的网络体系。车联网作为物联网的一个研究领域，已经演变成一个新的平台。随着感知、计算和网络技术的发展，大规模车联网每天都会产生海量的数据，例如，城市中的交通信息、人类社交关系及车辆移动信息。为了有效地处理和利用实时的交通信息，一些应用如道路安全和交通管理需要基于车联网系统来实现。车联网系统已经得到了许多国家及组织的认可及建设，如欧洲智能交通协会。在工业上，世界各地的汽车制造商包括宝马、沃尔沃和丰田已经开始致力于实验平台的构建，并基于车对车 (Vehicle-to-Vehicle, V2V) 的通信模式来开发车辆的通信系统。

推动车联网飞速发展的因素主要体现在以下两方面，一方面是出自道路交通管理系统安全和效率提升的迫切需求。随着都市化进程的不断加快，城市中车辆数量也在急剧提升，从而导致了交通、经济和环境等方面的问题，包括交通拥塞及事故、环境污染和破坏等并带来了巨大经济开销。据报道，2011 年在美国 498 个城市中由于交通拥堵造成的额外时间和燃料开销已经达到了 1210 亿美元，二氧化碳排放量的增加导致的经济损失达到 720 亿美元。而在 1982 年，这两项数据分别为 240 亿美元和 100 亿美元。基于车联网的解决方案可以通过智能交通控制和管理有效地缓解交通拥塞，并通过车载预警系统和交通辅助驾驶系统来提高道路的安全性。另一方面是道路上不断增长的用户移动数据需求。近年来，能够适应高速移动的因特网服务的需求量急剧增加，用户在行驶的车辆上仍然希望可以像在家里和工作场所一样获得网络连接。基于车联网的网络连接方案不仅能够满足移动数据要求，同时可以丰富安全类应用，如在线诊断、智能防盗及追踪，这些应用的服务器都在互联网云端。据估计到 2020 年底，具有网络通信功能的车辆在市场上的占比会从目前的 10%跃升到 90%。此外，各国政府已经开始着力于车联网相关技术的开发和应用。例如，从 2015 年开始欧洲委员会提出在车辆中强制安装 eCall 系统的方案。该系统可以使车辆在发生碰撞时自动呼叫紧急服务中心。美国交通部国家公路交通安全管理局最近发布通知，美国将逐步实现轻型车辆间的通信。

图 4.1 展示了车联网的经典网络结构，包括车对车、车对路侧单元 (Vehicle-to-Road Side Unit, V2R)、车对基础设施 (Vehicle-to-Infrastructure, V2I)、车对个人设备 (Vehicle-to-Personal devices, V2P) 和车对传感器 (Vehicle-to-Sensors, V2S) 等多种通信模式。其中车对车、车对个人设备和车对传感器这三种通信结构能够基于移动自组织网络的通信模式实现车辆间直接通信，不需要任何基础设施的支持。路侧单元、基站和其他基础设施能够为车辆提供网络接入。显而易见，这些通信模式协作运行，使车联网系统比传统的车载自组织网络更加复杂。大规模的车联网系统需要实时的管理来保证良好的交通环境。在车联网系统中，典型交通管理的研究方向包括环境保护、安全应用、避免拥堵和内容传播。目前的研究方案要么高度依赖于路侧的基础设施，要么不能根据当前的交通环境和驾驶员偏好来进行实时动态的线路规划。总而言之，在车联网系统中设计时延敏感的数据传输机制，并用于交通管理系统的构建所面临的困难主要有以下几点。

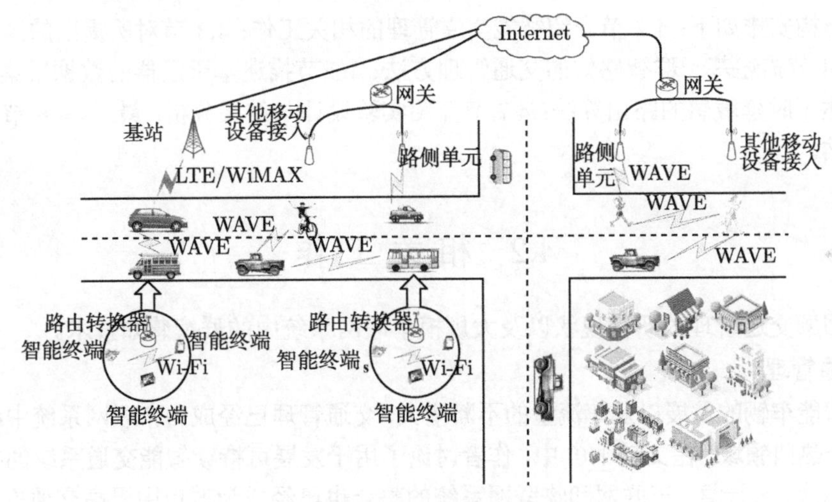

图 4.1　车联网示意图

(1) 为了使交通管理服务器对发生的事件迅速响应，车辆需要基于自身感知能力上传精确的事件报告。然而，如何在异构车联网系统中提高信息的精确性并且减少车辆和基础设施之间的通信成本值得深入研究。

(2) 如何利用车联网体系结构异构的特点来减少传输时延，在不同的网络接入策略中如何平衡网络流量仍是一个挑战。

(3) 如何鼓励车辆进行事件感知和报告的同时满足用户的个人效用和提高系统的整体性能需要联合设计。

(4) 由于在 V2V 的通信模式中消息的传输遵循着“存储–携带–转发”模式，如何基于实时的交通信息和车辆的相遇概率为报告消息做出智能的路由策略十分重要。

为了解决上述挑战并实现交通管理系统中的高效数据传输，本章在大规模车联网系统中构建了基于时延敏感的数据传输机制，命名为 CDRAM (Content Dissemination Framework for Delay Sensitive Traffic Management)。在该系统中，交通管理服务器能够根据车辆对道路上所发生事件 (如交通拥堵或交通事故) 的及时反馈迅速采取行动。本章的主要贡献有以下几方面。

(1) 本章设计基于群智感知的交通管理系统，详细定义系统中各个部件和不同设备间的交互作用。

(2) 本章提出一种基于簇群的交通管理方法，用于事件收集和报告，大大缩短了交通管理服务器的响应时间，并减少了通信开销。

(3) 本章将所研究的时延敏感交通管理问题建模成一个优化问题，并同时考虑交通管理服务器的预计响应时间和信息接收时间。为了满足用户的个人效用并同时实现全局优化目标，本章提出一种分析模型，可以实现两种不同的信息上传策略 (通过路侧单元上传和通过基站上传) 之间的平衡。

(4) 针对路侧单元的上传机制，本章在车联网系统中提出一种时延敏感的路由算法，其中包含两部分内容，分别是信息传输时延的估计方法和基于多维交叉路口的下一跳路由选择机制。

本章结构安排如下：4.2 节介绍智能交通管理的相关工作；4.3 节对所提出的系统模型进行描述；4.4 节描述基于群智感知的交通管理方法；4.5 节描述基于簇群的数据采集机制；4.6 节详细阐述了时延敏感的路由算法；4.7 节介绍实验设计与结果分析；最后，4.8 节对本章工作进行总结。

4.2 相关工作

本节回顾交通管理的研究现状以及大规模车联网系统中的群智感知技术。

1) 交通管理

随着智能车辆的发展以及车流量的不断增大，交通管理已经成为车联网系统中缓解交通问题的一个热门领域。在文献 [40] 中，作者讨论了用于发展可持续智能交通系统的技术以及所面临的挑战。云计算、车联网和物联网系统的整合也已经成为城市中提高交通安全和效率的有效手段。在文献 [41] 中，作者设计了一种道路信息共享系统，命名为 RISA (Distributed Road Information Sharing Architecture)，该系统是第一个用来检测道路状况并以分布式方式进行信息传播的方法。RISA 通过聚合技术进行事件整合并及时传播车辆感知到的事件信息来提高带宽的利用率和信息的可靠性。然而，RISA 并没有考虑道路网络中不同方向的车流量信息。

交通管理的另一个研究领域是在减少系统的部署成本的同时提高资源利用率。为了提高智能车辆网络的效率并且保证道路安全，文献 [42] 基于软件定义网络建立了一种基于路侧单元的云架构，该架构中不仅包括传统的路侧单元，而且包括专用的微型计算中心。文献 [43] 在车辆网络中提出了一个时延最优的资源调度方案用于合理分配虚拟无线电资源。

无线电资源的可视化和软件定义网络被整合到 LTE 系统中以降低巨大的基础建设费用和维护费用。上述方案在提高资源利用率的同时降低了网络时延。但它们并没有充分利用异构接入网络的特点来平衡网络流量负载。

此外，实时交通调度也是一个热门的研究话题。为了降低出行成本，文献 [44] 提出了一种实时路线规划算法，采用了基于随机 Lyapunov 的优化技术，用来避免道路中的交通拥堵并提高网络空间的利用率。文献 [45] 构建了一种车辆通信系统来实现实时交通监测。所设计的车辆通信系统是一个基于簇群的车对任意设备 (Vehicles-to-X, V2X) 的数据收集方法，目的是实现可靠精确的交通监测。文献 [46] 设计了一种车联网中交通密度估计的方法，通过使用基于理论分析的历史先验概率来实现间距估计。该方法可以在不同拜占庭攻击 (Byzantine Attack) 下进行密度估计。文献 [47] 在城市中构建了基于合作的交通控制体系结构，用来缓解道路中的交通拥堵。其作者根据邻近交叉路口的交通状况来分析联合通过率，从而最大化道路网络中行驶车辆的数量。以上算法虽然考虑了不同的优化策略，包括资源管理方案、基于簇群的数据收集和联合交通监测等方法来提高网络性能，但是它们没有考虑个人效用与网络全局优化目标之间的均衡。

2) 车联网系统中的群智感知

群智感知是指通过激励大量用户执行任务从而提高网络的效率和可行性，它和车联网系统有着内在的关联。随着 Wi-Fi 接入点的大范围部署，路边 Wi-Fi 能够在车联网系统中提供持续的带宽连接。文献 [48] 中提出的 CrowdWiFi 方法实现了离线群智感知和在线压缩感知。群智感知技术被用于部署车联网中的路边 Wi-Fi 接入点，该技术包括集群车辆、集群服务器和用户车辆这三部分。基于群智感知的车载摄像头被用在协作的交通系统中从而实现图像共享。此外，作者还提出了基于车载云服务器的路线规划算法，可以充分利用车辆距离信息。显而易见，群智感知在车联网中的应用非常具有发展前景。

为了实现实时导航，在基于雾计算的车载自组织网络中，空间群体感知可以与安全导航算法相结合。雾节点对群智感知任务进行处理，并根据实时道路信息来选择可行线路。电池供电的低成本物联网传感器使机会群智感知应运而生，使车辆可以及时进行数据更新。在该系统中，窄带物联网无线电技术得到了有效利用。然而随着车辆间的频繁通信，该系统的通信成本急剧增加。为了降低通信成本，本章整合了基于簇群的数据收集方法并使用群智感知的报告系统来避免车辆间不必要的通信。

本章基于群智感知构建了一个时延敏感的交通管理系统。和现有的交通管理方法相比，本章算法的创新点主要有：① 综合地考虑了车联网系统中异构网络的特性，并选择合适的方案进行信息上传；② 基于簇群建立了一个时延敏感的交通管理系统，可以有效地进行事件的采集和传输；③ 提出了一种基于路侧单元的时延估计算法，可以高效且智能地选择下一跳路由节点。

4.3 系统模型及问题描述

本节首先介绍所设计的交通管理系统的组成部分，然后说明网络场景。

4.3.1 系统框架

图 4.2 是基于群智感知的车联网系统模型，其中包括车辆、路侧单元、基站、交通管理服务器和可信机构这五个主要组成部分。这些组成部分的详细描述如下。

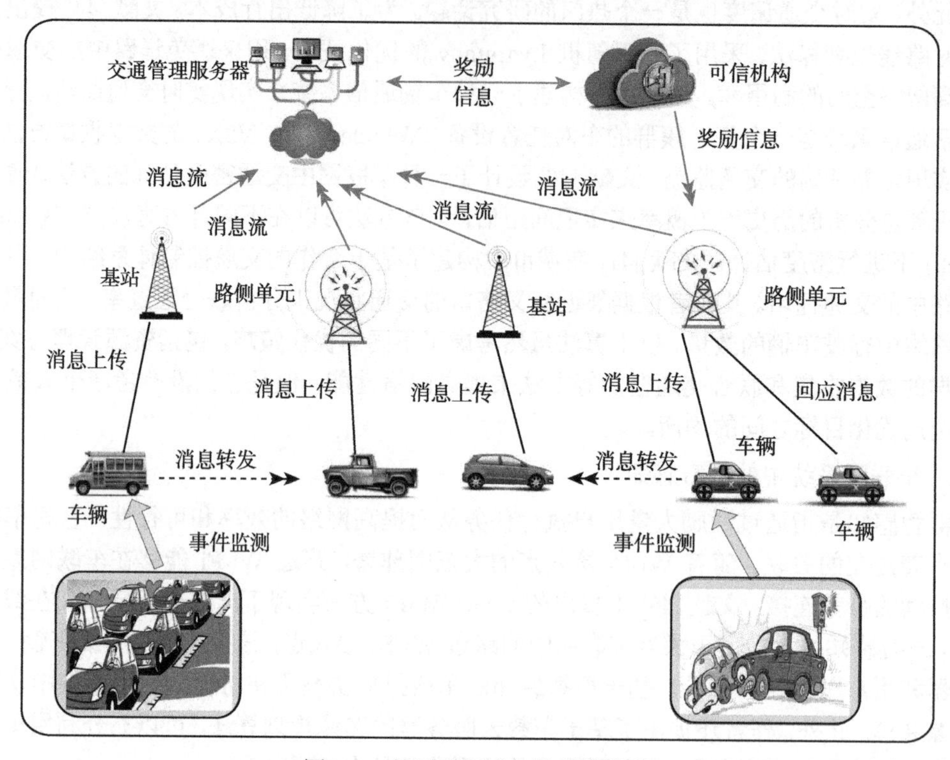

图 4.2　基于群智感知的系统模型

(1) 车辆：车辆配置了用于无线通信的车载单元。在所设计的系统中，Wi-Fi、蓝牙和其他短距离无线传输技术被用来实现车对车通信。通过无线通信，邻近车辆可以直接交换数据乃至多媒体信息。

(2) 路侧单元：为了给行驶车辆提供服务，城市道路两旁安装了许多具有无线通信功能的路侧单元。这些路侧单元可以将车辆产生的信息上传给交通管理服务器。由于安装费用较高，使用大量路侧单元来覆盖所有行驶车辆是不现实的。因此，本系统仅考虑有限个路侧单元存在的情况。此外，我们假设路侧单元可以获得邻近路侧单元的位置信息。

(3) 基站：移动运营商管理系统中的基站可以为城市中的车辆提供完全覆盖的无线通信，例如，LTE 蜂窝网络可以为车辆提供无线接入服务。但通过蜂窝网络上传信息到交通管理服务器，需要支付一定的费用。而且，海量信息和饱和带宽会造成网络信息传输拥堵。

(4) 交通管理服务器：交通管理服务器接收并验证车辆发送信息的真实性和可靠性。当验证完成后，交通管理服务器通知交通管理部门的人员来解决上报信息中所描述的事件，例如，在拥塞路段增派交通警察来维持道路顺畅。

(5) 可信机构：可信机构是基于群智感知的车联网系统中完全可信的服务器。当车辆首次加入网络时，它能够通过向可信机构注册来获得初始信用。此外，可信机构可以保证用户信息的安全和隐私。

4.3.2 应用场景

本章所设计系统的目的是通过车辆及时上报的交通事件促使交通管理服务器及时做出响应。当车辆在道路上发现事件后，如交通拥堵、车辆事故或者路面损坏，驾驶员或者乘客可以利用预先安装在车上的软件，以图片、文本或视频的形式来记录所发生的事件。然后车辆将这个记录封装成信息并且将它们上传到交通管理服务器。当收到这个消息的详细信息后，交通管理服务器会立刻采取行动。最后，通知消息会经过路侧单元广播给途经车辆。

实现上述系统最大的挑战是确保交通管理服务器能够及时地做出响应。消息上传时延和信息准确性是影响系统性能的两个主要因素。为了降低这两个因素所带来的影响，我们提出了一种基于群智感知的方法来收集信息进而提高所报告信息的准确性。为了减少通信成本，我们使用基于簇群的方法整合到了信息收集的过程。在每一个簇群中，簇首节点收集由簇群成员所感知的信息，并从收集到的信息中提取特征进而为发生的事件形成准确信息。为了最大化个人效用，簇首为生成的信息选择上传策略，即通过基站或者路侧单元上传。如果选择通过基站上传，那么信息传输时延几乎可以忽略不计，但是传输的成本很高。如果选择路侧单元进行上传，我们需要规划一条地理线路来将信息传播到最近的路侧单元，这种方法的优点是不需要额外的传输成本，但是它会引起一定的传输时延。同时本章提出了一个时延敏感的路由方法来为信息传输寻找一条从车辆到路侧单元具有最小传输时延的最佳线路。

4.4 基于群智感知的交通管理机制

本节详细介绍如何设计基于群智感知的交通管理方案。首先提出系统的全局优化目标，然后描述局部优化目标。最后，设计基于簇群的数据采集机制。本章所使用的主要变量及定义见表 4.1。

表 4.1 第 4 章主要变量及其定义

变量	定义
V_N	网络中的节点集合
C_M	网络中的簇群集合
c_i	网络中编号为 i 的簇群
m_i	节点 i 产生的一条消息
m^a	簇首节点产生的消息
T_s	交通管理服务器的预期响应时间
T_g	交通管理服务器接收最后一条消息的时间
T_e	事件 e 的发生时间
v_k^h	簇群 k 的簇首节点
N_c	簇群 c_k 中所有车辆的个数
t_γ	交通管理服务器接收到消息的时间
U_l	簇群 l 的效用函数
$y_i(t,s)$	交通管理服务器对簇群 i 的奖励
x_m	上传消息 m 的大小
c_m	消息 m 的单位上传开销

续表

变量	定义
Δt	采用基于路侧单元的上传策略的传输时延
l_{pq}	路段 $p \to q$
λ_{pq}	路段 l_{pq} 上车流的平均到达速度
$E\left(t_{v_j^{\mathrm{CH}} \to \mathrm{RSU}}\right)$	从簇首节点 j 到路侧单元的预计时延
$E\left(t_{i,i+1}\right)$	路段 $l_{i,i+1}$ 的预计时延
$P^c(c_k)$	簇群 c_k 的簇群转向概率
$P^e(c_k)$	簇群 c_k 的相遇转向概率

4.4.1 全局目标

假设网络中有 N 辆车，用集合 $V_N = \{v_1, v_2, \cdots, v_N\}$ 表示。在时刻 t，所有车辆能够分成 M 个簇群，用 $C_M = \{c_1, c_i, \cdots, c_M\}$ 表示。

当车辆 v_i 在道路上感知到一个事件发生时，它首先会生成消息 m_i 来记录这个事件的详细信息。然后车辆 v_i 将消息 m_i 传递给簇首节点。当从簇群中收集了所有信息后，簇首会根据所收集到的信息创建一条新的消息 m^a。然后，在基于路侧单元上传策略和基于基站上传策略之间做出选择。需要注意的是，首先对比这两种不同策略的局部优化目标；其次，如果选择了基于基站的上传策略，车辆会立刻上传消息，如果选择路侧单元上传策略，那么我们会利用一个时延敏感的路由方法通过车对车通信来传播信息，在收到并且提取了消息的准确信息之后，交通管理服务器会立即采取行动。为了最小化交通管理服务器的预计响应时间 T_s，我们将信息传输过程建模成一个优化问题，如式 (4.1) 所示：

$$\min T_s = \min_{g \leqslant M} E\{t_g - t^e\} \tag{4.1}$$

其中，变量 t_g 是交通管理服务器的信息接收时间；t^e 是事件 e 的发生时间；变量 g 表示所收到的关于事件 e 的最后一条消息，其中 $g \in \{1, 2, \cdots, M\}$，变量 M 表示在时刻 t 时网络中的簇群数量。

4.4.2 局部目标

为了激励车辆传播消息，我们为车辆构建了一个局部优化目标。从社交网络的角度来看，簇群中所有的车辆都希望通过向交通管理服务器报告事件来最大化自己的效用。当簇群中的成员 v_i 在道路上感知到事件 e_i 的发生时，v_i 首先生成一条消息 m_i 来记录事件 e_i。然后，v_i 将消息 m_i 传输给簇首节点。当簇首从簇群收集到所有消息后，它能够创建一条准确的信息。因此，局部优化目标表示为

$$\max U_l = \max \sum_{i=1}^{N_c} u_i^v \tag{4.2}$$

其中，U_l 是簇群 c_l 的效用函数，等价于簇群中所有车辆的效用和；符号 N_c 是簇群 c_l 中车辆的数量；u_i^v 是车辆 v_i 的效用。U_l 越大，集群中的车辆获得的效用越大。因此，簇首将生成的消息根据两种上传策略 (基于基站和基于路侧单元的上传策略) 的效用值来选择对应的上传策略，效用值较大者将被选择。

4.4.3 激励机制

为了鼓励车辆进行消息传输，我们设计了一种基于信誉的激励机制，并且使用虚拟币作为奖励，虚拟币的多少取决于车辆对交通管理服务器的决定所做出的贡献。

如果一个簇首节点在交通管理服务器采取行动之前上传了一条有用的消息，那么这个簇中所有的车辆都会得到奖励。簇群的效用 U_l 与上传消息获得的奖励、上传消息的大小和成本以及上传时延有关，这是因为它们决定着服务器响应的及时性和车辆的效用。服务器的奖励是影响簇群效用 U_l 的主要因素，而其他三个因素影响着簇群的上传策略，所有这四个网络指标都与 U_l 成正相关。簇群的效用 U_l 是根据服务器的奖励和上传成本进行计算的，公式如式 (4.3) 所示：

$$U_l = y_i(t,s) \cdot \left(1 - \mathrm{e}^{-x_m c_m \Delta t} \cdot \theta\right) \tag{4.3}$$

其中，$y_i(t,s)$ 是交通管理服务器的奖励，它是时间 t 和报告质量 s 的函数。本章使用 x_m 表示一条上传消息的大小，并且使用 c_m 来表示通过基站上传一个消息单元所需要的成本。我们定义 Δt 为基于路侧单元上传和基于基站上传所引起的传输时延之间的差值，即将一条消息从簇首传输到最近的路侧单元所需要的时间。如果利用路侧单元上传消息 m^a，则 θ 为 0。如果利用基站上传消息，那么 θ 等于 1。每一个簇群成员获得奖励的比例是由簇首决定的。所以，车辆为了最大化自己的效用，它们会尽力感知事件并做出准确的报告。

引理 4.1 如果 $y_i(t,s)$ 是一个随着时间 t 递减的函数，那么局部优化目标和全局优化目标是一致的。根据局部优化目标，车辆能够最大化它们的效用，同时可以实现全局优化目标。

如果基站被用来上传消息，那么簇群 l 的效用可以采用式 (4.4) 进行计算：

$$U_l^B = y_i(t,s) \cdot \left(1 - \mathrm{e}^{-x_m c_m \Delta t}\right) \tag{4.4}$$

其中，消息的上传时延 t 可以达到最小。如果采用路侧单元来上传消息，那么此时的效用函数计算如式 (4.5) 所示：

$$U_l^R = y_i(t+\Delta t, s) \tag{4.5}$$

此时消息的总体上传时间依赖于 Δt，且满足：

$$y_i(t,s) \cdot \left(1 - \mathrm{e}^{-x_m c_m \Delta t}\right) \leqslant y_i(t+\Delta t, s) \tag{4.6}$$

因为 $y_i(t,s)$ 是一个随着时间 t 递减的函数，$y_i(t+\Delta t,s)/y_i(t,s)$ 可以简化为 $\Delta y_i(\Delta t)$。该函数同时是时间 Δt 的减函数，且值恒大于 0。因此，我们可以获得一个关于 Δt 的函数，如式 (4.7) 所示：

$$f(\Delta t) = \Delta y_i(\Delta t) + \mathrm{e}^{-x_m c_m \Delta t} - 1 > 0 \tag{4.7}$$

从以上公式，我们可以获得采用基于路侧单元的上传策略的最大传输时延 T，即 $\Delta t \leqslant T$。也就是说，如果采用路侧单元来上传消息，需满足 $U_l^R \geqslant y_i(t+T,s)$。因此，车辆需要尽可能地缩短传输时间来最大化自身的效用。此外，为了达到全局目标，我们需要最小化每条消息的上传时间，目的是最小化交通管理服务器的响应时间。因此，局部目标和全局目标兼容，为了实现全局目标，在路由选择过程中可以仅考虑局部目标。

4.5 基于簇群的数据采集机制

为了通过群智感知的方法来提高路由效率并且降低通信成本，我们将车辆聚集成几个簇群。本章所设计的系统与很多基于位置的分簇算法兼容，该算法采用车辆的物理位置和交通信息来决定簇群的结构，簇群中的一辆车作为簇首，其余为簇元。为了控制簇群的大小，会预先设定一个距离 L，限制簇首和簇元之间的最大距离。由于车辆的移动性，每个簇群独立管理并动态重组。当簇元和簇首之间的距离大于 L 时，那么簇元就会离开这个簇群。如果该簇元可以找到离它距离小于 L 的簇元，那么它将加入这个簇群。否则，以该节点为簇首节点形成一个新的簇群。

4.5.1 数据采集

当一个簇群 c_l 遇到事件发生时，簇元生成消息来记录这个事件。例如，簇群 c_l 中的车辆 v_i 以 $m_i=\{$地点, 时间, 详细描述$\}$的形式来创建消息。然后，车辆 v_i 向簇首发送消息 m_i。当从簇元收集到所有的信息之后，簇首就会采用数据聚合机制来形成一条准确的信息 m^a。聚合消息的位置和时间是通过簇元的位置和时间的平均值来计算的。此外，一个预先定义的时间阈值 t_β 可用于信息收集过程。如果簇首收到信息之后达到了阈值 t_β, 那么簇首会立即执行数据聚合算法。如果收集到的数据中缺少某些字段，那么这些字段不会用于数据聚合算法。

4.5.2 数据上传

车辆可以利用两种方式向交通管理服务器上传信息，一种是直接通过路侧单元上传消息，另一种是通过基站利用蜂窝网络上传信息。如果选择了第一种方式，那么由于簇群与最近的路侧单元往往有很长的距离，为了将信息从簇首路由到最近的路侧单元，我们需要设计一种合理的转发算法。这种方式的优点是将信息上传给交通管理服务器的开销几乎可以忽略。而对于第二种方式，车辆可以通过基站来传输消息并且几乎没有任何时延，但这种方式的缺点是传输蜂窝数据需要花费额外的成本。

假设事件在时间 t_0 发生，车辆 v_i 记录了这个事件并在时间 t_1 创建了一条消息 m_i。然后车辆 v_i 在时间 $t_1^{'}$ 向簇首发送信息 m_i。那么，簇首至少需要在时间 $t_1^{'}+t_\beta$ 才可以上传信息。在生成信息 m^a 之后，由于 $y_i(t,s)$ 是一个随时间变化的下降函数，所以簇首需要决定如何将信息 m^a 上传给交通管理服务器来最大化效用函数。由于簇首和簇元只有一跳的距离，且将消息从车辆 v_i 传输到簇元的时间远远小于等待时间 t_β。因此，我们认为 $t_1\approx t_1^{'}$，并且时间 $t_1^{'}+t_\beta\approx t_1+t_\beta$。我们设 $t^c=t_1+t_\beta$，当利用基站上传信息 m^a 时，效用函数为 $U_l^B=U_l(t^c)$。当利用路侧单元上传信息时，$U_l^R=U_l(t^c+\Delta t)$。其中 Δt 包含两部分内容，分别是将一条信息从当前的位置传输给最近的路侧单元的传输时间和将信息从路侧单元上传给交通管理服务器所需要的上传时间。但是我们在计算 Δt 时仅考虑了传输时间，因为上传时间很短并且和传输时间相比可以忽略不计。因此，当 $U_l^B>U_l^R$ 时，簇首会选择基站来上传消息 m^a。否则，将选择路侧单元来上传信息。需要注意的是，估算 Δt 的值对车辆做出消息上传决策是十分重要的。因此，在 4.6 节我们提出了一种时延敏感的路由机制。

4.5.3 服务响应

当交通管理服务器收到信息 m^a 时，它会对信息的真实性进行验证，主要包括事件发生的时间、位置和详细描述。文献 [49] 中的数据可信度验证方法能够和本章的方法整合进而判断信息的准确性。如果交通管理服务器推断出消息准确，那么就会形成一条通知信息，并且通过路侧单元发送给途经车辆。因此，当车辆 v_i 进入路侧单元的无线通信范围内时，它就会收到这条通知消息。然后，该车辆可以在它所在的簇群中广播所收到的通知信息来降低路侧单元和车辆之间的通信成本。如果交通管理服务器不能解析所收到的信息，那么它就会等待其他信息的到来。

交通管理服务器会对事件报告做出贡献的车辆进行奖励，主要基于对事件描述的准确性 s 和报告时间 t 给予奖励。因此，本章将奖励函数 $y_i(t,s)$ 定义为

$$y_i(t,s)=\lambda s\cdot \mathrm{e}^{-\gamma t} \tag{4.8}$$

其中，λ 和 γ 是两个调整系数。如果信息的准确性很低，那么相应的报酬也会较少。

定理 4.1 基于式 (4.8) 中的奖励函数，理论最大传输时延为 $T=\dfrac{\ln(\mathrm{e}^{x_m c_m}+\mathrm{e}^{\gamma})}{\gamma+x_m c_m-1}$。

证明： 从引理 4.1 可以得出，如果采用路侧单元作为上传消息的途径，那么需要满足：

$$\lambda s\cdot \mathrm{e}^{-\gamma t}\cdot\left(1-\mathrm{e}^{-x_m c_m \Delta t}\right)\leqslant \lambda s\cdot \mathrm{e}^{-\gamma(t+\Delta t)} \tag{4.9}$$

移除以上不等式的两边相同部分，我们可以得到

$$1-\mathrm{e}^{-x_m c_m \Delta t}\leqslant \mathrm{e}^{-\gamma \Delta t} \tag{4.10}$$

整理以上不等式，可得

$$\begin{aligned}
&\frac{1}{\mathrm{e}^{x_m c_m \Delta t}}+\frac{1}{\mathrm{e}^{-\gamma\Delta t}}\geqslant 1\\
\Longrightarrow\ &\frac{\mathrm{e}^{x_m c_m \Delta t}+\mathrm{e}^{\gamma\Delta t}}{\mathrm{e}^{x_m c_m \Delta t}\cdot \mathrm{e}^{\gamma\Delta t}}\geqslant 1\\
\Longrightarrow\ &\mathrm{e}^{\Delta t}\left(\mathrm{e}^{x_m c_m}+\mathrm{e}^{\gamma}\right)\geqslant \mathrm{e}^{(x_m c_m+\gamma)\Delta t}\\
\Longrightarrow\ &\left[\mathrm{e}\sqrt[\Delta t]{\mathrm{e}^{x_m c_m}+\mathrm{e}^{\gamma}}\right]^{\Delta t}\geqslant \left(\mathrm{e}^{x_m c_m+\gamma}\right)^{\Delta t}\\
\Longrightarrow\ &\mathrm{e}\sqrt[\Delta t]{\mathrm{e}^{x_m c_m}+\mathrm{e}^{\gamma}}\geqslant \mathrm{e}^{x_m c_m+\gamma}\\
\Longrightarrow\ &\left(\mathrm{e}^{x_m c_m}+\mathrm{e}^{\gamma}\right)^{\frac{1}{\Delta t}}\geqslant \mathrm{e}^{x_m c_m+\gamma-1}
\end{aligned} \tag{4.11}$$

对以上不等式两边取对数，可以得到式 (4.12) 和式 (4.13)：

$$\begin{aligned}
&\frac{1}{\Delta t}\ln\left(\mathrm{e}^{x_m c_m}+\mathrm{e}^{\gamma}\right)\geqslant x_m c_m+\gamma-1\\
&\Longrightarrow \Delta t\leqslant \frac{\ln\left(\mathrm{e}^{x_m c_m}+\mathrm{e}^{\gamma}\right)}{\gamma+x_m c_m-1}
\end{aligned} \tag{4.12}$$

即

$$T=\frac{\ln\left(\mathrm{e}^{x_m c_m}+\mathrm{e}^{\gamma}\right)}{\gamma+x_m c_m-1} \tag{4.13}$$

□

在基于路侧单元的传输策略中，为车辆传递消息的中继节点也可以得到交通管理服务器的报酬，它们的报酬是 $y_i(t,s)$ 的一部分。由于现有的很多文献已经深入地研究了奖励策略，且这不是本系统的主要关注点，所以，在此处我们不对如何奖励中继节点进行详细阐述。

4.6 时延敏感的路由机制

本节详细描述了基于时延感知的路由机制。该机制为基于路测单元上传策略提供了有效的路由保障。

4.6.1 移动模型

本节将城市的真实地图转变成一个有向图 $G=(O,L)$，其中 O 表示交叉路口组成的顶点集合，L 是一个边集合，用来表示每一对交叉路口之间的路段。同时，我们认为进入一个路段的车流量服从泊松分布，并且车流的平均到达率为 λ_{pq}，其中，$p,q\in O$ 且 $l_{pq}\in L$。由于平均到达率能够根据历史的统计记录估计出来，所以我们假定车辆的速度在范围 $[R_{\min},R_{\max}]$ 中，并且在车辆运行过程中速度恒定。因此，路段 l_{pq} 在方向 $\overrightarrow{pq}$ 的交通密度为 $\rho_{pq}=\lambda_{pq}/E(R)$，其中 $E(R)$ 是路段 l_{pq} 上车辆的平均速度。

簇首负责将生成的信息 m^a 传播到最近的路侧单元。假设每个路侧单元可以获得其附近路侧单元的位置，并且可以为途经车辆提供附近的地图，包括路侧单元的位置及地图的更新时间。因此，簇首可以获得其最近路侧单元的位置。然后，通过 Dijkstra 算法能够计算出从簇首到最近的路侧单元的最短的 k 条线路，其中所使用的城市线路图能够通过地图或者预先安装在车辆或智能手机的导航应用来获得。如图 4.3 所示，我们可以得到 3 条从簇首到其最近的路侧单元的最短线路，即 CH $\to o_1\to o_2\to o_4\to o_6\to$ RSU, CH $\to o_1\to o_3\to o_4\to o_6\to$ RSU 与 CH$\to o_1\to o_3\to o_5\to o_6\to$RSU。信息 m^a 会沿着预先设定的一条最短线路进行传输。

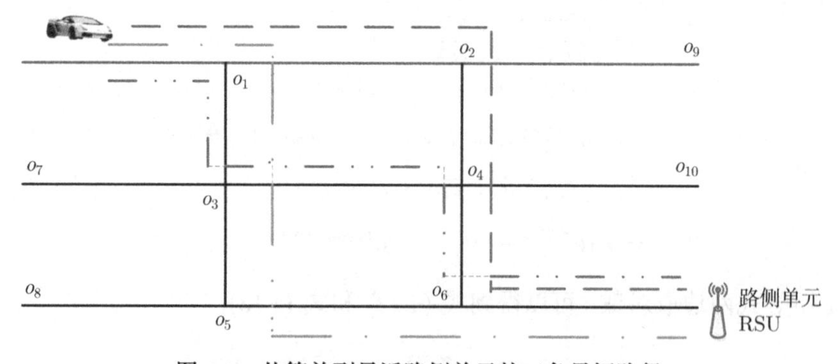

图 4.3 从簇首到最近路侧单元的三条最短路径

对于每一条路段，簇群 c_j 产生了消息 m^a 并计算到达最近路侧单元的 k 条最短路径。当遇到另一个簇群 c_k 时，簇群 c_j 会请求 c_k 发送两个数据，一个是 c_k 沿着消息 m^a 的 k 条最短路径行驶的最大概率，另一个是到达最近路侧单元的预计时间。那么，具有最大行驶概率和最短预计时间的簇群将作为下一跳簇群。当一个簇群到达交叉路口时，簇首会根据簇元的行驶计划来计算簇群转向概率、相遇转向概率以及预计传输时间。然后，该簇群会将这些数据和相遇簇群的数据比较。最终消息 m^a 会被一个合适的簇群携带，并移动到一个新的路段。如果没有合适的簇群，那么携带消息 m^a 的簇群可以将消息传递给后方的簇群，以便等待一个合适的簇群将消息传输到合适的路段。

4.6.2 时延预测

从定理 4.1 可以看出，如果基于路侧单元传输的预测传输时间大于理论最大传输时延 T，那么就会执行基于路侧单元的时延敏感路由方法。其中簇首可以根据当前的交通流量来估计所有 k 条最短线路的传输时延。

定理 4.2 消息 m^a 沿着路段 $o_1 \to o_2 \to \cdots \to o_k$ 进行传输，预计传输时延可通过式 (4.14) 进行计算：

$$E\left(t_{v_j^{\mathrm{CH}} \to \mathrm{RSU}}\right) = \sum_{i=1}^{k-1} Y - \sum_{i=1}^{k-1} (t+Y)\, p_{i,i+1}(t) \tag{4.14}$$

其中，$Y = \dfrac{1}{\lambda_{i,i+1}} + t_{i,i+1}^R$，且 $t_{i,i+1}^R = \dfrac{d_{i,i+1}}{E(R)}$。

证明： 我们定义一条消息可以在路口进行等待的最大时间为 t。也就是说，如果消息 m^a 在 t_0 到达了交叉路口，那么消息 m^a 需要在 $t_0 + t$ 时刻被送达合适的传输路段。否则，消息将会被丢弃。因此，每个路段的预计时延为

$$E(t_{i,i+1}) = \int_0^t \left(\tau + t_{i,i+1}^R\right) f_{i,i+1}(\tau)\, \mathrm{d}\tau \tag{4.15}$$

其中，$t_{i,i+1}^R$ 是车辆沿着路段 $l_{i,i+1}$ 行驶的平均时间，可以通过 $t_{i,i+1}^R = d_{i,i+1}/E(R)$ 来计算，符号 $d_{i,i+1}$ 为路段 $l_{i,i+1}$ 的长度；函数 $f_{i,i+1}(\tau)$ 是消息 m^a 在路口 i 且准备传输到路口 $i+1$ 的等待时间的概率密度分布函数 (Probability Density Function, PDF)。由于进入路段的车流服从到达速度为 $\lambda_{i,i+1}$ 的泊松分布，即 $f_{i,i+1}(\tau) = \lambda_{i,i+1}\mathrm{e}^{-\lambda_{i,i+1}\tau}$，那么每个路段的预计传输时延为

$$E(t_{i,i+1}) = \frac{1}{\lambda_{i,i+1}} - \left(t + \frac{1}{\lambda_{i,i+1}} + t_{i,i+1}^R\right)\mathrm{e}^{-\lambda_{i,i+1}t} + t_{i,i+1}^R \tag{4.16}$$

此外，每条路径的预计传输时延为

$$\begin{aligned} E\left(t_{v_j^{\mathrm{CH}} \to \mathrm{RSU}}\right) &= \sum_{1}^{k-1} E(t_{i,i+1}) \\ &= \sum_{i=1}^{k-1}\left(\frac{1}{\lambda_{i,i+1}} - \left(t + \frac{1}{\lambda_{i,i+1}} + t_{i,i+1}^R\right)\mathrm{e}^{-\lambda_{i,i+1}t} + t_{i,i+1}^R\right) \end{aligned} \tag{4.17}$$

我们定义 $Y = \dfrac{1}{\lambda_{i,i+1}} + t_{i,i+1}^R$ 且 $p_{i,i+1}(t) = \mathrm{e}^{-\lambda_{i,i+1}t}$，那么式 (4.15) 可以变为

$$E\left(t_{v_j^{\mathrm{CH}} \to \mathrm{RSU}}\right) = \sum_{i=1}^{k-1} Y - \sum_{i=1}^{k-1} (t+Y)\, p_{i,i+1}(t) \tag{4.18}$$

□

因此，k 条最短线路的传输时延能够根据定理 4.2 获得。我们将传输时延和 T 比较，并且计算出概率 $P\left(E\left(t_{v_j^{\mathrm{CH}}\to\mathrm{RSU}}\right)\leqslant T\right)=\dfrac{s}{k}$。其中，$s$ 是预计传输时延低于 T 的线路个数。然后将 $P\left(E\left(t_{v_j^{\mathrm{CH}}\to\mathrm{RSU}}\right)\leqslant T\right)$ 和预先定义的阈值 μ 比较。如果其值比阈值 μ 大，那么将执行基于路侧单元的上传策略。

4.6.3 路由决策

在做出通过路侧单元上传消息的决策后，需要进行路由选择。通过以上分析，我们能够从 k 条最短的线路中得到预计传输时延低于 Δt 的线路，并将这些路线记录为 $\mathrm{PH}_s=\{\mathrm{ph}_1,\mathrm{ph}_2,\cdots,\mathrm{ph}_s\}$。消息 m^a 可以沿着 PH_s 中的一条路线进行传输。保证消息沿着预设线路传输所面临的主要挑战包括以下两个。

(1) 如何在交叉路口选择下一跳中继簇群，来确保消息 m^a 能够被传递到正确的方向。

(2) 如何缩短消息 m^a 在每个路段的传输时间，以及如何减少消息在每个交叉路口的等待时间。

我们将簇群转向概率定义为簇群在一个交叉路口朝着 PH_s 中所包含的所有路段的转向概率。需要注意的是，该簇群也在 PH_s 包含的路段上行驶。举例说明，在图 4.3 的交叉路口 o_3 转向 PH_s 中路段存在两个方向，即 $o_3\to o_4$ 和 $o_3\to o_5$。如果簇群 c_i 在路段 $l_{1,3}$ 上行驶，那么 c_i 在交叉路口 o_3 的簇群转向概率为 c_i 中所有车辆转向 $o_3\to o_4$ 和 $o_3\to o_5$ 方向的总概率。相遇转向概率定义为簇群 c_i 遇到的其他簇群 (并未在 PH_s 中所包含的路段行驶，和簇群 c_i 在一个交叉路口相遇) 转向 PH_s 中路段的概率。例如，当在路段 $l_{1,3}$ 上的一个簇群 c_i 将要穿过交叉路口 o_3 时，如果 c_i 在通过 o_3 之前遇到了在路段 $l_{7,3}$ 上行驶的一个簇群 c_j，那么 c_j 转向方向 $o_3\to o_4$ 和 $o_3\to o_5$ 的概率定义为相遇转向概率。

我们考虑三种类型的交叉路口，它们分别是十字交叉路口、T 形交叉路口和 L 形交叉路口, 可以得到定理 4.3。

定理 4.3 假设在一个交叉路口 o_i 有 δ 个方向，即 $o_i\to o_j, o_i\to o_{j+1}, o_i\to o_{j+2},\cdots,o_i\to o_{j-1+\delta}$，那么:

(1) 簇群 c_k 在交叉路口 o_i 的簇群转向概率为

$$P^c(c_k)=1-\prod_{j=1}^{\delta}\prod_{m=1}^{N_c}\left(1-p_m^{i\to j}\cdot\beta_{ij}\right)\tag{4.19}$$

(2) 簇群 c_k 在交叉路口 o_i 的相遇转向概率为

$$P^e(c_k)=1-\mathrm{e}^{-\frac{\left(\sum_{r=1}^{\delta}\sum_{j=1}^{\delta}\lambda_{rj}\cdot(1-\beta_{ri})\cdot\beta_{ij}\right)\left(L_{c_k}+R'\right)}{E(v_c)}}\tag{4.20}$$

证明: 定义簇群 c_k 中车辆 v_m 从路口 i 转向 j 的概率为 $p_m^{i\to j}$，且:

$$\beta_{ij}=\begin{cases}1, & l_{ij}\text{ 包含于 }\mathrm{PH}_s\\ 0, & l_{ij}\text{ 不包含于 }\mathrm{PH}_s\end{cases}\tag{4.21}$$

车辆 v_m 不转向到 PH_s 中路段 l_{ij} 的概率为 $1-p_m^{i\to j}\cdot\beta$。因为簇群 c_k 中每个车辆的转向概率是独立的，那么 c_k 不转向到 PH_s 中路段 l_{ij} 的概率为 $l_{ij}=\prod_{m=1}^{N_c}\left(1-p_m^{i\to j}\cdot\beta\right)$，其

中 N_c 代表簇群 c_k 中车辆的个数。对于路口 o_i 的所有方向，簇群 c_k 不能转向所有 δ 个方向的概率为 $\prod_{j=1}^{\delta}\prod_{m=1}^{N_c}\left(1-p_m^{i\to j}\cdot\beta\right)$。因此，簇群转向概率为

$$P^c(c_k)=1-\prod_{j=1}^{\delta}\prod_{m=1}^{N_c}\left(1-p_m^{i\to j}\cdot\beta\right) \tag{4.22}$$

簇群 c_k 不转向到路段 l_{rj}(该路段不包含在集合 PH_s 中) 的概率为

$$p^n\left(c_k\right)=1-\int_0^{\frac{L_{c_k}+R'}{E(v_c)}}\lambda_{rj}\mathrm{e}^{-\lambda_{rj}t}\mathrm{d}t=\mathrm{e}^{-\lambda_{rj}\frac{L_{c_k}+R'}{E(v_c)}} \tag{4.23}$$

其中，L_{c_k} 是簇群 c_k 的长度；R' 为簇群 c_k 的有效通信距离。簇群 c_k 不能转向未包含在 PH_s 中路段的概率为

$$P^n\left(c_k\right)=\prod_{r=1}^{\delta}\prod_{j=1}^{\delta}p^n\left(c_k\right)=\mathrm{e}^{-\left(\sum_{r=1}^{\delta}\sum_{j=1}^{\delta}\lambda_{rj}\cdot(1-\beta_{ri})\cdot\beta_{ij}\right)\left(L_{c_k}+R'\right)/E(v_c)} \tag{4.24}$$

因此，簇群 c_k 的相遇转向概率为

$$P^e(c_k)=1-P^n\left(c_k\right)=1-\mathrm{e}^{-\left(\sum_{r=1}^{\delta}\sum_{j=1}^{\delta}\lambda_{rj}\cdot(1-\beta_{ri})\cdot\beta_{ij}\right)\left(L_{c_k}+R'\right)/E(v_c)} \tag{4.25}$$

□

当簇群 c_k 在一个路段上行驶时，它可以根据以下两种情况来选择下一跳簇群：① 如果 $p^c\left(c_k\right)$ 较大，并且簇群转向概率满足 $p^c\left(c_j\right)>p^c\left(c_k\right)$，预计传输时间满足 $d_{j,o_2}/E(R_j)>d_{k,o_2}/E(R_k)$，那么簇群 c_j 会被选择作为下一跳；② 如果 $p^c\left(c_k\right)$ 较小，并且满足 $p^c\left(c_j\right)>p^c\left(c_k\right)$，那么簇群 c_j 将被选择。如果簇群转向概率满足 $\left|p^c\left(c_k\right)-p^c\left(c_j\right)\right|<\epsilon$，其中 ϵ 是一个很小的阈值，那么需要比较这两个簇群的相遇转向概率。如果 $P^e(c_j)>P^e(c_k)$，那么簇群 c_k 会被选择作为下一跳簇群，否则会选择簇群 c_j。

算法 4.1 是车辆 v_i 路由决策算法的伪代码。其时间复杂度主要包含两部分，即计算所有 k 条线路的时间复杂度和找到合适的中继簇群的时间复杂度。我们可以得出前者的时间复杂度为 $O(\log_2 R)$，其中 R 是道路网络中顶点的总个数。由于至多有 $M-1$ 个邻近簇群用于簇群 c_k 进行下一跳簇群的计算，所以后者的时间复杂度可以通过 $O((M-1)(\delta N_c+\delta^2))$ 来表示。除此以外，由于 R 和 δ 远远小于 M，所以算法 4.1 的时间复杂度可以表示为 $O(MN_c)$。

算法 4.1 节点 v_i 路由决策的伪代码

输入: v_i

输出: res

```
1: if this.Host.IsClusterHead ≠ TRUE then
2:
3:     res ← SendMesToClusterHead(this.Messages)
4:     return res
5: end if
6: locOfRSU ← GetLocOfNearestRSU(this.loc)
```

```
7: shortestPaths ← GetShortestPathsBasedMap(this.loc,locOfRSU)
8: estDelaysforPaths ← ComputeDelaysForPaths(shortestPaths)
9: isUpBS ← GetIsUploadByBS(estDelaysforPaths)
10: if isUpBS then
11:     res ← UploadMessagesByBS(this.Messages)
12:     return res
13: end if
14: neighbors ← GetAllNeighbours(this.loc)
15: for i ← 0 To Length[neighbors] do
16:     isMoving ← IsMovingOnTheShortestPaths(neighbors[i].loc)
17:     if isMoving == TRUE then
18:         ncTurningPos ← ComputeTurningPos(neighbors[i])
19:         neTurningPos ← ComputeEnTurningPos(neighbors[i])
20:         if this.cTurningPos > ϵ
21: And ncTurningPos > this.cTurningPos And
22: neighbors[i].estimatedDelay < this.estimatedDelay then
23:             res ← SendMesToNeighbor(this.Messages)
24:             return res
25:         end if
26:         if this.cTurningPos < ϵ then
27:             if ncTurningPos − this.cTurningPos > δ then
28:                 res ← SendMesToNeighbor(this.Messages)
29:                 return res
30:             else ncTurningPos − this.cTurningPos < δ And neTurningPos > this.
  eTurningPos
31:                 res ← SendMesToNeighbor(this.Messages)
32:                 return res
33:             end if
34:         end if
35:     end if
36: end for
```

4.7 性能分析

本节通过一个基于 Java 的仿真软件，对 CDRAM 的性能进行评估。本节首先介绍仿真平台，然后给出仿真的结果和分析。

4.7.1 实验设置

如图 4.4 所示，本章使用了曼哈顿和东京这两个城市的地图来验证系统的性能。这两张地图通过 OpenStreetMap 获得。同时我们使用工具 OSM2WKT 将文件从 OpenStreetMap XML 语言转化成 WKT 语言。车辆的运动服从基于最短路径图的运动模式 (Shortest Path Map based Movement) 并且每个路段交通流的平均到达率可以根据车辆行驶的历史记录估计出来。仿真时间设置为 168h，车辆的无线通信范围是 40m。消息的大小为 40 ~ 500MB，信息的生存周期是 30min。车辆的速度为每小时 20 ~ 60km，并且消息上传的单位成本是 0.07 美元每兆字节。对于每种仿真设置，我们运行 100 次来计算每个性能指标的平均值。最后评估了以下四个性能指标。

(1) 平均传输率：是指交通管理服务器解析成功的信息数量除以系统中产生信息的总数量。

(2) 平均传输时延：是指一条信息从产生到被交通管理服务器收到的平均时间。

(3) 平均通信代价：是指上传信息的总数量除以交通管理服务器响应的信息数量。

(4) 接入率：是指通过路侧单元上传的信息数量与通过基站上传的信息数量的比值。

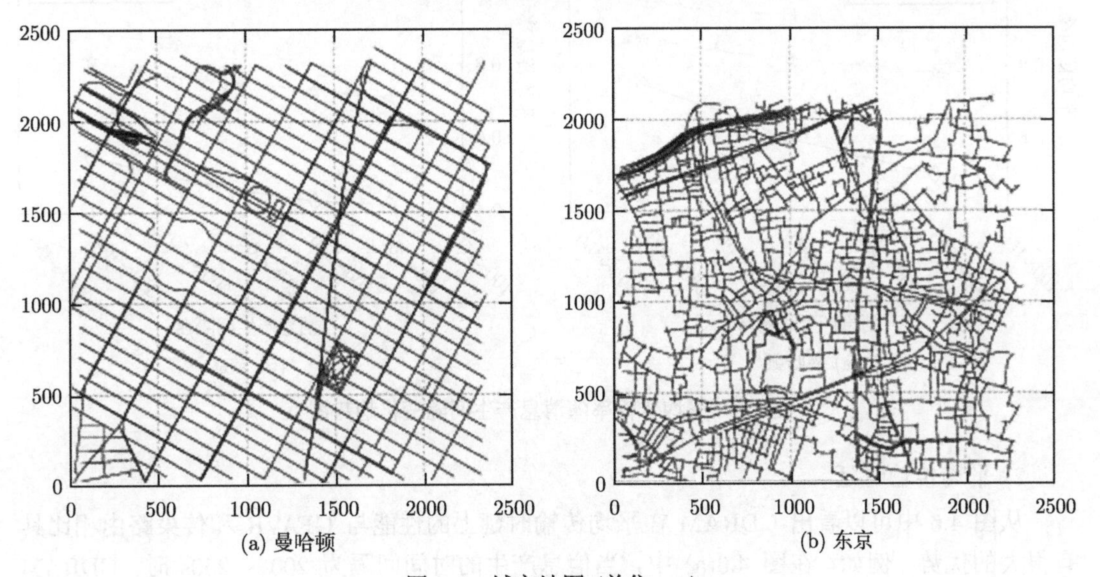

(a) 曼哈顿　　(b) 东京

图 4.4　城市地图 (单位：m)

4.7.2 对比算法

为了验证 CDRAM 系统框架的有效性，本章选择了以下算法来进行对比。

(1) 传染路由 (Epidemic Routing) [50]：传染路由是一种洪泛路由方法，它能够使车辆复制信息并将信息传输给无线通信范围中的所有其他车辆。进而基于车对车的通信模式，被车辆所感知的信息能够被传输到最近的路侧单元。

(2) 基于可用中继贪婪转发位置的路由方法 (Greedy Forwarding with Avaliable Relays, GFAVR) [51]：这是一种基于群智感知的路由方法，可以通过避免数据包在某些区域的阻塞来降低传输时延。该方法利用了基站和路侧单元来向交通管理服务器上传信息。

4.7.3 结果分析

本节将根据多种网络指标对不同的方法进行对比。

1) 平均传输率

图 4.5(a) 和图 4.5(b) 分别是 CDRAM、GFAVR 和传染路由这三种算法基于曼哈顿和东京的城市地图的平均传输率。从图中可以明显地看出，CDRAM 的性能要优于 GFAVR 和传染路由。例如，在图 4.5(a) 中，当消息产生的时间间隔为 200 ~ 250s 时，CDRAM 的平均传输率为 0.9，而另外两种算法的平均传输率分别是 0.8 和 0.55。原因是 CDRAM 利用基于簇群的交通管理方法，且能够从发动簇元收集信息来形成一个较准确的信息，更易收到交通管理服务器响应。而 GFAVR 和传染路由中的车辆并没有以合作的方式收集感知的信息，最终会导致向交通管理服务器上传重复和不准确的信息。因此这两种算法的平均传输率要低于 CDRAM。

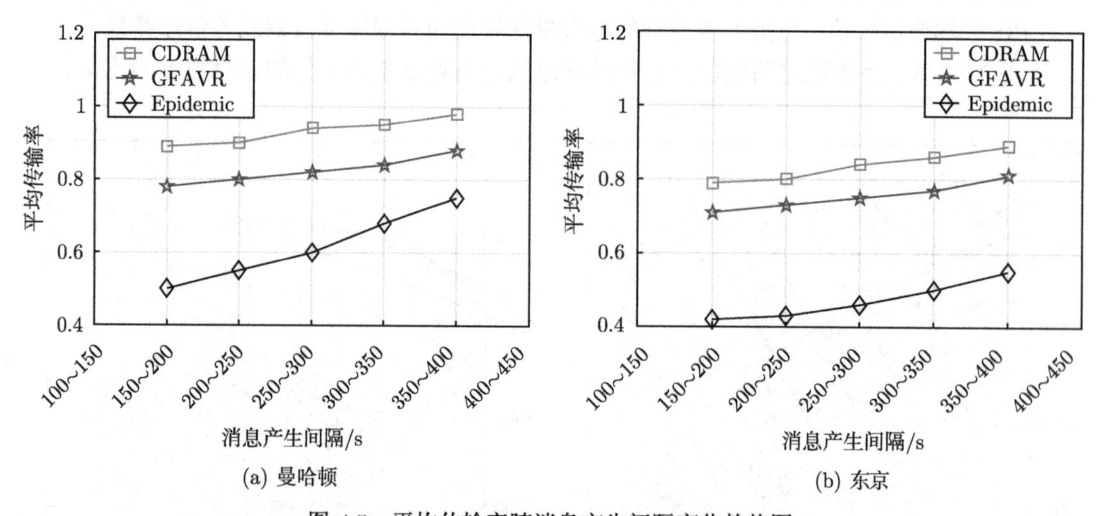

图 4.5 平均传输率随消息产生间隔变化趋势图

2) 平均传输时延

从图 4.6 中可以看出 CDRAM 在平均传输时延上的性能与 GFAVR 和传染路由相比具有很大的优势。例如，在图 4.6(a) 中，当信息产生的时间间隔为 200 ~ 250s 时，CDRAM 在曼哈顿地图上的平均传输时延比 GFAVR 和传染路由分别要低 50%和 80%。当消息产生的时间间隔增加时，三种算法的平均传输时延同时下降。也就是说，网络中的消息越少，用于消息传输过程的传输资源就越少。与此同时，在基于东京地图的仿真中也得到了同样的结论。CDRAM 在平均传输时延上具有优势的原因主要有以下几个方面：① CDRAM 利用基站和路侧单元来上传车辆所生成的信息，并且提前估算传输时延来选择合适的传输路线，但 GFAVR 和传染路由这两种方法是基于存储转发传输模式；② 当利用路侧单元上传消息时，CDRAM 会根据簇群转向概率和相遇转向概率来选择下一跳簇群，从而使消息在最短的线路上传输。当 GFAVR 基于路侧单元上传信息时，它只考虑了信息传输方向，而传染路由仅仅是一个基于洪泛的路由方法。

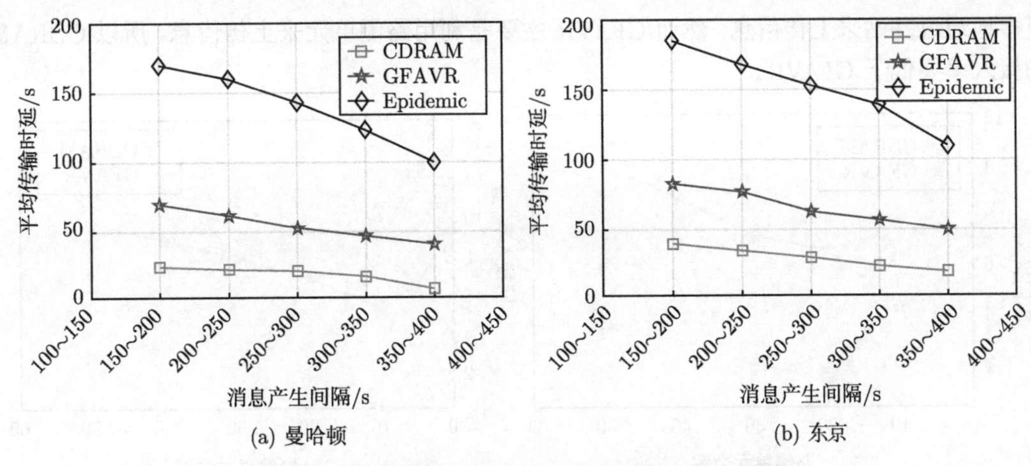

图 4.6 平均传输时延随消息产生间隔变化趋势图

3) 平均通信代价

如图 4.7 所示，CDRAM 的平均通信代价要明显低于 GFAVR 和传染路由。举例说明，在图 4.7(a) 中，当消息产生的时间间隔为 350 ~ 400s 时，CDRAM 的平均通信代价是 1.87，而 GFAVR 和传染路由的平均通信代价分别是 5.00 和 5.43。主要原因如下：① CDRAM 保证一个簇群对于每个发生的事件仅上传一条信息，从而大大减少了上传到交通管理服务器的重复信息的数量，但 GFAVR 和传染路由会将所有产生的信息都上传到交通管理服务器；② CDRAM 利用一种有偏的基于信誉的激励方法来鼓励车辆上传准确的信息，从而减少了上传信息的数量。

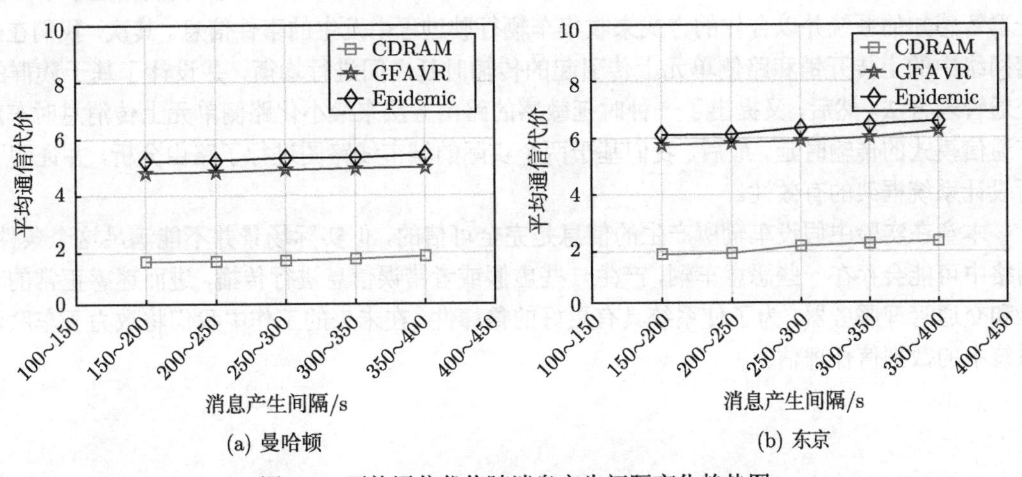

图 4.7 平均通信代价随消息产生间隔变化趋势图

4) 接入率

图 4.8 显示了 CDRAM 和 GFAVR 的接入率，进而可以反映路侧单元和基站的资源利用率。从图 4.8(a) 中我们可以看出当路侧单元的数量增加的时候，CDRAM 的接入率上升。也就是说，当路侧单元的数量增加时，车辆就会有更多的机会通过路侧单元上传信息。除此以外，GFAVR 的接入率要高于 CDRAM，这是因为当临近信息的生存周期上限时，CDRAM 会

更多地通过基站来上传信息，然而 GFAVR 主要是利用路侧单元来上传信息，所以 CDRAM 的接入率要低于 GFAVR。

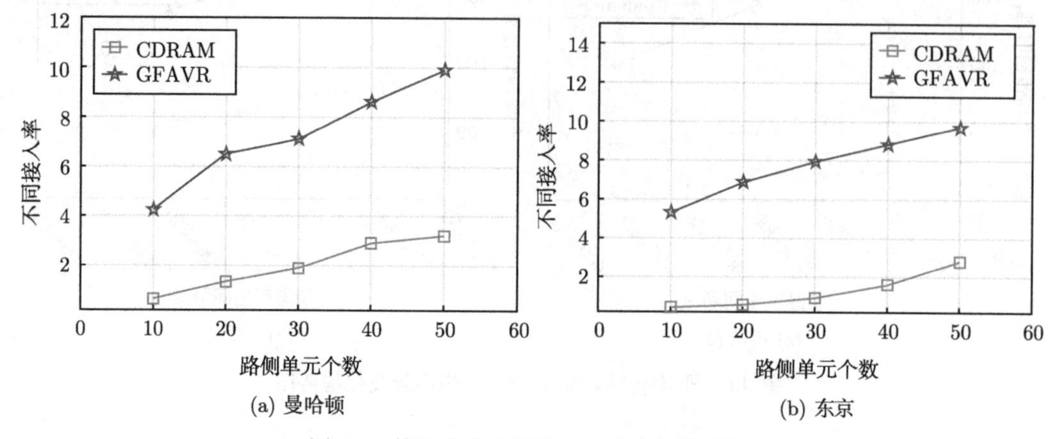

(a) 曼哈顿

(b) 东京

图 4.8 接入率随路侧单元个数变化趋势图

4.8 本章小结

设计高效的数据传输机制率，实现城市交通管理系统的及时响应同时要满足全局利益和车辆自身的利益非常具有挑战性。目前对于城市交通管理系统的研究主要致力于如何减小系统的响应时延，而忽略了车辆自身的参与度和利益。为了实现车联网系统中交通管理的及时响应，本章基于异构网络接入特点提出了一种消息传输机制。首先，我们构建了一个基于群智感知的系统并以合作的方式来收集车辆行驶过程中发生的事件信息。其次，我们在蜂窝网络中的上传开销和路侧单元上传引起的传输时延之间进行均衡，并设计了基于簇群的交通管理方法。然后，又提出了一种时延敏感的路由方法来最小化路侧单元上传消息时车对车通信模式的传输时延。最后，我们基于两个实际的城市线路图进行了路由分析，并证明了所设计系统框架的有效性。

本章在实验中假设车辆所产生的信息是完全可信的，但实际场景并不能满足这个条件，网络中可能会存在一些恶意车辆，产生一些虚假或者错误信息进行传播，进而迷惑正常的车辆和交通管理服务器。为了使系统具有更好的鲁棒性，在未来的工作中我们将致力于车联网系统中的数据信任评估。

第5章　基于协同过滤的车辆边缘内容传输机制

5.1　引　言

车联网的组网方式基于车辆自组织网络 (Vehicluar Ad Hoc Network, VANET)，因此具有车辆自组织网络的一切特点。车辆自组织网络是无线自组织网络 (Wireless Ad Hoc Network, WANET) 的一种表现形式，该概念在 2001 年被首次提出。车辆自组织网络采用无线通信技术并支持车对车与车对路侧单元的通信模式。车联网除了支持车辆自组织网络的通信模式外，还支持车辆对一切设备的通信模式，包括车对基础设施、车对个人设备、车对传感器等。车联网在智慧城市中的应用主要分为三大类：车载娱乐、交通管理和道路安全。车载娱乐应用支持乘客在行驶的车辆中连接互联网应用程序，进行社交或者浏览视频网站等。交通管理应用可以协助交通管理部门进行交通疏导并防止交通拥塞。道路安全应用允许车辆利用自身的传感器感知道路上的安全隐患 (如车路损坏等信息) 并上传到道路安全管理中心。

国内外学术界的许多研究机构和学者已经对车联网的发展给予了高度关注和深入探讨。在美国、欧洲及日本，许多车辆自组织网络的标准已经面世。在美国，IEEE 1069 WAVE 车载无线接入协议栈是基于 IEEE 802.11 标准扩充的通信协议，主要用于车辆自组织网络的通信。该标准本质上是基于 IEEE 802.11p 通信协议的上层应用标准。IEEE 通信协会成立了车辆网络和远程信息处理应用技术小组委员会来推进车辆网络中的技术发展、标准演化、车载应用及无线服务的革新。滑铁卢大学沈学民教授指出基于车联网的技术可以使车辆变得更加舒适、安全、高效及环保。北京航空航天大学王云鹏教授指出车联网是智能交通发展的重点，车路协同是车联网发展的重点。各级省会大中型城市都开始采用先进的电子车证和 ETC 收费技术，各级高校、科研院所也大力度开展车联网研究工作，相关研究和应用已经拉开了智能化车路网络发展序幕。

智能手机、平板电脑等多种智能移动设备已经融入人们日常生活的方方面面，为人类提供了方便快捷的生活服务。人们对于互联网的依赖性日益增强，而且希望可以随时随地获得高质量的网络服务。为满足泛在通信的需求，未来的网络通信需要大规模的智能设备接入。根据思科报告，预计到 2020 年底，全球的智能移动设备总量将达到 750 亿，而对应的全球移动流量预计会超过 35EB/月 [52]。与此同时，庞大的数据量使移动设备面临着巨大的数据传输和处理的挑战。随着移动设备日渐智能化，移动应用提出了更为广泛和高持续性的数据传输与处理要求。对于许多时延敏感的应用而言，传统的云计算技术难以满足其对于实时地理位置感知和移动环境下的信息传输要求。而且，由于车联网中设备的移动性以及网络带宽等资源限制，信息传输面临巨大的挑战。因此，针对车联网中节点高速移动以及数量众多且具有多维度社交特征的特点，进一步提升车联网中信息传输效率是一个重要的研究课题。

在车联网中，车辆等多种终端设备可以利用传感技术收集周围环境信息，并通过与其他智能终端进行信息传输来实现信息共享的目的。每个智能终端设备的信息传输范围和能力都有一定的距离约束，即其只能与通信范围内的智能终端进行信息共享。此外，车辆分布密度的不均匀性也限制了信息传输链路的传输速度，使网络中的信息传输往往伴随着较大的时延。因此，在动态的车联网中选择一条高质量、稳定的信息传输链路是十分困难的。

车联网中的智能终端用户的出行和信息访问行为具有社交属性，因此，其对应的网络中的智能终端节点往往也伴随有社交行为，表现为行驶或者移动方向相同或者相似的用户，倾向于请求下载相同的信息。例如，通常每天往返于家庭、办公室之间的驾驶员和乘客倾向于在路上与其他终端用户进行社交和信息交流。这些用户可以分享交通情况或者驾驶经验等信息。然而，车联网是一种具有多重属性特征的复杂异构网络，这使得从中提取节点社会特征，进而利用用户的出行行为提高网络在内容传播方面的性能变得十分困难。而且，由于车辆的高速移动性，车辆之间的通信链路往往是不稳定的，只能保持短时间的有效连接。雾计算 (或边缘计算) 具有实时地理位置感知、分布式计算等特点，能够对车辆中的复杂环境和计算任务进行实时的感知和处理。由于车联网中的移动节点基于用户关联具有一定的出行相似性，基于此可以对车联网中的多重异构特征进行有效提取和处理，以此来识别高出行相似性的智能终端设备，或者对网络中具有强关系的终端节点簇进行有效识别，进而在拓扑多变的网络中建立长时间稳定且有效的信息传输链路，这对于提升车联网中的信息传输效率、降低时延和提升网络整体性能是十分必要的。

随着网络中节点数目的飞速增长，移动车辆的社交行为已经成为动态网络的一个重要特征，传统研究单方面地考虑终端节点移动性或网络社交属性的方法具有传输效率方面的局限性。本章综合考虑了车联网终端节点的移动性和社交属性，提出了一种基于协同过滤的车辆边缘内容传输机制 (Fog Computing-based Content Transmission Scheme with Collaborative Filtering Strategy, FNCF)。该方法基于用户选择的协同过滤推荐策略和二维马尔可夫模型对车联网中车对车和车对路侧单元的信息传输链路进行优化。该方法充分结合了车辆出行轨迹的相似性，采用基于用户选择的协同过滤策略对高相似性的车辆优先进行信息传输，从而提升网络信息传输效率。在 V2R 传输方面，本方法结合雾计算的优点，并将信息处理和传输以分布式的方式基于地域性实现，减少内容传输时延。本方法将移动的车辆基于二维马尔可夫模型建模并构造状态转移链。基于该区域环境中请求信息的流行度和可用性，结合马尔可夫状态转移公式，得到 RSU 中目标文件缓存的概率，并根据此概率对 RSU 缓存区中的文件进行更新，最终提升车联网中 V2R 的信息传输效率。

5.2 相关工作

目前，高效计算尚未与移动网络充分融合，如何应用雾计算来满足用户的服务质量或体验质量具有重要的研究意义。尽管车联网技术能够增强网络安全，降低交通拥堵，感知车辆行为，提供如停车辅助等便捷服务，但是用户实时响应的需求给现今的“云–车”关联网络带来了重大挑战。这是因为目前“云–车”关联网络的时延为 100ms ~ 1s，远远不能满足用户的实时响应需求。将雾计算应用于车联网中能够将传统的移动云计算扩展到高移动车载网络。这样，雾计算可以直接应用于路边设施进行局部信息采集和分析，进而以较低的时延向过往车辆广播消息 (如实时路况信息)。车载雾计算技术已经得到包括汽车制造商 (如沃尔沃、丰田、标志)、电信运营商 (如 Orange、沃达丰、NTT) 和电信服务商 (高通、诺基亚、华为) 等众多企业的积极响应。雾计算通过向路边设施提供计算和地理信息服务提升车联网的性能。例如，通过分析邻近车辆和路边传感器的信息，相关联的车载微云能够以低于 20ms 的时延为驾驶员传送时延敏感信息 (如路况危险警告)。车联网中基于雾计算的相关应用可以概括为交通流量调度、交通监管、分布式车载导航、智能交通灯控制、车载娱乐、停车管理、路况监测等。车载雾计算 (Vehicular Fog Computing, VFC) 与移动云计算的主要区别如表 5.1 所示。

表 5.1　车载雾计算和移动云计算比较

特征	移动云计算	车载雾计算
个体通信	带宽受限	实时负载均衡
骨干网负载	高	低
计算能力	高	低
部署开销	高	低
决策执行	远端/集中式	局部/分布式
资源优化	全局	局部
时延	高	低
移动管理	容易	困难
可靠性	高	低

车联网的规模正显著增长，大量的数据需要被传送到云端进行处理。然而，数据源通常距离云中心较远，并且基于云的服务无法保证消息传输的低时延特性。为了克服这些不足，雾计算正成为一种新兴技术保证边缘用户信息的高效传递和实时处理。综上所述，本章考虑车辆边缘网络的雾计算，并基于邻居车辆的感知表进行内容预先缓存。

5.3　网络模型

本节将介绍雾计算架构下基于车辆出行相似性建立的网络模型。网络框架将雾计算应用于内容的广播和下载，以减少内容传输的时延。如图 5.1 所示，网络框架可以分为交通层和社交层，并依靠移动雾节点进行信息存储和传输。社交层可以通过网络用户出行社交行为赋予网络节点的社交属性进行表征，而交通层则对应实时的交通环境，即车辆的相遇情况。网络中的车辆节点以及道路通信单元 RSU 均具有雾计算设备特征，具体描述如下。

车辆节点：车辆可以充当内容产生者、转发单元或最终用户，且配备了车载单元和有限的缓存存储。因此，车辆不仅可以存储来自相邻车辆的信息，而且可以通过 V2V 和 V2R 模式携带并传输信息。

RSU：它们是沿路边部署的基础设施，可以做出决策并有选择地从移动车辆中获取数据。RSU 具备了雾计算基础设施，即区域内的 RSU 可以实时感知其自身通信范围内的信息分布以及车辆行驶情况，通过配备计算单元，可以对此 RSU 覆盖范围内的信息传输任务进行处理，且对自身缓存的信息进行更新。

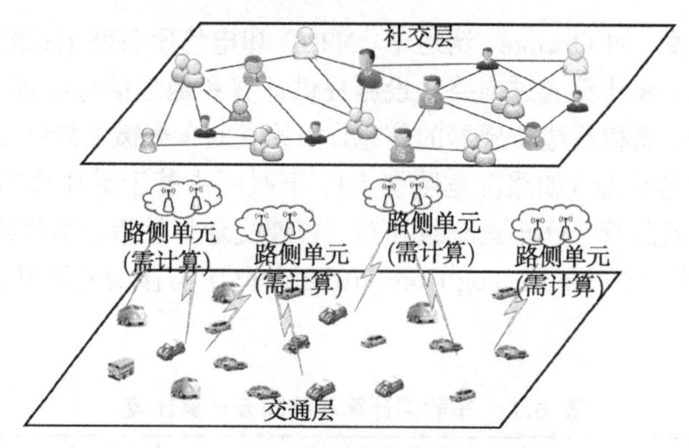

图 5.1　雾计算下的车联网网络架构

车辆上的社交网络将车辆的社交属性与移动性相结合。RSU 配备了计算单元，这使得车辆不仅可以共享内容，还可以选择相似的邻居车辆进行通信。为了维护更新后车辆的网络拓扑结构，信标信息可以通过物理链路周期性地广播。车辆可以从邻居车辆获知交通内容，包括位置、速度和其他感知数据。同时，车辆之间的社交特性可以基于通信范围进行评估。在这种情况下，稳定的 V2V 连接可以根据社会相似性建立，进而进行高效的数据传输。定义 $V=\{v_0,v_1,\cdots,v_m,m\geqslant 0\}$，对应需要传递的信息集合为 $F=\{f_0,f_1,\cdots,f_n,n\geqslant 0\}$。车辆对信息的需求矩阵可以表示为 $D=\{d_{ij}\}_{m\times n}$，$d_{ij}\in\{0,1\}$。当车辆 v_i 请求下载 f_j 时，d_{ij}=1；否则，d_{ij}=0。移动车辆的 V2V 和 V2R 文件下载速度分别为 ϱ_0 和 ϱ_1。因此，综合考虑 V2V 和 V2R 两种方式以及车辆出行社交属性，信息传输的总时延表示如式 (5.1) 所示：

$$
\begin{aligned}
&\min \sum_{v_i\in V}\sum_{f_j\in F} d_{ij}\left(\psi_0\frac{f_j^0}{\varrho_0}+\psi_1\frac{f_j^1}{\varrho_1}\right)\\
&\text{s.t.}\\
&\quad \mathrm{C}_1:\ f_j^0+f_j^1=f_j,\ f_j>0,\ f_j^0\geqslant 0,\ f_j^0\geqslant 0,\ f_j\in F\\
&\quad \mathrm{C}_2:\ \psi_0+\psi_1=1,\ \psi_0\in[0,1]\ \psi_1\in[0,1]\\
&\quad \mathrm{C}_3:\ \varrho_0>0,\ \varrho_1>0\\
&\quad \mathrm{C}_4:\ d_{ij}\in\{0,1\},\ i\in\{0,1,\cdots,m\},\ j\in\{0,1,\cdots,n\}
\end{aligned}
\tag{5.1}
$$

在车联网中，当移动车辆 v_i 请求下载 f_j 时，f_j 可以根据被下载的途径分成两部分：通过 V2V 方式下载的 f_j^0 和通过 V2R 方式下载的 f_j^1。式 (5.1) 中的 ψ_0 和 ψ_1 两个变量分别表示移动车辆通过 V2V 和 V2R 下载文件的概率。由于车辆的移动性，文件下载过程可能频繁中断。因此，文件的下载方式由车辆行驶以及相遇情况决定，即含有目标文件的车辆或者 RSU 是否在该请求车辆的通信范围内。本章结合车辆出行社交属性以及车辆的流动性模型优化 V2V 和 V2R 信息传输链路。

5.4　基于协同过滤推荐的信息传输策略

本节基于用户协同过滤推荐策略评估车辆之间的相似性。在社交层中，车辆更有可能信任高出行相似性的节点，并与其共享相关的信息。因此，基于社交层出行相似性，目的地或者轨迹相似的车辆可以建立稳定的物理层连接，进而使它们能够共享数据。由于 V2V 链路的建立取决于车辆之间的距离，车辆可以感知如轨迹坐标和速度之类的实时地理位置路线信息并获知处于传输范围内的车辆。进而，通过协同过滤推荐策略可以获得具有高相似性的邻居车辆。

5.4.1 用户相似性衡量

在车联网中，每个车辆都有一个唯一的 ID，这是车辆邻居列表更新的必要条件。对于车辆 $v_i \in V$，其存储的邻居列表定义为 $\mathrm{Nei}(v_i)$，车辆之间的相似性矩阵定义为 $R = \{r_{ij}\}_{m\times m}$，其中，$i, j \in \{0, 1, \cdots, m\}$，$r_{ij}$ 为 v_i 和 v_j 间的相似性。为了防止冗余计算的干扰，定义矩阵对角元素 r_{ii} 为 0。在相似性矩阵 $R = \{r_0, r_1, \cdots, r_m\}^{\mathrm{T}}$ 中，每一行 $r_i (i \in \{0, 1, \cdots, m\})$ 表示一个相似性矩阵向量。本章车辆间相似性的建立充分考虑了车辆社交层的历史出行相似性和交通层的实时相遇情况。因此，移动车辆以 v_i 和 v_j 为例，其历史相似性 $H_{\mathrm{sim}}(v_i, v_j)$ 和实时相似性 $\mathrm{RT}_{\mathrm{sim}}(v_i, v_j)$ 可以通过式 (5.2) 和式 (5.3) 进行计算：

$$H_{\mathrm{sim}}(v_i, v_j) = \frac{r_i \cdot r_j}{\sqrt{(r_i \cdot r_i) \times (r_j \cdot r_j)}} \tag{5.2}$$

$$\mathrm{RT}_{\mathrm{sim}}(v_i, v_j) = \frac{2(\mathrm{vel}_i \times \mathrm{vel}_j) \cdot \cos(\theta)}{\mathrm{vel}_i^2 + \mathrm{vel}_j^2} \tag{5.3}$$

基于 $H_{\mathrm{sim}}(v_i, v_j)$ 和 $\mathrm{RT}_{\mathrm{sim}}(v_i, v_j)$，车辆之间的相似性函数 $F_{\mathrm{sim}}(v_i, v_j)$ 可以表示为

$$F_{\mathrm{sim}}(v_i, v_j) = \alpha \times \mathrm{RT}_{\mathrm{sim}}(v_i, v_j) + (1 - \alpha) \times H_{\mathrm{sim}}(v_i, v_j) \tag{5.4}$$

其中，vel_i 为移动车辆 v_i 的实时速度；θ 是 v_i 和 v_j 行驶方向的夹角，实时相似性 $\mathrm{RT}_{\mathrm{sim}}(v_i, v_j)$ 取决于行驶速度和方向的相似性。$H_{\mathrm{sim}}(v_i, v_j)$ 由车辆的历史相遇次数决定，即 v_i 和 v_j 具有越多相同的邻居，其相似性越高。为了平衡 $\mathrm{RT}_{\mathrm{sim}}(v_i, v_j)$ 和 $H_{\mathrm{sim}}(v_i, v_j)$ 的作用，本章定义了平衡参数 $\alpha \in (0, 1]$。以车辆 v_i 和 v_j 之间的相似性为例，后面将基于车辆的移动性阐述车辆相似性的计算。

(1) $\mathrm{Nei}(v_j) = \mathrm{Nei}(v_i)$: 此时移动车辆 v_i 和 v_j 具有相同的邻居列表，即对于 v_i 相似性向量 r_i 中的元素，r_j 中都有相对应的元素。因此，v_i 和 v_j 的相似性可以通过式 (5.2) 计算得到。

(2) $\mathrm{Nei}(v_j) \neq \mathrm{Nei}(v_i)$: 此时 v_i 和 v_j 维持的邻居列表是不同的，不能直接进行计算。这种情况下，对应的相似性向量可以根据两移动车辆的共同元素更新为 $\tilde{r}_i$ 和 $\tilde{r}_j$。进而，v_i 和 v_j 之间的历史相似性 $H_{\mathrm{sim}}(v_i, v_j)$ 可以通过式 (5.4) 计算得到。然而，如果 $|\tilde{r}_i| = |\tilde{r}_j| = 0$，表明两辆车的历史相似性为 0，$F_{\mathrm{sim}}(v_i, v_j)$ 仅仅取决于实时运行速度和方向相似性，其中，$|\tilde{r}_j|$ 表示 $\tilde{r}_j$ 中的元素数目。

5.4.2 基于 k 近邻算法的邻居选择

在一定的时间间隔内，城市区域内有大量的移动车辆，基于车辆的社交层和交通层属性，每一个移动车辆都可以维持一个固定大小的邻居列表来存储高相似性的移动车辆进行信息优先传输。然而，由于存储容量的限制，每个终端车辆能够存储的邻居车辆信息都是有

限的，因此，本章提出的用户选择的协同过滤推荐策略基于相似度对车辆进行选择。对于移动车辆 v_i，本章定义一个阈值 $\lambda_{(v_i)}$ 来确定其与通信范围内邻居车辆之间的连接是否为强连接，并定义如下：

$$\lambda_{(v_i)} = \beta \frac{\sum\limits_{\forall F_{\text{sim}}(v_i,v_j)>\gamma} F_{\text{sim}}(v_i, v_j)}{|\{v_j|F_{\text{sim}}(v_i, v_j) > \gamma, \forall v_j \in V\}|} \tag{5.5}$$

其中，$\gamma \in (0,1)$ 是一个极小的值，用来去除一些偶然连接和极弱连接，以此来提升协同推荐策略的准确度，减少了时间消耗；变量 β 是通过数据集训练出来的一个补偿系数，防止出现相似度过高或过低的极端情况影响 $\lambda_{(v_i)}$ 的值，最终导致车联网 V2V 的协同过滤策略精度的损失，影响传输效率。

在 FNCF 中，每个终端车辆最多存储 k 个邻居车辆终端，可以通过式 (5.5) 得到。此时，每个终端车辆只选择最近邻的 k 个移动车辆存储到 $\text{Nei}(v_i)$ 中进行优先选择。当某个车辆首次进入网络中时，其邻居列表为空，需根据实时相似性 $\text{RT}_{\text{sim}}(v_i, v_j)$ 对矩阵进行更新。车辆信息传输往往倾向于向高相似性的请求传输信息文件。因为它们有更大的可能性对某个文件产生相似的需求，从而减少了文件检索的时延。

5.5 基于马尔可夫模型的车辆移动性预测

在车联网中，多种多样的数据可以通过 V2V 和 V2R 方式进行传输。本章主要研究区域性的视频或者文本信息，如实时的交通信息、区域性的气象信息和导航信息等。车辆和 RSU 不仅可以作为信息的提供者或请求者，还可以作为中继节点进行信息存储。基于车辆的移动性，本节详细解释了 FNCF 信息缓存策略。本策略基于二维的马尔可夫模型对移动车辆的文件下载过程进行建模，根据其不同的地理位置切换信息传输方式 (V2V 或 V2R)。基于此模型，V2V 和 V2R 的文件平均下载速度可以被量化表示。

每个 RSU 和终端车辆都可以缓存一定的信息文件，而请求文件的车辆可以通过 V2V 和 V2R 两种通信方式获取目标文件。本节将移动的车辆基于二维马尔可夫模型进行建模，同时可以获得 V2V 和 V2R 两种传输路径平均信息的文件下载时间。假设每个 RSU 具有一个容量有限且相同的文件缓冲区 buf_{RSU}，其大小为 $|\text{buf}_{\text{RSU}}|$。每一个文件都可以分成若干相等片段，请求车辆根据所处环境 (是否处于 RSU 的通信范围) 选择合适的信息下载方式，直到所有文件片段都被下载。因此，文件下载过程可以分为多个不同的下载子过程。当移动车辆 v_i 请求下载 f_i 时，若其正处于某一含有目标文件 f_j 的 RSU 中，则可以直接通过 V2R 请求下载，否则只能通过 V2V 进行下载。RSU 中的文件检索实现了 V2R 的定向信息传输。但是考虑到车辆的高速移动性，信息传输链路往往是不稳定的，因此文件的下载过程可以由多个不同车辆和 RSU 间对应的 V2V 和 V2R 连接的下载子过程组成。在本章中，每一个需要被传输的文件信息都被分成若干个子片段，只要请求车辆获得全部的子片段，即可完成文件下载任务。

在城市车辆网络信息传输系统中，RSU 可以根据终端车辆对信息文件的需求以及所有情况有选择地对信息文件进行缓存和更新。本章定义流行性 (Popularity) 和可用性 (Availability) 对 RSU 中存储的文件进行更新。对于文件集 $F = \{f_0, f_1, \cdots, f_n, n \geqslant 0\}$，其中的每一个文件对应的流行性和可用性向量分别表示为 $E=\{e_0,e_1,\cdots,e_n\}$ 和 $A=\{a_0,a_1,\cdots,a_n\}$，结合请求矩阵 $D=\{d_{ij}\}_{m\times n}$，其中 $i\in 1,2,\cdots,m, j\in 1,2,\cdots,n$，对于文件 f_j，其可用性和流行性分别如式 (5.6) 和式 (5.7) 所示：

$$a_j=\frac{|\{v_i|\ f_j\in \mathrm{buf}(v_i)\ \text{and}\ v_i\in V\}|}{|V|} \tag{5.6}$$

$$e_j=\frac{\sum\limits_{v_i\in V}\sum\limits_{i<m,j<n} d_{ij}}{|\{v_i|\ \forall f_q\in F,\ v_i\in V,\ d_{iq}>0\}|} \tag{5.7}$$

其中，$\mathrm{buf}(v_i)$ 为车辆终端的文件缓存区域；V 表示本地边界车辆集合，因此，文件 f_j 的可用性是边界区域中缓存有 f_j 的车辆比例，包括文件 f_j 的信息源和中继携带者。同样，流行性表示边界区域中请求下载该信息文件的比例。为了提升 V2R 的传输效率，RSU 可以实时感知来往车辆的文件信息需求以及缓存情况，对应的可用性和流行性向量 A 和 E 一般基于当地的需求以及流行性以分布式的方式进行更新。

根据文件下载途径的不同，本章定义了两种状态 $y_i(t)\in\{0,1\}$ 来标记车辆 v_i 是否可以通过 V2R 进行文件下载。在时刻 t，$y_i(t)=1$ 表示可以通过 V2R 下载文件，反之则只能通过 V2V 获得目标文件。假设 f_j 被平均划分为 h 个相等的片段，并将其编号为 $1,2,\cdots,h$。如图 5.2 的车辆移动模型所示，在 t 时刻，移动车辆 v_i 的状态可以定义为 $\pi_i(t)=(y_i(t),\chi_i(t))$，其中 $\chi_i(t)\in\{0,1,\cdots,h\}$ 为马尔可夫模型中的观测集，表示已经下载的文件片的数目，初始状态下，车辆并不包含目标文件片，并且车辆的文件下载状态 π_i 根据时间改变。当 $\chi_i(t)=h$ 时，整个马尔可夫模型结束，表明移动车辆 v_i 完成了文件下载。参数 $p^{0,1}$ 和 $p^{1,0}$ 表示两种状态的转换概率，即 $p^{0,1}$ 表示车辆 v_i 从 $y_i(t)=0$ 转换到 $y_i(t)=1$ 的概率，这取决于车辆是否在 RSU 的通信范围中，并与车辆的行驶速度密切相关。基于马尔可夫模型和文件分布，可以计算平均文件下载速率，进而可以获得 RSU 缓存文件的概率。当 $y_i(t)=0$ 时，ϱ_0 表示通过 V2V 传输一个文件片的速率。同样地，ϱ_1 表示当 $y_i(t)=1$ 时，通过 V2R 传输一个文件片的速率。

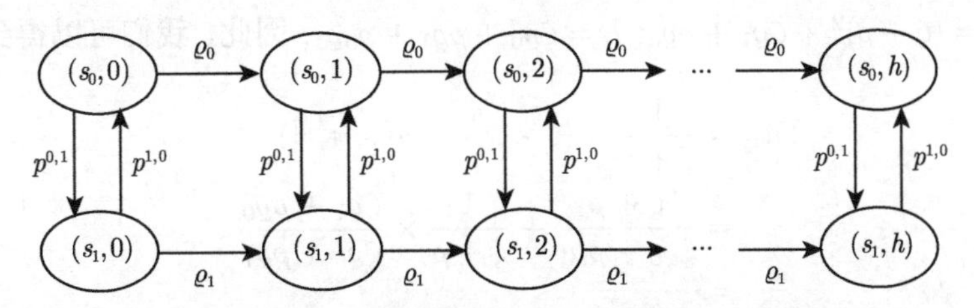

图 5.2　基于二维马尔可夫模型的车辆移动模型

定义 V2V 和 V2R 的平均传输能力分别是 B_{V2V} 和 B_{V2R}，即能够传输的文件片的数目。在此条件下，假设处于 V2V 通信环境下的处于通信范围内的车辆数目为 u_1。此时，在 V2V 传输环境下，以 v_i 下载文件 f_j 为例，平均下载速度 ϑ_{V2V} 如式 (5.8) 所示：

$$\vartheta_{\mathrm{V2V}}=\frac{B_{\mathrm{V2V}}}{u_1+1}\times(1-(1-a_j)^{u_1}) \tag{5.8}$$

其中，a_j 为文件的可用性；u_1 为在车辆 v_i 的通信范围内的车辆。此时，在式 (5.8) 中，$1-(1-a_j)^{u_1}$ 表示任意一个处于通信范围内的移动车辆存储目标文件 f_j 的概率。假设通过 V2V 下载一个文件片的时间符合指数分布，可以得到 $1/\varrho_0=(1/h)/\vartheta_{\text{V2V}}$。同样地，当 v_i 在 RSU 的通信范围内，且此 RSU 存储目标文件 f_j 时，v_i 需要与其他请求 f_j 的车辆竞争下载信道。假设有 u_2 个车辆竞争信道，与 V2V 链路传输情况相似，ϑ_{V2R} 可以表示为

$$\vartheta_{\text{V2R}}=e_j\frac{B_{\text{V2R}}}{u_2+1}+(1-e_j)\times\vartheta_{\text{V2V}} \tag{5.9}$$

其中，e_j 是文件 f_j 的流行性，下载一个文件的时间仍然是指数分布的，因此，可以得到 $\varrho_1=h\times\vartheta_{\text{V2R}}$。

通过以上对文件下载速度和车辆流动性的分析，本模型定义 v_i 在请求下载 f_j 的过程中初始状态为 $\pi_i(t_0)=(y_i(t_0),\chi_i(t_0))$，并且车辆的状态随时间动态变化，直到全部 h 个目标文件片被全部下载。基于上述分析，在马尔可夫模型中，移动车辆 v_i 处于两种通信状态中的时间呈现指数分布，期望分别为 $1/\zeta$ 和 $1/\rho$。

假设道路上的 RSU 以概率 p_j 缓存文件 f_j，其中 p_j 取决于 f_j 的本地可用性、受欢迎程度和车辆下载需求。因此，可以推断出 p_jh 个文件片可以通过 V2R 连接下载，结合文件需求矩阵 D 和马尔可夫模型来最小化网络整体下载时延，定义 v_i 下载 f_j 的一个文件片的时延为 l_{ij}，可以得到马尔可夫过程中的两种状态：

$$\begin{aligned}
\pi_i^{0,q}&=\frac{1}{\zeta+\varrho_0}+\frac{\varrho_0}{\zeta+\varrho_0}\pi_i^{0,q+1}+\frac{\zeta}{\zeta+\varrho_0}\pi_i^{1,q}\\
\pi_i^{1,q}&=\frac{1}{\rho+\varrho_1}+\frac{\varrho_1}{\rho+\varrho_1}\pi_i^{1,q+1}+\frac{\rho}{\rho+\varrho_0}\pi_i^{0,q}\\
&\Rightarrow\zeta\pi_i^{0,q}+\rho\pi_i^{1,q}\\
&=\frac{\Lambda}{L}+\frac{\zeta+\rho}{L}(\zeta\varrho_0\pi_i^{0,q+1}+\rho\varrho_1\pi_i^{1,q+1})+\frac{\varrho_0\varrho_1}{L}(\zeta\pi_i^{0,q+1}+\rho\pi_i^{1,q+1})\\
&\Rightarrow\zeta\varrho_0\pi_i^{0,q}+\rho\varrho_1=(h-q)(\zeta+\rho)
\end{aligned}$$

其中，$\Lambda=(\zeta+\rho)^2+\zeta\varrho_1+\rho\varrho_0$; $L=\zeta\varrho_0+\rho\varrho_1+\varrho_0\varrho_1$，因此，我们可以得到

$$\begin{aligned}
\text{Dt}_{ij}&=\frac{1}{\zeta+\rho}\times(\zeta\times\pi_i^{0,q}+\rho\times\pi_i^{1,q})\\
&=\frac{\zeta+\rho}{\zeta\varrho_0+\rho\varrho_1}+\frac{1}{\zeta+\rho}\times\frac{\zeta\varrho_1+\rho\varrho_0}{\zeta\varrho_0+\rho\varrho_1}\\
&=\cdots\\
&=\frac{\zeta+\rho}{\zeta\vartheta_0+\rho\vartheta_1}+\frac{1}{\zeta+\rho}\times\frac{\zeta\vartheta_1+\rho\vartheta_0}{\zeta\vartheta_0+\rho\vartheta_1}
\end{aligned} \tag{5.10}$$

其中，ϑ_0 和 ϑ_1 分别为 ϑ_{V2R} 和 ϑ_{V2R} 的简单表述。根据式 (5.10) 和式 (5.11) 并结合需求矩阵，网络中整体的文件下载时延可以表示为 $T=\sum_{v_i\in V}\sum_{f_j\in F}d_{ij}\times\text{Dt}_{ij}$。这里我们假设 RSU 存储该目标文件 f_j 的概率为 p_j，并使文件通过 V2R 传输，此时网络整体时延是关于 p_j 的一个二次微分凸函数，因此，极小化问题可以转化为一个凸最优问题。结合

Karush-Kuhn-Tucker(KKT) 条件，可以得到目标文件 f_j 最优缓存概率 p_j 如式 (5.11) 所示：

$$p_j = \frac{\sum\limits_{v_i \in V} \sqrt{H_j d_{ij}}}{\sum\limits_{v_i \in V} \sum\limits_{f_s \in F} \sqrt{H_s d_{ij}}} \tag{5.11}$$

其中，$H_j = (\zeta + \rho)/\rho \times \vartheta_{\mathrm{V2V}} + (1/\zeta - 1/\rho)$。为了获得 H_j 的值，需要首先通过目标文件的可用性 a_j 和流行性 e_j 确定 ϑ_{V2V} 的值。具体来说，每个 RSU 的缓存区趋于缓存对应较大 $\sqrt{H_j d_{ij}}$ 值的文件。

5.6 算法描述和复杂度分析

本节对 FNCF 算法整体过程进行详细阐述。本算法考虑了车联网中车辆基于用户出行关联表现出的社会行为和流动性规律，对车联网中 V2V 和 V2R 信息传输策略进行优化。其中，移动车辆可以根据相似度更新邻居列表，进而筛选出高相似性的车辆进行 V2V 通信。在 V2R 通信中，网络中的 RSU 可根据实时文件的可用性和流行性更新其自身缓存的文件。

FNCF 算法伪代码如算法 5.1 所示。车辆可以发送和承载信息。本节将以 v_i 请求下载 f_i 为例说明 FNCF 策略。首先，f_j 被均分为 h 个文件片，车辆倾向于向具有较高相似性的邻居节点广播发送给定信息。因此，v_i 首先可以在其存储的最近邻的 k 邻居节点中搜寻 f_j 的文件片段。如果此时完成 h' 个文件片的下载，即 $h' \geqslant h$，则表示该请求车辆的下载任务可以完成；否则，该请求文件的移动车辆则需要进行状态转换来完成下载任务。

算法 5.1 FNCF 算法

输入: $V, F, D, \mathrm{Request}_{f_j}^{v_i}$ //初始化车辆集合，文件集合，文件需求矩阵以及需求集合

输出: The processed messages for node v_j//节点 v_j 处理消息数量

1: isDownloaded=false//设置标记位，标记是否完成文件下载
2: for v_x in V do
3: if $d_{v_i,v_j} < d_{\mathrm{V2V}}$ then //v_x 在 v_i 的通信范围内
4: $F_{\mathrm{sim}}(v_i, v_x) = \alpha \times \mathrm{RT}_{\mathrm{sim}}(v_i, v_j) + (1-\alpha) \times H_{\mathrm{sim}}(v_i, v_j)$//计算相似性
5: $r_{ij} = F_{\mathrm{sim}}(v_i, v_j)$//更新相似性向量
6: end if
7: end for
8: $\mathrm{Nei}(v_i) = \mathrm{topK}(r_{ij})$//更新最 k 近邻的邻居列表
9: while isDownloaded==false do//文件下载任务未完成
10: * no feedback from local RSU
11: for v_x in $\mathrm{Nei}(v_i)$ do //遍历邻居节点
12: Download $\mathrm{Request}_{f_j}^{v_i}$ from v_x//通过 V2V 传输下载目标文件
13: Remove the downloaded file piece from $\mathrm{Request}_{f_j}^{v_i}$ //将已下载的文件片从需求集//移除
14: end for

```
15:     if Request_{f_j}^{v_i} == φ then//判断是否已完成下载
16:         isDownloaded=true//更改标记位
17:         break//结束下载过程
18:     end if
19:     \* received feedback from local RSU
20:     if Request_{f_j}^{v_i} in buf_RSU then//判断文件是否存储在 RSU 的缓存区中
21:         download Request_{f_j}^{v_i} from RSU//通过 V2R 下载剩下的文件片
22:         finishDownload=true//更改标记位
23:     else
24:         uncachedNum++ //uncacheNum 标记位自增，表示请求未达成
25:         Retrieve f_j from V send retrieval results to v_i//反馈信息给目标车辆
26:     end if
27: end while
28: if uncachedNum≥ μ|buf_RSU| then//根据实时的文件可用性和流行性向量对 RSU 的缓存进行更新
29:     Update buf_RSU with availability and popularity vectors, i.e. A and E
30: end if
31: return
```

对于 V2R 信息传输方式，当 v_i 的文件下载请求被发送到基站 RSU 中时，RSU 将会在自身的文件缓存区检索 f_j。若 $f_j \in \text{buf}_{\text{RSU}}$，移动车辆 v_i 可以快速从 RSU 中获得 f_j，否则，RSU 将会在其通信范围内的所有车辆中检索目标文件，更新文件的可用性和流行性。未命中次数参数自增，并将检索结果中包含目标文件的车辆返回给 v_i，进而通过回馈结果完成目标文件的下载。

另外，当文件下载任务完成之后，车辆之间的相似性向量可以根据车辆间下载文件时的交互性进行更新，进而更新车辆存储的 k 近邻的邻居车辆。同时，检查 buf_{RSU} 的文件检索未命中次数是否超过给定阈值 $\mu|\text{buf}_{\text{RSU}}|$，如果未被缓存的文件个数大于阈值，需要对 RSU 中缓存的文件基于区域内请求文件的可用性和流行性向量进行更新，以此来保证缓存的文件具有较好的环境适应性。

本算法最耗时的两个步骤主要是 V2V 信息传输中的协同近邻列表更新和 V2R 中 RSU 缓存文件更新过程。因此，假定在某一区域中，存在 n 个移动车辆，m 个目标请求文件，车辆之间的协同相似性计算可在时间复杂度 $O(Ck^2)$ 内完成，因为每一辆车最大的可缓存邻居车辆数目为 k，C 为每次进行相似性计算和向量更新的固定消耗时间。进而得到该区域内的移动车辆完成协同车辆更新的时间为 $O(C\log_k n)$。在完成下载任务之前，车辆可以通过 V2R 通信获取缓存的内容，RSU 将对其通信范围内的 n 个移动车辆对应的 m 个文件进行检索和自更新。因此，该检索过程的时间复杂度为 $O(nm)$。基于马尔可夫模型和文件可用性向量对 RSU 的文件缓存进行更新，对应时间复杂度为 $O(|\text{buf}_{\text{RSU}}|m)$，其中 $|\text{buf}_{\text{RSU}}|$ 为一个常量表示 RSU 的缓存大小。因此，可以得到该算法的时间复杂度为 $O(Cnm)$。

5.7 性能分析

本节阐述实验配置、仿真过程以及对应的结果分析，进而说明 FNCF 算法在降低车联网中 V2V 和 V2R 的信息传输时延、提高信息成功传输率方面的有效性。

5.7.1 实验设置

本章仿真实验基于真实出租车数据集，包括 2012 年 11 月的北京出租车轨迹数据集和 2017 年 4 月上海出租车轨迹数据集。数据集中具有车辆编号 ID、GPS 位置经纬度、车辆行驶速度和方向等信息。北京出租车数据集中包含了 958324580 条轨迹数据，上海出租车数据集中包含了 1273984036 条轨迹数据。选取出租车数据集主要利用了出租车在数据集时间范围内易追踪，即在工作时间内轨迹信息稳定出现的特性。另外，北京和上海出租车数据集中的车辆主要处于运行和未运行两种状态，我们只关注处于运行状态的车辆，即处于运行状态的车辆才具有转发和请求信息的能力。因此，基于车辆实时地理位置的 GPS 信息可以得到移动车辆的实时距离，模拟道路交通环境。本实验的仿真平台是基于 Intel® Core™ i7-7700 CPU @ 3.60GHz(双核) 和 8GB 内存的 64 位计算机。操作系统是 Windows 10，编程语言包括 Python 和 MATLAB 语言。

本章通过与三种车联网的信息传输策略进行对比，包括基于云计算和车辆社交行为 (ZOOM) 的算法 [26]、基于雾计算缓存策略 (Fog-based) 的算法 [53] 和一种安全消息交换 (SMEA) 算法 [54]。ZOOM 考虑了车辆之间的社会联系，但它是一种基于云的方法。Fog-based 算法是一种分散的内容传输策略，具有分布式信息处理的高效性，但其忽略了实时内容的可用性和通用性。在 SMEA 算法中，公开私钥加解密机制则被用于信道中的数据传输。本章从信息成功传输率、每个文件片的下载时延和缓存命中率三个方面将 FNCF 算法与以上算法进行对比。本方法通过数据集的轨迹信息对运动车辆进行仿真并构建网络，RSU 均匀地部署在城市地区。两个 RSU 之间的距离为 300~500m。本章重点讨论了公共数据，如视频和文本格式的地域性交通与天气信息，因此不涉及信息权限和安全性等问题。实验参数设置如表 5.2 所示 [55]。

表 5.2 车辆和 RSU 参数设置

仿真参数	数值
RSU 内容缓存大小	400 片
车辆内容缓存大小	80 片
车到车通信距离 d_{V2V}	250m
车到基础设施通信距离 d_{V2R}	300m
车到车通信容量 B_{V2V}	30 片/秒
车到基础设施通信容量 B_{V2R}	40 片/秒
γ 值	0.05
β 值	0.5
消息生存时间	600min
消息大小	不大于 5MB

为了验证协同过滤推荐策略的有效性，实验定义了准确度 $\mathrm{Acc}_{\mathrm{Nei}}(v_i)$ 来表示协同过滤推

荐策略的准确性。对于请求下载文件 f_j 的移动车辆 $v_i \in V$ 而言，在网络实时环境中，其通信范围内含有目标文件 f_j 的数目为 $s_{v_i}^0$，其中被筛选加入近邻列表中的邻居节点有 $s_{v_i}^1$ 个，因此，v_i 的协同过滤推荐的准确度为 $\mathrm{Acc}_{\mathrm{Nei}}(v_i) = s_{v_i}^1 / s_{v_i}^0$。对于一天内的整个区域性车联网而言，社交层协同过滤推荐策略的平均准确度 Accuracy 可以定义为

$$\mathrm{Accuracy} = \frac{\sum\limits_{t \leqslant 24} \sum\limits_{v_i \in V} \mathrm{Acc}_{\mathrm{Nei},t}(v_i)}{|V|} \tag{5.12}$$

其中，$|V|$ 表示区域内车辆的总数目。由于车辆相遇频繁，信息文件检索过程耗时，并且随着车辆缓存邻居个数 k 值的增加，每个协同过滤推荐更新过程消耗的时间也会增加。因此 k 的取值需在协同过滤推荐策略的准确性和响应更新时间之间取得平衡，即在可接受的时间消耗内获得较高的预测准确度。

本节实验首先使用两个星期的北京出租车轨迹数据 (2012.11.01~2012.11.14) 对协同过滤邻居数目 k、历史和实时相似度平衡参数 α 以及 RSU 未命中率 μ 进行训练。进而基于训练所得的参数，分别在北京和上海一个月的出租车轨迹数据集上对 FNCF 进行信息传输的仿真。在仿真过程中，每辆车都使用协同过滤策略更新最接近的 k 个邻居并存储在自身缓存中，环境中的 RSU 基于车辆流动性对文件缓存进行更新。根据数据集的特点，车辆在 2min 内刷新邻居列表。

5.7.2 参数训练

参数 α 用于平衡历史相似性和实时相似性对车辆通信连接的影响。如果 α 值过大，则会放大实时相似性对整体相似性的影响，即信息传输链路的建立对实时交通环境的依赖过大，偶然连接影响信息传输结果，从而可能导致协同过滤推荐的预测精度降低。反之，如果 α 的值过小，则会导致冷启动问题，反映为车辆对交通环境不敏感，进而影响协同过滤邻居列表的准确性，导致信息传输效率下降，使邻居列表频繁更新，增加信息传输耗时。同样，对于邻居列表大小 k，若 k 值过大，相应的相似性矩阵规模也较大，车辆缓存邻居列表的更新往往会有较大的时间消耗，反之，如果 k 取值过小，由于交通环境的动态变化，邻居车辆往往是不稳定的，当车辆邻居缓存列表更新时，几乎所有的相邻车辆都会被替换。另外，参数 μ 则决定了 RSU 中文件缓存的更新过程，适当的 μ 取值可以提升 RSU 信息更新策略的效率。参数训练实验结果如图 5.3 和图 5.4 所示，不同 k 值下，协同过滤推荐的准确度和时间开销如图 5.5 和图 5.6 所示。

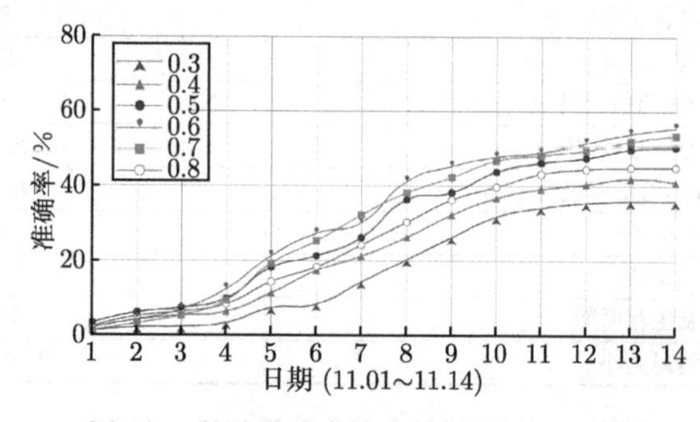

图 5.3　基于准确度的参数训练，$k = 150$

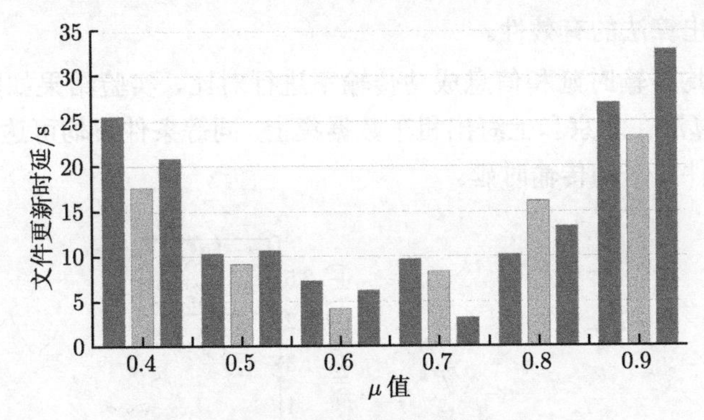

图 5.4 基于时延的参数训练，$k=150$

每 3 条柱状从左到右依次为 2012 年 11 月 1 日 ~2012 年 11 月 3 日这三天的值

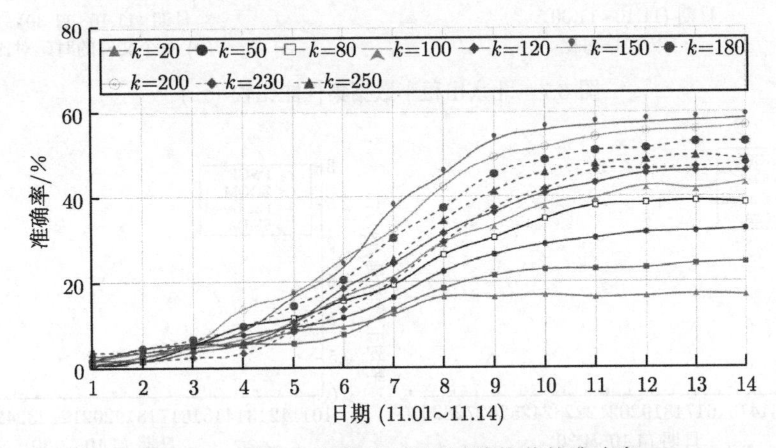

图 5.5 不同 k 取值下，协同过滤推荐的准确度

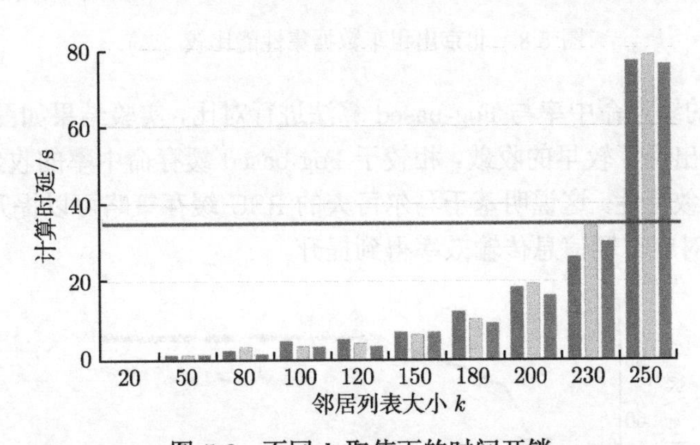

图 5.6 不同 k 取值下的时间开销

每 3 条柱状从左到右依次为 2012 年 11 月 1 日 ~2012 年 11 月 3 日这三天的值

5.7.3 结果分析

为了验证 FNCF 的效率，本节通过与对应车联网信息传输策略 ZOOM 算法、Fog-based 算法和 SMEA 算法在信息成功传输率、文件片的平均传输时延和缓存命中率三个方面进行

对比来验证本章提出算法的有效性。

首先对文件平均传输时延和信息成功传输率进行对比，实验结果如图 5.7 和图 5.8 所示。本章所提出的算法在北京和上海出租车数据集上，同等条件下均可达到较大的信息成功传输率和较小的文件片平均传输时延。

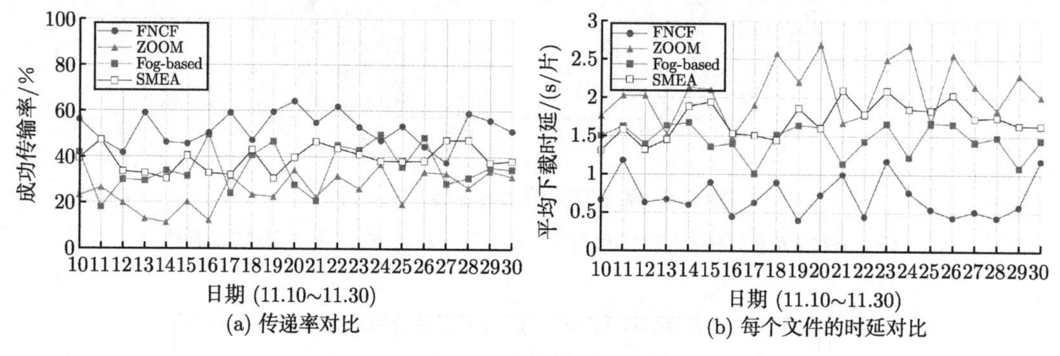

图 5.7　北京出租车数据集性能比较 (一)

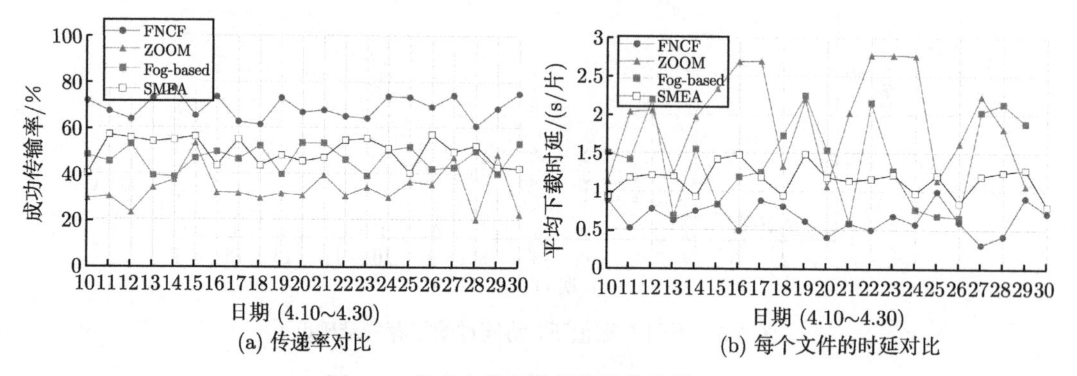

图 5.8　北京出租车数据集性能比较 (二)

接着对 RSU 的缓存命中率与 Fog-based 算法进行对比，实验结果如图 5.9 所示，FNCF 在缓存命中率方面出现了较早的收敛，相较于 Fog-based 缓存命中率的收敛值较大，即实现了更早且更好的收敛特性。这说明基于马尔可夫的 RSU 缓存策略可以提升信息传输中的缓存命中率，进而使对应车辆信息传输效率得到提升。

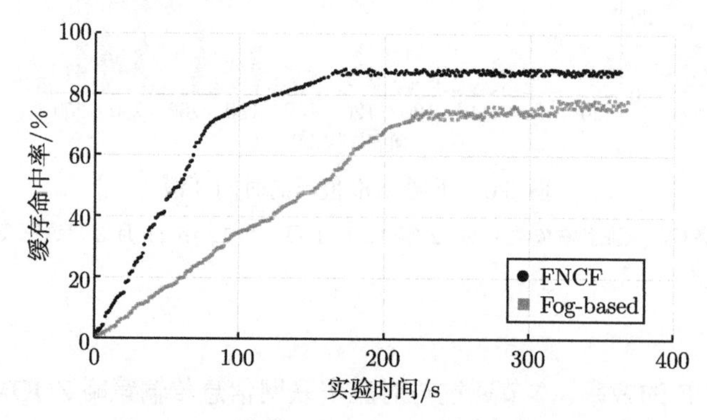

图 5.9　北京出租车数据集的缓存命中对比

此外，本章还探讨了邻居车辆间基于相似度的协同过滤更新策略对车联网中信息传输的影响。邻居节点的预测过程充分利用了相似车辆共享信息的社会行为。如图 5.10(a) 和 (b) 所示，随着协同过滤车辆邻居预测精度的提高，信息成功传输率逐渐提高，信息传输时延逐渐降低，最后二者都趋于平稳。当预测准确率超过 40%时，二者逐渐开始收敛，表明基于协同过滤的推荐策略在一定程度上可以改善区域性的边缘车辆信息传输效率。另外，收敛情况出现的原因可能是某一时刻大量车辆同时请求同一文件信息，而该文件信息可能是新信息或者具有该信息的车辆较少。以上实验结果表明，邻居节点预测充分利用了车辆共享相同信息的社会行为，减少了信息传输的时延，提高了信息传输的成功率。

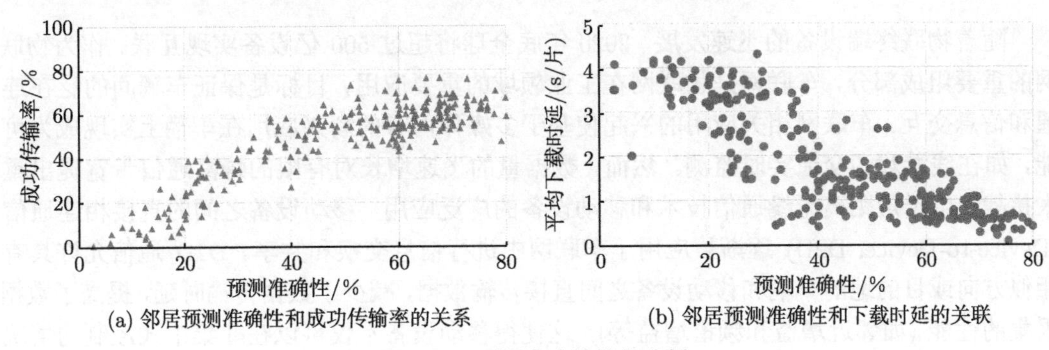

(a) 邻居预测准确性和成功传输率的关系　　(b) 邻居预测准确性和下载时延的关联

图 5.10　预测准确性性能分析

5.8　本章小结

本章针对车辆或终端智能设备移动引起车联网拓扑多变，造成网络信息传输时延较大、信息成功传输率较低的问题进行了研究，提出基于协同过滤推荐策略的车联网信息传输算法。基于车辆出行相似性，运用协同过滤推荐策略在基于用户关联的高相似性车辆之间建立稳定的 V2V 信息传输链路。基于二维马尔可夫模型对移动的车辆进行建模，并根据移动车辆文件下载过程定义模型状态。本章算法还根据网络内车辆对文件的请求和分布情况，定义了文件的流行性和可用性向量并存储在 RSU 中。最终，RSU 可以基于车辆移动模型、文件的流行性和可用性向量对自身文件缓存进行更新，以更好地满足移动车辆的文件下载需求，并优化 V2R 链路。本章选取真实数据集对算法进行仿真验证，并证明提出的信息传输算法可以降低车联网信息传输时延，提升信息成功交付率和网络传输性能。

第6章 基于深度学习和三角图元的边缘车辆信息传输机制

6.1 引 言

随着物联终端设备的飞速发展，2020 年底全球将超过 500 亿设备实现互联。作为物联网的重要组成部分，车联网是物联网在工业领域的重要应用，目标是保证车辆间的泛在连通和信息交互。车联网相关应用的兴起使基于多媒体内容的新兴应用在车辆上实现成为可能，如在线游戏和交通实时监测。然而，数据量的飞速增长对有限的蜂窝通信带宽提出重大挑战。由于短距离无线通信技术和移动设备的广泛应用，移动设备之间的直接相连通信 (Device-to-Device, D2D) 逐渐被应用于车联网中进行信息交换和共享。D2D 通信允许具有相似方向或目的地的车辆和移动设备之间直接传输数据，减少了数据传输时延，提高了数据采集的性能 (如邻近增益和频谱增益等)，这使得移动设备不仅可以在非集中式控制的情况下与他人进行通信，而且可以在集中式基础设施的帮助下，通过点对点链路直接进行数据传输。然而，当前网络带宽限制为信息传输的实时性带来了巨大的挑战。因此，降低 D2D 信息传输时延，进而提高车联网的网络吞吐量和效率是十分迫切的。

车联网中基于边缘计算 (雾计算) 的高效数据传输是一个新兴的学科交叉研究领域，涉及的研究内容包括移动社交网络、车载网络、机会传输、高效计算、分布式管理等。高效雾计算有望实现绿色和可持续的城市发展理念，相关应用包括智慧农业、智能交通、智慧医疗、智能楼宇等。越来越多的物联网工业厂商 (如微软、IBM 和英特尔) 开始设计雾节点网关，并对边界节点产生的数据进行分析。车载雾计算利用停放的和移动的车辆作为车联网中的计算和通信基础设施，利用车辆的空闲资源提升网络的连通性和容量。国内外针对车载雾计算的研究处于起步阶段，冷甦鹏教授等设计了高效的车联网负载预测机制，通过雾节点将计算任务进行卸载。综合考虑车辆时延、位置信息和可扩展性，文献 [56] 提出一种基于协作雾计算的智能车联网络架构，目标是分布式处理车联网中产生的多源数据。近年来，一部分研究通过虚拟化网络资源来提升车联网性能。此外，由于车联网的高动态性，一部分研究聚焦保护用户隐私安全和阻止非法用户入侵。

车联网中的 D2D 传输被认为是 5G 通信系统中的一项关键技术，它可以大大提高传输信道的频谱利用率。针对不同设备组成的异构网络信息传输问题，文献 [57] 引入了一种协作并容忍时延的 D2D 内容传输策略。该策略基于移动设备通过机会连接将大部分数据流量从蜂窝网络卸载到边缘网络中。该策略适用于时延容忍通信场景并对采用该策略的异构移动网络中的内容传播过程进行了详细分析和网络性能优化。文献 [58] 分析了 D2D 上行链路网络的容量，并表明 D2D 用户可以与多个用户共享上行信道，从而提高网络效率。

由于车辆之间的关联和信息聚合与人类的行为和移动设备的通信能力有关，一些研究考虑了车联网中用户的社会属性。文献 [59] 构建了基于社会感知的用户推荐系统，其中社会属性构建基于车联网中的用户关键词。文献 [60] 表明利用车联网中的一些社会属性信息，如社团、聚合效率和中心性等，从而有效提升 D2D 通信效率。文献 [61] 研究了 D2D 技术在车联网中提升资源分配效率的方案。

尽管 D2D 技术在车联网中得到广泛关注，但深度学习与车联网的融合并未得到充分研究。如图 6.1 所示，本章综合考虑车辆的移动性和车辆轨迹的相似性，将网络分为物理层和社交层，分别表示车辆和移动设备的出行历史相似性及基于通信范围和车辆流动性的实时链路连接，提出一种基于深度学习和三角图元的车联网信息传输策略。首先，根据其对应在社会层的特征建立移动设备之间的连接，进而构成车载移动设备网络；其次，基于三角图元结构对车载移动设备进行高效聚类，以此来识别社交层中具有较高相似性的邻居节点；在此基础上，通过物理层中车辆和移动设备的实时流动性与位置信息获得移动设备之间的连接概率；最后，基于深度学习框架来对移动设备的实时数据共享用户进行识别，并完成数据传输。

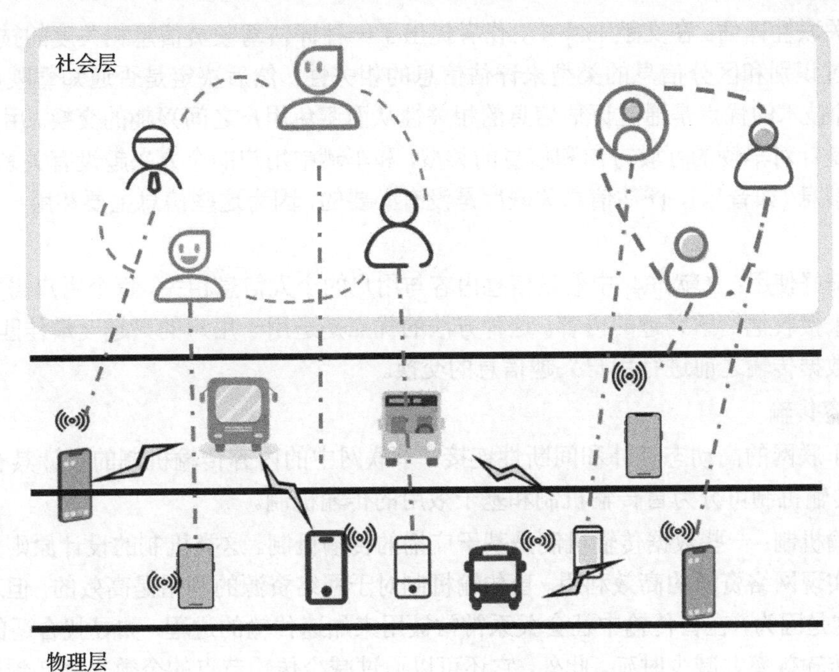

图 6.1　车载网络的社交层和物理层架构

6.2 相关工作

文献 [62] 深入分析了车联网数据分发机制的研究现状。作者将车联网中的数据传输机制从三方面进行讨论，分别是消息处理、内容传输和性能测试。从消息处理的角度来看，即从数据传输策略处理数据的方式上分析，基于车联网的数据传输机制可以分为三种模式，分别是忽略消息的相关性、消息相关性评估及消息相关性提取。从内容传输的角度来看，车联网的数据传输机制可以分为基于效用的传输机制和盲传输机制。从性能测试的角度来看，基于车联网的数据传输机制主要从传输时延、传输效率和使用带宽进行测试。下面对消息分发机制的这三大类研究现状进行详细阐述。

1) 消息处理

车联网数据传输机制按照消息处理的不同模式可以分为三大类，分别是消息黑盒处理、用户关联性评估和用户偏好使用。

消息黑盒处理：在现有研究中，很多消息传输机制的设计没有考虑车联网中不同传输内容的主题，并忽略了用户的相关信息。对消息的定义仅仅依赖于自身的自然特征，如消息的大小和生命周期。因此，在此类传输机制中，所有车辆都被看成传输目标。然而，目前基于车联网的应用主要用于满足用户的舒适度和娱乐要求，因此用户希望获得的消息内容是和他们自身的兴趣相匹配的，并且可以给他们带来更多益处，而不是接收一些不感兴趣的信息。在车联网中，采用信息内容进行标记来传输消息是非常有必要的，这样不同的消息可以传输到具有不同兴趣的用户。

用户关联性评估：在文献 [63] 中，作者提出了一种评估驾驶员信息相关度的技术。该技术可以通过识别和区分信息的类型来评估信息的相关性，然后决定是否通知驾驶员并分享信息。这种技术的优点是通过评估信息的相关性从而避免用户之间兴趣的交换。用户关联性评估主要是针对车辆的行驶方向和信息的类型，和车辆中用户的个人兴趣没有关系。而对某些类型的信息 (如音乐)，评估信息关联度是没有必要的，因为这些信息主要和用户的个人兴趣相关。

用户偏好使用：文献 [64] 中假设信息内容与用户的个人信息相关。每个用户需要定义自身的兴趣来接收他们感兴趣的内容。这种方法的优点是适用于用户的兴趣度最佳匹配，缺点是需要在数据传输之前进行用户兴趣信息的交换。

2) 内容传输

由于车联网的高动态拓扑和间断性连接，车联网中的内容传输机制的设计具有很大的挑战性。传输机制可分为盲传输机制和基于效用的传输机制。

盲传输机制：一些数据传输机制是基于广播的传输机制。这类机制的设计原则是使用社交通信来实现网络资源的高效利用。盲传输机制对于网络资源的利用是高效的，但对用户并非高效。这是因为，在盲传输中社会关系常常被用来加速传输的进程，如寻找合适的中继节点来提高传输效率并减少时延。此外，它还可以通过减少传输节点的个数来降低频谱资源的使用。节点之间的交互和数据共享一次完成，即没有邻居发现和兴趣信息交换的过程。在文献 [26] 中，作者提出了一种快速传输的解决方案。这种方案使用车辆之间的社会关联来选择最合适的传输节点。盲传输的主要缺点是忽略了用户的个人偏好。实际中，社会关系通常通过用户之间相互分享共同的兴趣进行构建。因此，在数据传输过程中考虑用户的兴趣信息是必要的。

基于效用的传输机制：虽然内容分发技术可以将内容分发到众多用户中，但传输的内容不一定对用户有用，并通常会被用户忽略。例如，当用户接收到一条消息时，通常会根据消息的主题来决定忽略或者保留这条消息。社会交互往往被用来在具有相同兴趣的用户之间分享信息，这样，分享不感兴趣信息的概率可以大大降低。文献 [1] 中提出了一种车联网的传输技术，可以使在相同时间、相同路段相遇的车辆通过音频信息进行交流。但该文献仅考虑了一种类型的数据，现实环境中更多类型的数据需要被考虑。因此，在合理利用用户兴趣的前提下，对于多类型数据同时存在的传输机制设计需要深入研究。

3) 性能测试

依据算法的性能指标，包括传输时延、传输效率和带宽利用率，可以将数据传输技术分为三大类。下面分别对这三类算法性能指标进行描述。

传输时延：是指将消息从源节点传输到目的节点所消耗的时间。传输时延是很多应用的主要限制因素，如安全和交通管理相关的应用。这些应用的消息生命周期非常短暂，需要在失效之前发送到目的地。文献 [26] 的作者利用车辆间的社会关联，提出了一种快速的消息传输机制。然而对于时延容忍的应用，如一些娱乐应用，传输时延对于性能的影响很小。例如，音乐或者加油站信息的生命周期基本没有限制，因此这些信息对于传输时延没有强制性的要求。

传输效率：可以被成功送达目的节点的信息占网络中产生的所有消息的比例。文献 [65] 中提出了一种基于车联网的移动广告机制，目的是增加广告的覆盖面。然而，对于娱乐应用来说，其目的节点仅是某些特定信息感兴趣的用户。

带宽利用率：代表了网络资源的利用率。数据传输机制需要有效地利用网络资源，并且不能超出系统的负荷。尤其是在稠密网络中，超量数据交换必然会导致网络负载的超载。

文献 [66] 基于对 D2D 传输方式和 IEEE 802.11p 的研究，提出了一种基于贪婪思想的资源分配算法来最小化端到端的信息传输时延。该方法将节点之间的时延和可靠性要求转换为信道信息计算的优化约束。这种转变开启了扩展某些现有 D2D 技术以满足 V2V 通信的可能性。文献 [67] 提出了一种由车辆分组、信道选择和功率分配组成的 V2V 信息传输通信框架，以实现车联网中 D2D 通信系统的最佳性能。然而，由于终端之间的全信道状态信息很难获得，因此该方法利用车辆的地理特征来抑制一些干扰，并且对 D2D 信息传输信道做了一系列的简化，以减少对完整信道状态信息的要求，其中，每一步简化都表现为性能和复杂性之间的某种权衡。

文献 [66] 研究了基于 D2D 传输方式的车辆内容传递问题，其中停放的车辆可以作为雾计算下的信息中转节点。另外，该文献详细介绍了基于兴趣的信息发送、中转节点内容分发和内容替换策略。通过类比生物群的概念，文献 [68] 提出了一种基于群体的社会感知车联网信息传输框架。该框架给出了典型的社会车辆群应用场景，并运用了 D2D、移动边缘计算、深度强化学习和隐私保护等技术。在车联网信息传输的应用中，文献 [69] 基于对数据控制层分离的思想，提出了一种基于 D2D 的车载社交网络体系结构 VeShare。其中，系统框架的控制层决定了社会网络关联和资源分配，数据层只负责信息收集和传输。

6.3 基于三元关系的社交层模型

在车联网中，具有相同行驶方向的车辆或者移动设备往往倾向于请求共享互相感兴趣的信息，如实时道路交通信息。一般情况下，用户的内容偏好变化缓慢。因此，可以基于多维度异构车辆出行信息建立车载移动设备网络。本章根据车辆与对应用户出行选择之间的关联性，建立了基于移动设备的车辆移动网络，进而在此移动设备连接的基础上基于三角图元进行高效聚类。本章主要变量如表 6.1 所示。

表 6.1　主要变量

标识	定义
D	设备集合
d_{ij}	设备 d_i 和 d_j 间内容传输链路
V	车辆集合
R_{COM}	D2D 通信最大距离
L	车辆路径集合
w_{ij}	节点 d_i 和 d_j 在社交层的连通概率
λ	社交层连通门限
f_{ij}	节点 d_i 和 d_j 在物理层的连通概率
γ	物理层连通门限
$\mathrm{En}_{d_{il}}$	节点 d_i 和车辆路径向量
$\mathrm{En}_{d_{iv}}$	节点 d_i 和车辆向量

如图 6.2 所示，以公交车异构车载网络为例，从某种程度上人的行动轨迹可以表征移动设备的位置信息。因此，可以根据实体的不同分为公交车层、移动设备层和车辆行驶路线层，其中各个层中的节点通过轨迹和实时地理位置信息建立联系。每一个异构网络可以表示为 $G=\{D,V,L\}$，其中 $D=\{d_1,d_2,\cdots,d_m\}$ 为设备集合，$V=\{v_1,v_2,\cdots,v_n\}$ 为车辆集合，$L=\{l_1,l_2,\cdots,l_k\}$ 是车辆行驶路线集合。对于移动设备 d_i，定义其乘坐某一车辆的次数为 en_{iv}，同样，其参与某一条行驶路线的次数可以表示为 en_{il}。因此，每一个移动设备节点维持了两个向量，分别为车辆参与度向量和路线参与度向量。以移动设备 d_i 为例，车辆参与度向量为 $\mathrm{En}_{d_{iv}}=\{\mathrm{en}_{i1},\mathrm{en}_{i2},\cdots,\mathrm{en}_{in}\}$，路线参与度向量为 $\mathrm{En}_{d_{il}}=\{\mathrm{en}_{i1},\mathrm{en}_{i2},\cdots,\mathrm{en}_{ik}\}$。基于以上出行参与度的定义，车联网中的两移动设备之间的基于用户关联的社交相似性可以定义为

$$w_{ij}=\frac{\mathrm{En}_{d_{il}}\times\mathrm{En}_{d_{jL}}}{2\times|\mathrm{En}_{d_{il}}||\mathrm{En}_{d_{jl}}|}+\frac{\mathrm{En}_{d_{iv}}\times\mathrm{En}_{d_{jv}}}{2\times|\mathrm{En}_{iv}||\mathrm{En}_{jv}|}\tag{6.1}$$

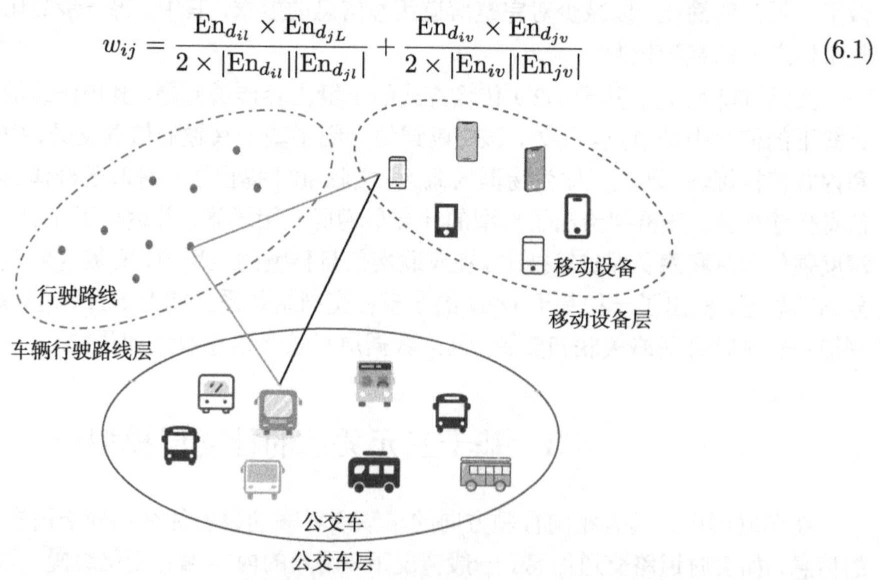

图 6.2　车载异构网络体系结构

在式 (6.1) 中，w_{ij} 为网络中 d_i 和 d_j 之间的出行相似性，且 $w_{ij} \in [0,1]$。本章根据此社交相似性衡量移动设备之间社交关系的强弱，从而确定两移动设备之间的物理层是否可以建立连接。定义 λ 为连接建立的阈值，在设备连接子网络中，当且仅当 $w_{ij} > \lambda$ 时，两移动设备之间的有权重边才能够被建立。基于以上描述，一个无向有权的移动设备连接网络可以表示为 $\mathrm{GD} = \{D, E_{\mathrm{GD}}\}$，其中 D 为移动设备集合，E_{GD} 为权重大于阈值所建立的移动设备边集合。

6.4 边缘车辆网络中基于深度学习的内容传输

6.4.1 基于完全三角图元的聚类算法

为了提高移动设备在物理层的聚类效率，本章将完全三角形设定为网络中最小的连接单元，对建立的移动设备网络进行聚类，确定社交层中移动设备的连接簇。下面将对基于移动设备的三角图元的定义以及对应的谱聚类算法进行详细描述。

网络中的图元被定义为一种小连通子网络，表现高频出现的网络结构，近年来引起了研究人员的广泛关注。在复杂网络分析中，图元常被用作网络基本结构单元进行聚类等方法研究。本章利用完全三角图元作为网络连接的基本单元对车联网中的设备连接关系进行描述。

首先阐述完全三角图元以及相关网络的描述定义：对于某一网络，三角图元结构可以表示为一个二元组 $\{M_{\mathrm{Tri}}, A\}$，其中，M_{Tri} 表示一个二维邻接矩阵，表示对应锚节点集合中的节点连接规则，A 为锚节点集合。图 6.3 对简单图中完全三角图元的定义进行了描述，其中，Tri 表示完全三角图元，GD 为 7 个节点简单移动设备关系网络。如图 6.3 所示，完全三角图元 Tri 的锚节点集合为 $A = \{d_p, d_q, d_r\}$，其中 $d_p \neq d_q \neq d_r$ 并且 $d_p, d_q, d_r \in D$，该集合给定了矩阵 M_{Tri} 对应节点的顺序。据此，利用图元 Tri 对设备连接网络 GD 进行表征为 $\mathrm{GD}_{\mathrm{Tri}}\{M_{\mathrm{Tri}}, A\} = \{(d_1, d_5, d_3), (d_1, d_6, d_4), (d_2, d_5, d_4), (d_2, d_7, d_3)\}$。基于以上完全三角图元的定义，对应移动设备连接网络 GD 中可根据完全三角图元 Tri 对邻接矩阵 W_{Tri}、对角矩阵 D_{Tri} 和拉普拉斯矩阵 $\daleth_{\mathrm{Tri}}$ 进行重新定义，如式 (6.2)~ 式 (6.4) 所示：

$$(W_{\mathrm{Tri}})_{ij} = \sum_{\{i,j,k\} \in \mathrm{GD}\{M_{\mathrm{Tri}}, A\}} w_{ij}, \quad \{i,j\} \subset A, i \neq j, k \in V_{\mathrm{GD}} \tag{6.2}$$

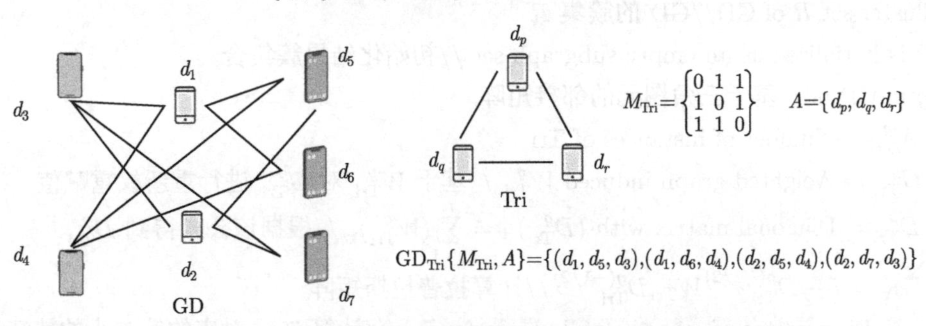

图 6.3　一个简单设备连接网络图中完全三角图元定义

$$(D_{\mathrm{Tri}})_{ij} = \sum_{j=1}^{n} (W_{\mathrm{Tri}})_{ij} \tag{6.3}$$

$$\daleth_{\text{Tri}} = I - D_{\text{Tri}}^{-1/2} W_{\text{Tri}} D_{\text{Tri}}^{1/2} \tag{6.4}$$

其中，$(W_{\text{Tri}})_{ij}$ 和 $(D_{\text{Tri}})_{ij}$ 分别为邻接矩阵 W_{Tri} 和对角矩阵 D_{Tri} 的矩阵元素。w_{pq} 可以根据式 (6.1) 进行计算，表示在社交层有权设备连接网络中，设备 d_p 和设备 d_q 之间的连接边权重。根据以上定义的矩阵，网络 GD 可以被划分为两部分：S 和 $\bar{S}$，其中 $\text{GD} = S \cup \bar{S}$。根据谱聚类的定义，基于完全三角图元的传导率定义如式 (6.5) 所示：

$$\phi_{\text{Tri}}^{(g)}(S) = (\text{cut}_{\text{Tri}}^{(g)}(S, \bar{S})) / \min(\text{vol}_{\text{Tri}}^{(g)}(S), \text{vol}_{\text{Tri}}^{(g)}(\bar{S})) \tag{6.5}$$

其中，$\text{cut}_{\text{Tri}}^{(g)}(S, \bar{S})$ 表示在子图 S 和 $\bar{S}$ 之间的完全三角图元个数；$\text{vol}_{\text{Tri}}^{(g)}(S)$ 表示 S 中三角图元的个数，即 $\text{vol}_{\text{Tri}}^{(g)}(S) = |S_{\text{Tri}}\{M_{\text{Tri}}, A\}|$。类似地，$\text{vol}_{\text{Tri}}^{(g)}(\bar{S})$ 可以通过 $\text{vol}_{\text{Tri}}^{(g)}(\bar{S}) = |\bar{S}_{\text{Tri}}\{M_{\text{Tri}}, A\}|$ 进行计算。

6.4.2 社交层聚类算法

根据以上完全三角图元的定义，三角图元的网络聚类算法可以用于对社交层的移动设备连接网络进行聚类，以此来识别邻近的移动设备连接簇。

三角图元的网络聚类算法是基于谱聚类算法的思想提出的。该算法的输入是前面构建的有权移动设备连接网络 $\text{G} = \{D, E, W\}$ 和完全三角图元 Tri，其中 D、E 和 W 分别表示网络的节点集合、边集合和每一个连通子图 g 对应的权重。首先，初始化三角图元的邻接矩阵 W_{Tri}、对角矩阵 D_{Tri}，并根据邻接矩阵 W_{Tri} 对 g 的权重进行重新赋值得到 g_{Tri}，进而基于三角图元的权重矩阵 W_{Tri} 和对角矩阵 D_{Tri} 得到基于三角图元的拉普拉斯矩阵 $\daleth_{\text{Tri}}$。基于拉普拉斯矩阵 $\daleth_{\text{Tri}}$ 第二小特征值的特征向量可以通过计算得到，并表示为 z。本算法对 $D_{\text{Tri}}^{-\frac{1}{2}} z$ 中的元素进行重新排序，其中，δ_i 为第 i 小的特征值序号。最后，按照上述排序计算对应的传导率 $\phi_{\text{Tri}}^{(g)}(S)$，在传导率最小处进行子图切割，将 g 分为两部分 S 和 $\bar{S}$，并加入结果集 R 中。基于三角图元的有权网络聚类算法伪代码如算法 6.1 所示。

算法 6.1 基于三角图元的有权网络聚类算法

输入: Device network GD and triangle motif Tri //D 为移动设备节点集合，E 为边集合，

//W 表示网络中边的对应权重

输出: Cluster set R of GD//GD 的簇集 R

1: /* R is initialized as an empty subgraph set //初始化结果簇集合

2: for g in GD do//基于三角图元的邻接矩阵

3: W_{Tri}^{g} = Number of instances of Tri

4: G_{Tri}^{g} = Weighted graph induced W_{Tri}^{g} //基于 W_{Tri}^{g} 对 G_{Tri}^{g} 进行重新权重赋值

5: D_{Tri}^{g} = Diagonal matrix with $(D_{\text{Tri}}^{g})_{ii} = \sum_{j=1}^{n} (W_{\text{Tri}}^{g})_{ij}$//根据该公式得到 D_{Tri}^{g}

6: $\daleth_{\text{Tri}} = I - D_{\text{Tri}}^{g(-1/2)} W_{\text{Tri}} D_{\text{Tri}}^{g(-1/2)}$//计算拉普拉斯矩阵

7: z = Eigenvector of second smallest one for $\daleth_{\text{Tri}}$//计算 $\daleth_{\text{Tri}}$ 对应的第二小的特征值

8: σ_i = Index of $D_{\text{Tri}}^{g(-1/2)} z$ with ith smallest value//对 $D_{\text{Tri}}^{g(-1/2)} z$ 进行重排序

9: /* Sweep over all prefixes of σ

10: $S = \text{argmin}_l\ \phi_{\text{Tri}}^{(g)}(S_l)$, where $S_l = \sigma_1, \cdots, \sigma_k$//$S_l$ 为最小传导率下的节点集合

11:　　Add S and $\bar{S}$ to R//将 S 和 $\bar{S}$ 添加到结果集 R 中
12: end for
13: return R//返回聚类簇结果集 R

通过以上完全三角图元的网络聚类算法，原规模较大的移动设备连接网络 GD 将被分解为若干个规模较小的移动设备网络簇，其中，簇内移动设备具有较紧密的连接，而簇间连接较弱。因此，簇内节点具有较大的概率进行数据共享。

6.4.3 基于深度学习的内容传输

本节阐述两方面内容，分别为移动设备连接概率衡量和基于卷积神经网络 (Convolutional Neural Network，CNN) 模型的信息传输策略。

1) 移动设备连接概率衡量

假设网络共有 m 个移动设备，每一个设备既可以是信息的提供者也可以是信息的接收者，因此，对于移动设备集合 $D=\{d_1,d_2,\cdots,d_m\}$，可以理解为信息接收者集合 $D^r=\{d_1^r,d_2^r,\cdots,d_m^r\}$ 和信息提供者集合 $D^p=\{d_1^p,d_2^p,\cdots,d_m^p\}$。上行链路频谱共享模型用于移动设备间的数据传输。具体而言，每个 D2D 通信元组只能重用一个上行链路。D2D 通信线路的建立取决于移动车辆和移动设备之间的连接概率。当且仅当移动设备 d_i 和 d_j 之间的物理层连接概率大于对应的阈值 γ 时，两个移动设备之间才能存在物理连接 d_{ij}。

定义两个移动设备的最远通信距离为 R_{com}。考虑公交车数据集的环境，当乘客在一辆公交车上时，其移动设备可以直接进行数据传输通信。因此，我们可以得到移动设备的通信时长 T，包括同处一辆车的时间 T_0 和处于信息传输范围的移动状态时间，表示为 $T=T_0+\{\min t|-R_{\text{com}}<\text{Dis}(x)<R_{\text{com}}\}$，其中，$\text{Dis}(x)$ 为在 x 时刻两移动设备之间的实时距离。如果某一乘客离开公交车，该乘客与车上乘客的距离由公交车的速度决定，而对于共同下车的乘客，乘客间的距离取决于每个乘客的步行移动速度。对于移动设备簇中的两个设备 d_i 和 d_j，当 $w_{ij}>\lambda$ 时两者存在物理层连接。定义移动设备 d_i 的平均运行速度为 v_i，方差为 σ_i^2，移动设备 d_j 的平均运行速度为 v_j，方差为 σ_j^2。二者之间的实时距离 $\text{Dis}(x)$ 可以模拟为 Wiener 过程，其对应的均值和方差可以表示为 $\mu=v_i-v_j$ 和 $\sigma^2=\sigma_i^2+\sigma_j^2$。对于每一个有限的时间间隔 Δt，其二者之间的距离 $\text{Dis}(t)$ 符合正态分布，如式 (6.6) 所示：

$$\Delta\text{Dis}(t)=\text{Dis}(T+\Delta t)-\text{Dis}(T)=\mu\Delta t+\sigma H \tag{6.6}$$

其中，H 符合正态分布，其均值为 0，方差为 Δt。由于 Wiener 过程的概率密度函数 (Probability Density Function, PDF) 可以通过 Kolmogorov 公式计算，可得到

$$\frac{\partial p(r|\text{dis}_0,t)}{\partial t}=-\mu\frac{\partial p(r|\text{dis}_0,t)}{\partial r}+\frac{1}{2}\sigma^2\frac{\partial^2}{\partial^2 r}p(r|\text{dis}_0,t) \tag{6.7}$$

其中，$\text{dis}_0=\text{Dis}(0)$ 为初始状态的距离；$p(r|\text{dis}_0,t)$ 为初始状态时的 PDF。另外，定义 Dirac delta 函数为 $\delta(\cdot)$，对应的初始状态以及边界条件可以表示为

$$p(r|\text{dis}_0,0)=\delta(\cdot) \tag{6.8}$$

$$p(-R_{\text{com}}|\text{dis}_0,t)=p(R_{\text{com}}|\text{dis}_0,t)=0,\quad t>0 \tag{6.9}$$

基于此初始状态和边界条件，$p(r|\text{dis}_0,t)$ 可以通过式 (6.10) 计算得到

$$
\begin{aligned}
&p(r|\text{dis}_0,t)=\\
&\frac{1}{\sqrt{2\pi\sigma^2 t}}\sum_{y=-\infty}^{\infty}\left[\exp\left\{\frac{4y\mu R_{\text{com}}}{\sigma^2}-\frac{[(r-\text{dis}_0)-4yL-\mu t]^2}{2\sigma^2 t}\right\}\right.\\
&\left.-\exp\left\{\frac{2\mu R_{\text{com}}(1-2y)}{\sigma^2}-\frac{[(r-\text{dis}_0)-2R_{\text{com}}(1-2y)-\mu t]^2}{2\sigma^2 t}\right\}\right]
\end{aligned}\tag{6.10}
$$

因此，基于以上公式，可以将某一时间段 T 的对应累积分布函数 (Cumulative Distribution Function，CDF) 表示为

$$
F_{ij}^{\text{CDF}}(t)=\Pr\{T\leqslant t\}=1-\int_{-R_{\text{com}}}^{R_{\text{com}}}p(r|\text{dis}_0,0)\mathrm{d}r \tag{6.11}
$$

变量 $F_{ij}(t)$ 为在时间 t 内，两个移动设备 d_i 和 d_j 之间的连接概率，可以表示为 $f_{ij}=F_{ij}(t)$，其中 f_{ij} 为 d_i 和 d_j 在物理层的连接概率。

2) 基于 CNN 模型的信息传输策略

为了进一步提升车联网中信息传输的效率，网络中需要建立有效的点对点传输链路。为了实现这一目标，本节基于物理层的移动设备连接概率，应用深度学习的 CNN 方法来对簇中的链路进行识别。

CNN 算法的框架如图 6.4 所示。相较于其他方法，CNN 可以根据当前输入的数据集进行自主学习并且可在保证精确度的前提下高效获得对应输出。具有多重属性的公交车乘客数据集以簇的形式输入此框架，并在输入层中进行过滤操作，过滤器在整个输出上产生中间隐藏层。隐藏层中，执行池在输入上产生一组非重叠分区，最后构造出一个全连接层，将每个隐藏层神经元的结果连接起来以获得输出。

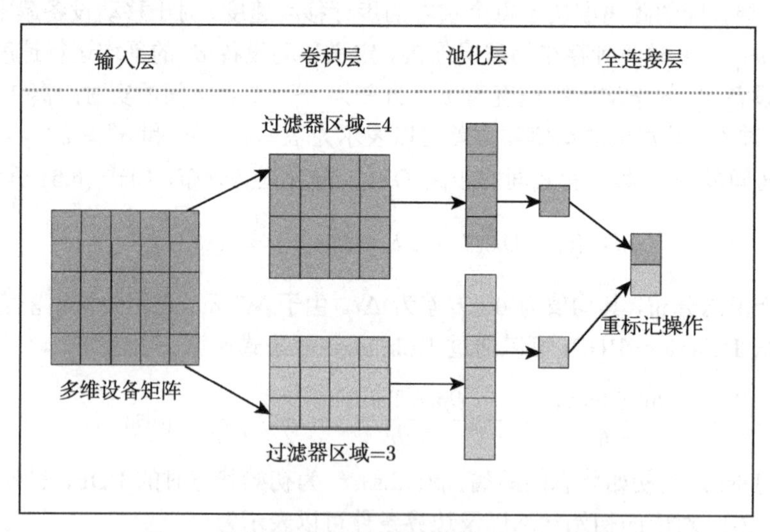

图 6.4 用于构建设备间连通概率的 CNN 框架

首先，需要确定 CNN 框架中的三个参数，即过滤器大小 τ_{filter}、步长大小 τ_{stride} 和输出大小 τ_{out}。参数过滤器的大小由 n-gram 模型中的 n 值决定。考虑到车辆边缘的多维度关系

和完全三角图元结构，设定 $n=3$。另外，步长大小决定了每个步骤的位移，步长越小，划分得到的簇的重叠部分越多。为了获得精度较高、重叠部分较少的划分结果，本章使用较大的步长。值得注意的是，CNN 模型中输出的大小 τ_{out} 与输入的大小 τ_{in} 有关，具体如式 (6.12) 所示：

$$\tau_{\text{out}}=(\tau_{\text{in}}+2\tau_{\text{padding}}-\tau_{\text{filter}})+1 \tag{6.12}$$

其中，τ_{in}、τ_{padding} 和 τ_{filter} 分别为 CNN 输入层中的输入大小、填充 (Padding) 大小和过滤器大小。并且宽卷积方法也嵌入了该结构中，其中填充的大小定义为 $\tau_{\text{padding}}=(\tau_{\text{filter}}-1)/2$。

以上步骤保证了在输入层上的每一个元素都应用了过滤器，过滤器可以产生比输入层更大的输出。为了融合小邻域中的多重特征进而获得新的特征，CNN 中的池化层是在卷积之后常用的一种特征提取层，一方面，防止无用的参数增加时间复杂度；另一方面，增加了特征的集成。综合考虑前面定义的物理层连接概率，基于 CNN 的信息传输算法邻居发现的具体过程如算法 6.2 所示。该算法的输入为具有多维度特征的基于三角图元聚类的社交层设备连接簇。在本章公交车环境中，该多维度特征包括实时的速度、行驶方向和线路的参与度向量等。每个输入的特征簇具有一个唯一的公交车和公交线路标识 ID。可通过 CNN 中的卷积层、池化层和全连接层对多维度特征进行提取训练和分类。根据新的分类结果获得公交车以及对应线路的出行规律并对移动设备进行重新标记，以达到重新规范每个簇大小的目标。然后，结合物理层的连接概率，确定最高概率连接的移动节点，建立点对点信息传输，因此，移动设备可以与高概率连接的邻居进行高效的数据信息传输，最终可以提升车联网 D2D 链路的传输效率。

算法 6.2 基于深度学习的信息传输算法

输入: Clustered devices with hyper features //输入的数据集为包含多维度特征的移动设
　　//备簇集合，该集合为本章算法 6.1 的输出

1: Import the data set and divide it into the training set and the testing set //输入数据集，
　//并且划分训练集和测试集
2: Initialize τ_{filter}, τ_{padding} and τ_{stride} //初始化参数
3: Define CNN(τ_{filter}, τ_{padding}, τ_{stride}, sigmoid(x)) //初始化 CNN 参数
4: Load bus-bus line area labels //载入公交车–公交车线路标记
5: /* Relabel devices with bus-bus line labels
6: $P\{\text{label}_q|\text{device}\}=P\{\text{label}_q\}P\{\text{device}|\text{label}_q\}$ //对移动设备进行标记
7: if $P\{\text{label}_q|d_i\}>\gamma$ then
8: 　　for d_j that connects d_i do
9: 　　　$P_{ij}=\max\{P_i+P_j,P_{ij}\}$
10: 　　end for
11: 　　Remain edge e_{ij}, and obtain connection probability f_{ij}
12: end if
13: Handle content requests of devices based on f_{ij}

6.4.4 算法复杂度分析

本节对提出的 D2D 信息传输策略时间复杂度进行分析。由以上叙述可知，本算法复杂度较高部分主要集中在设备连接和三角图元网络聚类过程中，而 CNN 框架下的近邻发现过程是基于实时环境的，输入网络规模很小。下面将对两个耗时的子过程进行时间复杂度分析，最终得到本章所提出算法的时间复杂度。

假设网络中存在 m 个移动设备、n 辆公交车和 k 条公交车线路。在该环境中，移动设备之间的相似性计算可以在 $O(\max\{n^2,k^2\})$ 次迭代内完成。然而，城市中公交车的数目明显多于公交车线路数目。因此，两移动设备间用户关联相似性计算的时间复杂度为 $O(mn^2)$。

三角图元聚类过程时间复杂度主要取决于对应矩阵和特征向量的建立。对设备连接网络进行遍历可以获得对应矩阵，遍历的时间复杂度为 $O(m^2)$。基于遍历过程，在含有 m 个移动设备的有权网络中三角图元的权重矩阵可以在 $O(m^3)$ 的迭代次数内完成。假设网络中存在 u 条权重边，利用以上三角图元权重矩阵，三角图元的拉普拉斯矩阵可在 $O((u+n)(\log_2 m)^{O(1)})$ 时间范围内完成遍历。基于谱聚类，特征向量进行排序的时间复杂度为 $O(m\log_2 m)$。因此，基于用户关联的社交层三角图元聚类算法时间复杂度为 $O(m^3)$。

综上所述，本章提出的 D2D 信息传输优化算法的时间复杂度为 $O(\max\{mn^2,m^3\})$。一般而言，城市中的移动设备数量远远大于对应车辆的数目。因此，本章提出算法的时间复杂度为 $O(m^3)$。

6.5 性能分析

本章进行仿真实验来验证设计算法的有效性。数据集为 2018 年 10 月的杭州公交车数据，包括公交车 ID、公交车线路、时间、乘客乘车信息、公交卡刷卡信息等。公交车和公交卡的 ID 是唯一的，假设每位乘客携带一个移动设备，此时，乘客的移动轨迹可以近似表示为移动设备的轨迹。数据集中包括 5073645 名乘客在 800 条公交车线路上的对应轨迹信息。实验基于数据集每隔 5min 对车辆进行更新，移动设备对于公交车和线路参与度向量 (即 $\mathrm{En}_{d_{iv}}=\{\mathrm{en}_{i1},\mathrm{en}_{i2},\cdots,\mathrm{en}_{in}\}$ 和 $\mathrm{En}_{d_{il}}=\{\mathrm{en}_{i1},\mathrm{en}_{i2},\cdots,\mathrm{en}_{ik}\}$) 可以基于以上数据集得到并基于时间进行更新。实验通过 Python 语言编写程序对轨迹数据进行整理，获得对应参与度向量并由此构建对应的有权设备连接网络，进而将以上网络划分成以两分钟为区间的连通图拓扑。基于此，在 MATLAB 平台上，将离线处理的网络作为输入建立车辆移动性模型，对车辆的实时信息传输进行仿真实验。实验的仿真平台是基于 Intel® Core™ i7-7700 CPU @ 3.60GHz(双核) 和 8GB 内存的 64 位计算机。

6.5.1 实验设置

假设车辆平均速度为 0~50 km/h 均匀分布行驶，物理层传输速率符合网络通信标准。本实验进行的参数训练包括: 社交层连接的阈值 λ 和物理层连接的阈值 γ。本实验基于以下两个指标对提出的算法进行比较: 信息成功传输率和平均时延。平均时延为从创建请求消息的那一刻开始到请求消息成功传递的一段时间。

为了验证本章提出的算法的有效性，将其与两种 D2D 通信算法进行了比较: ① 成员发

现算法 [70]，该算法根据社会规范对网络中的 D2D 用户进行分组，然后为每一组确定最佳信标，使信标以恒定的间隔发送，从而进行数据传输；② 社会感知算法 [71]，物理层网络是由设备的相遇信息形成的，数据通过网络连接进行信息传输。

社交层中设备连接的建立取决于阈值 λ。若该值过大，会导致网络相互连接的设备比例较小，难以保证网络的连通性，使移动设备连接簇变小。物理层的连接阈值 γ 也具有类似的效果。当且仅当社交层和物理层的设备连接得到建立时，数据才能进行传输。因此，两个阈值取值的不同影响网络链路连接，进而引起信息成功传输率和平均时延的变化。因此，首先根据上述描述的两个衡量指标对阈值 λ 和 γ 进行参数训练。

6.5.2 结果分析

为了验证 CNN 过程在本章算法中的有效性，在参数训练的过程中，实验对算法模型是否具有 CNN 过程以及随着社交层和物理层阈值的变化趋势进行了对比。最终，基于参数训练得到的取值，本章算法在杭州公交车数据集上进行仿真实验，并从信息成功传输率和平均时延两方面与成员发现算法和社会感知算法进行了对比。

首先，图 6.5 展示了物理层移动设备的连接概率 $f_{ij}(t)$ 随其速度均值以及方差变化的规律。由图中可以得到，当移动车辆速度的方差 σ^2 增大时，对应 $f_{ij}(t)$ 曲线的宽度变大，即收敛速度变得较为缓慢。因此，可以得到移动设备之间的连接概率随其速度方差 σ^2 的差距增大而降低，即移动设备或者其对应车辆移动速度越相似，其连接越稳定。

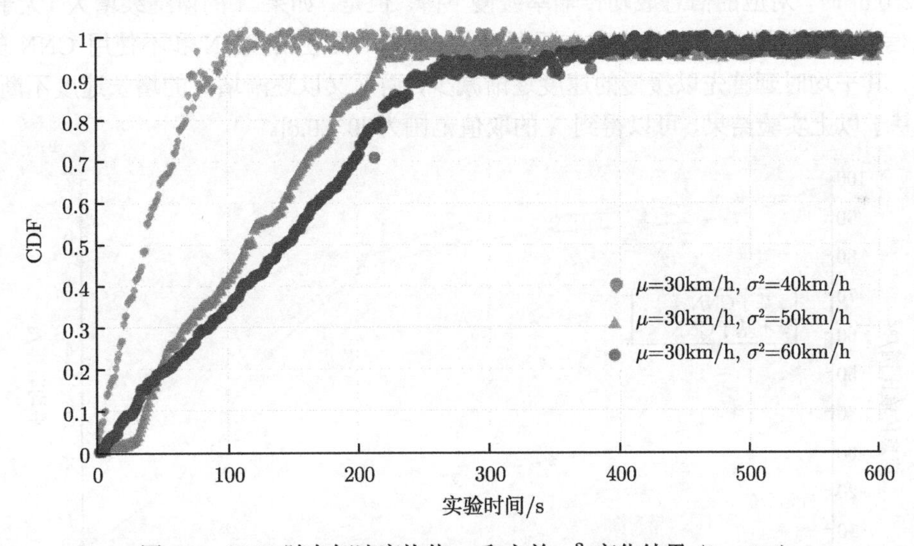

图 6.5 CDF 随车辆速度均值 μ 和方差 σ^2 变化结果 ($\lambda = 0.4$)

本实验选取 2018 年 10 月 1 日到 10 月 7 日所产生的数据，第一周的数据进行社交层和物理层阈值 λ 和 γ 两个参数的训练。首先设置 $\lambda = 0.4$，调整物理层连接阈值 γ，并对相互连接的车辆移动设备百分比进行了统计，实验结果如图 6.6 所示。该结果表明当 $\gamma > 0.5$ 时，相互连接的移动设备下降速度逐渐递增，然而当物理层阈值 $\gamma \in [0.1, 0.5]$ 时，车辆移动设备之间相连的比例维持在 80%~100%。接下来，将针对信息成功传输率和平均时延两个指标对参数 λ 和 γ 进行训练，以求在获得较高信息成功传输率的前提下，降低网络信息传输时延。

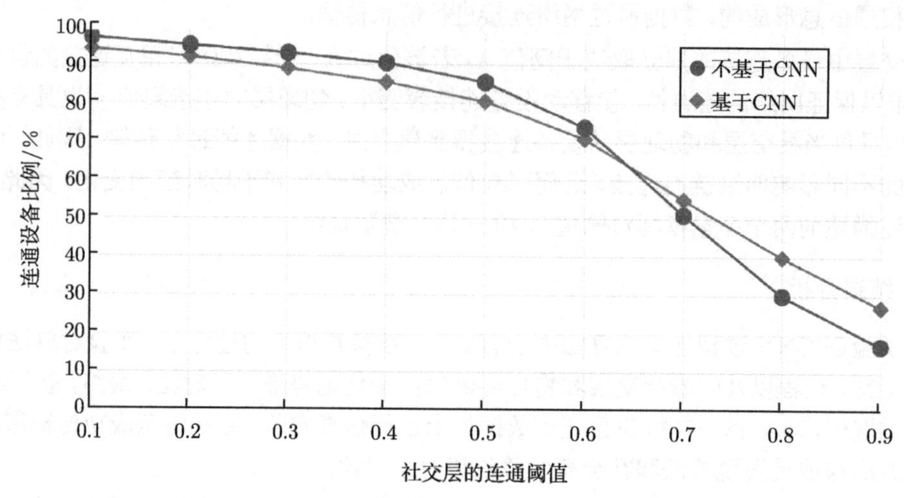

图 6.6 连通设备比例对应于物理门限和社会门限 ($\lambda = 0.4$, $\gamma = 0.45$)

图 6.7 和图 6.8 为双 y 轴图，其中，实线对应于左侧信息成功传输率的 y 轴，虚线与右侧平均时延的 y 轴对应。通过曲线趋势，可以得到关于 λ 和 γ 的结论。根据图 6.7，首先，当 $\lambda \in [0.2, 0.6]$ 时，对应的信息成功传输率缓慢下降。但是，如果 λ 的值继续增大 (大于 0.6)，对应的信息成功传输率的下降速度会逐渐增大。另外，在使用 CNN 和不使用 CNN 的两种框架中，其平均时延首先以缓慢的速度逐渐减少，而后又以逐渐增大的增长速度不断增大。因此，基于以上实验结果，可以得到 λ 的取值范围为 [0.1,0.6]。

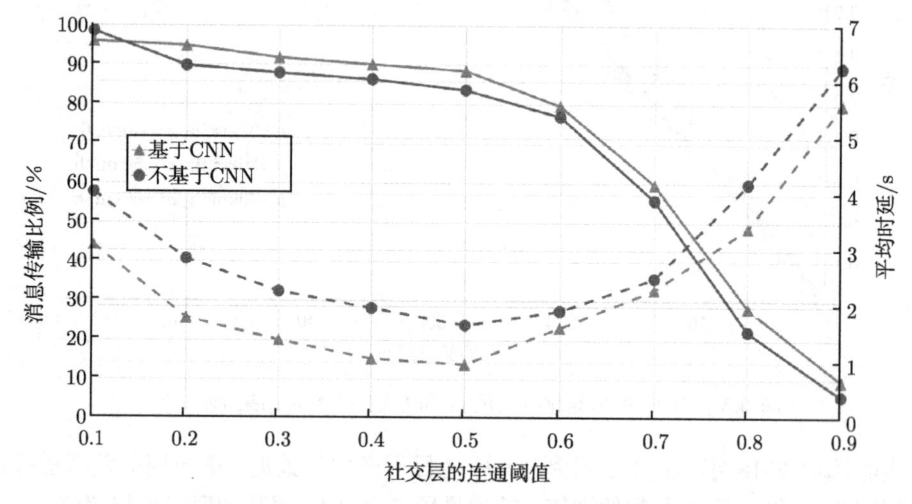

图 6.7 设备连接比例随阈值 λ 的变化规律 ($\gamma = 0.4$)

如图 6.8 所示，在基于 CNN 的算法中，当 $\gamma \in [0.1, 0.5]$ 时，信息成功传输率下降较为缓慢，当 $\gamma > 0.5$ 时，信息成功传输率迅速下降。考虑到平均时延，在基于 CNN 过程的算法中，随着 γ 值的增大，平均时延首先缓慢下降，而后当 $\gamma > 0.6$ 时，平均时延的增长速度逐渐变大，因此，综合考虑，γ 的取值范围为 $[0.2, 0.6]$。在下面的对比实验中，我们设定 $\lambda = 0.4$ 和 $\gamma = 0.45$，以便这两个指标取得平衡，目标是在几乎没有消息传递损失的情况下实现低时延。另外，图 6.6 和图 6.7 表明，对于任意的 λ 和 γ 值，相较于不基于 CNN 的方法，基于 CNN 的算法信息成功传输率较大和信息传输时延较小。

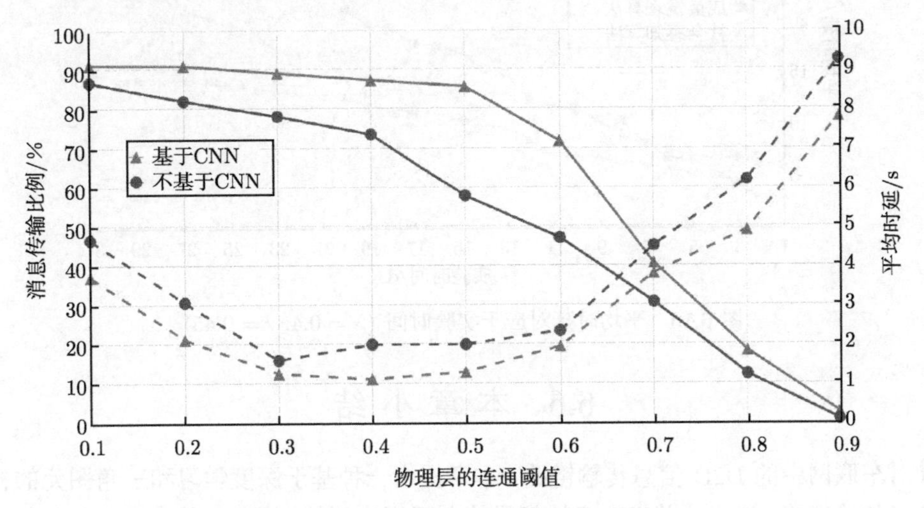

图 6.8　随着 γ 变化的信息成功传输率和平均时延 ($\lambda = 0.4$)

接下来，本章提出的算法与两种车载网络信息传输算法进行比较，分别是成员发现算法和社会感知算法。在这一部分中，实验对 2018 年 10 月的整个公交车乘车数据集进行分析。如图 6.9 和图 6.10 所示，三种算法的信息成功传输率随实验时间的变化而变化。实验结果表明，本章提出的算法产生了较小的网络信息传输时延和较高的信息成功传输率。在该算法中，随着社交层和物理层累积学习过程，信息成功传输率逐步增加。通过图 6.10 可以观察到，随着实验时间的延长，平均潜伏期随着设备的增加和社交信息的更新而增加。因此，在同等条件下，本章提出的算法均可获得最低的平均时延。

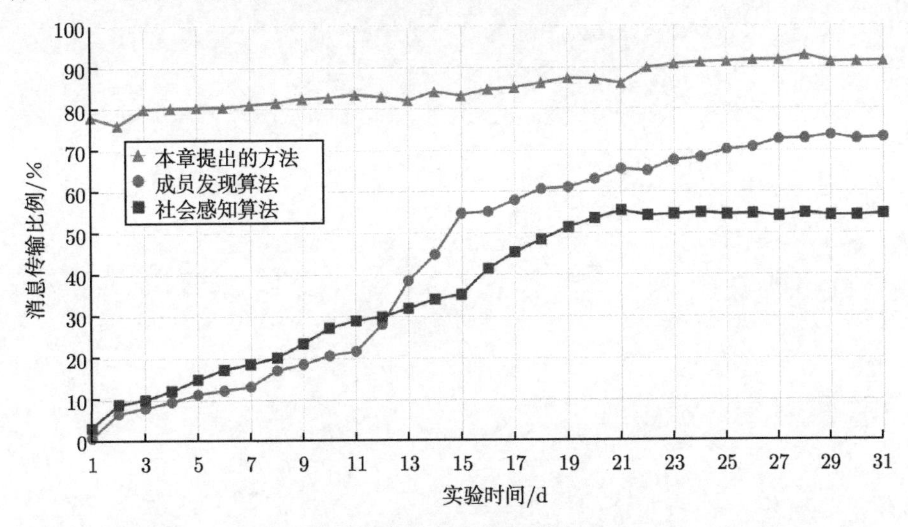

图 6.9　信息成功传输率对应于实验时间 ($\lambda = 0.4, \gamma = 0.45$)

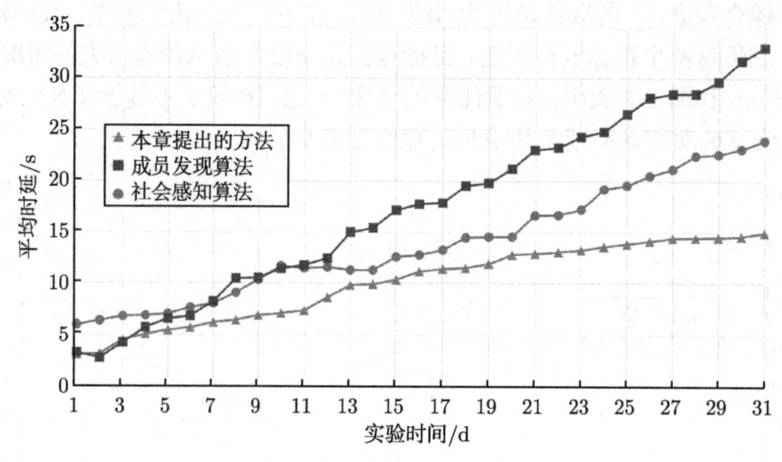

图 6.10 平均时延对应于实验时间 ($\lambda = 0.4, \gamma = 0.45$)

6.6 本章小结

针对车联网中的 D2D 信息传输链路，本章提出一种基于深度学习和三角图元的社交车联网信息传输策略。该算法首先对多特征异构车联网进行特征提取，构建了有权终端设备连接网络，并将其分成社交层和物理层。在基于用户关联的社交层中，算法基于三角图元结构对构建的有权网络进行高效聚类，识别具有高社交相似性的节点簇。在物理层中，终端节点之间的连接概率基于节点移动性和卷积神经网络进行衡量。最后终端节点选择同时满足社交层和物理层双重连接标准的高优先级节点进行 D2D 的高效传输。

第7章　基于混合云计算的移动物联网卸载机制

随着时延敏感型应用程序 (如增强现实) 的不断发展，时延限制成为在移动设备上运行复杂应用程序的一大障碍。为了提升用户服务质量，云计算与边缘计算相继问世，给用户提供了丰富的计算与存储资源，并成为下一代移动通信的核心技术。计算卸载技术依托于云计算或边缘计算中丰富的计算资源，在本地移动应用程序设备外执行计算请求，大幅降低了用户设备的时间与能耗开销。现有的大多数工作集中于将云计算或边缘计算作为独立卸载平台。本章将两者结合起来考虑混合云计算网络模型，从单用户计算卸载问题入手，假定边缘计算资源是不受约束的，该问题可以通过分支定界算法得到解决。将多用户计算卸载问题建模为混合整数线性规划 (Mixed Integer Linear Programming, MILP) 问题，这远远复杂于经典的卸载任务调度问题。由于 MILP 问题的高计算复杂度，本章介绍了一个迭代启发式移动边缘计算资源分配 (Iterative Heuristic Resource Allocation, IHRA) 算法来求解混合云计算卸载问题并做出决策。仿真结果表明，本章提出的 IHRA 算法在应用程序运行时延和卸载效率方面优于其他基准算法。

7.1　引　言

移动用户设备 (User Equipment, UE)，如智能手机和平板电脑，近些年随着科技革新掀起了一股新的浪潮。传统应用很难满足用户日益增长的 QoS 需求。因此一批新型应用应运而生并迅速受到用户的追捧 (如面部识别、增强现实、自然语言处理等)。尽管如今用户设备 CPU 的计算能力越来越强大，但仍然不免受限于有限的计算能力和硬件条件，由于用户设备无法在短时间内处理大量数据，严格的时延限制成为在用户设备上运行复杂应用的阻碍，而仅仅依赖程序员也无法无止境地优化程序代码。所以，利用虚拟化资源进行计算卸载成为降低应用运行时延的一种高效手段。

移动云计算 (Mobile Cloud Computing, MCC) 在过去的十年里曾被视为一种前景广阔的计算卸载途径。然而，尽管 MCC 丰富的计算资源能极大地降低处理时延，但是将应用程序从用户设备卸载到相距甚远的云服务器上会导致很高的传输时延。基于现有的基础设施，我们难以降低服务器和基站之间的网络时延。为了克服这个限制因素，一种新型框架：移动边缘计算 (Mobile Edge Computing, MEC) 被提出。与云计算相比，MEC 有以下特点。

1) 近距离性：边缘计算通常发生在数据源附近。MEC 的核心就是将计算和存储资源带到网络边缘，即移动用户设备附近。

2) 多样性：MEC 节点不限于 RSU，任何具有计算和存储资源的载体如车辆都能作为 MEC 节点，它们的计算能力不尽相同。

3) 资源受限性：在某一特定区域内，MEC 的计算资源是有限的，并且边缘节点的计算能力通常低于云服务器。

运用计算卸载技术，计算分区问题是基本的研究要点之一。假设应用程序包含一系列的模块，计算分区问题的目标就是决定哪些模块被卸载，哪些模块在本地运行，来最小化整体时间开销。为了构建这样的计算卸载决策机制，主要有以下几点挑战。

(1) 传统的卸载决策机制大多基于双平台：用户设备与 MCC 或者用户设备与 MEC。几乎没有考虑 MCC 和 MEC 的协同效应，而两者协同不仅能够均衡服务器运营商的负载，而且能最大限度地保证用户的服务质量。

(2) 近年来的研究大多集中在单用户卸载决策上。然而，扩展到多用户环境，用户的决策不仅取决于自身的开销，而且需要考虑传输数据时用户之间的干扰和 MEC 计算资源有限等问题。

(3) 在优化系统能耗或者时延时，计算卸载模型通常被构建为用户之间互相独立的单用户卸载模型而忽略用户之间资源竞争的现象。在多用户的前提下，必须考虑计算资源的限制与竞争。

本章主要关注 MCC 和 MEC 的相互作用，并说明 MCC 和 MEC 分别适用于不同的场景并且两者之间可以 “互取其长，补己之短”。当用户数量较少，计算资源充足时，MEC 以其更小的传输时延的优势提供更好的服务。随着用户数的增多，MCC 丰富的计算资源和强大的计算能力的优势凸显出来。实验结果证明，MCC 和 MEC 两者合作的表现优于单独任何一方的表现。

本章设计了一个迭代的启发式 MEC 资源分配算法 (IHRA) 用于求解多用户计算卸载问题，该问题被建模为混合整数线性规划问题。对于高计算能力要求和时延敏感的应用程序来说，运行时延是最为关键的一个因素。因此，IHRA 的优化目标为应用平均运行时延 (包括数据传输时延和处理时延)。我们从单用户计算卸载问题着手，运用分支定界算法求解单用户混合整数线性规划问题，然后将单用户模型扩展为多用户模型，并建模为混合整数线性规划问题，并且为 NP(Non-deterministic Polynomial) 难解问题，IHRA 算法给出了优化的最短平均运行时延的卸载决策。本章的主要贡献如下。

(1) 将 MEC 资源分配假设为无约束的单用户问题，之后将该模型扩展到多用户计算卸载问题，并考虑 MEC 资源约束和多用户之间的干扰。考虑多用户计算卸载问题时，本章将其建模为混合整数线性规划问题。

(2) 由于该问题 NP 难，本章进而提出了一种迭代启发式 MEC 资源分配算法，用于在多用户情况下做出计算卸载决策。该方法的计算复杂度为 $\mathcal{O}(N(M+\log_2 N))$，其中 M 和 N 分别为服务器和用户的数量。

(3) 仿真实验证明了该算法的优越性，与现有算法相比，IHRA 可以节省至多 30% 的应用运行时延。考虑到资源的高效利用和经济成本，本章也给出了 MEC 服务器数量和用户设备数量的最佳比例。此外，实验表明当 IHRA 扩展到不同的应用程序卸载条件下时，其性能保持稳定。

7.2 相关工作

近几年，计算卸载和资源分配问题受到了广泛关注。运行时延和能耗通常是系统评估的两个标准。计算卸载分为完全卸载和部分卸载。

国内外有许多相关研究，在完全卸载方面，文献 [72] 提出了一个一维搜索算法，旨在最小化运行时延。该算法考虑了应用程序缓存队列状态和可利用的处理功率，其性能与本地计算和全部卸载到 MEC 服务器相比较。文献 [73] 利用动态电压和频率缩放 (DVFS) 技术及能量收集技术在优化计算卸载过程中数据传输过程的同时，降低了应用程序卸载失败的概率。文献 [74] 设计了一个联合优化调度和卸载策略来促进用户体验 (Quality of Experience, QoE)，在满足平均运行时延限制的前提下，最小化能耗。然而，上述研究大部分考虑单个用户卸载并采用全部卸载策略。

近年来，一些研究开始逐渐关注部分卸载策略。文献 [75] 将部分卸载问题构建为非线性约束问题，并用线性规划求解。文献 [76] 通过对基于 TDMA 的系统中的应用程序时延约束进行排序来设计最佳资源分配策略。文献 [77] 考虑应用程序缓存的稳定性，构建了最小化能耗的优化问题，并提出了一种基于李雅普诺夫 (Lyapunov) 优化的在线算法，以确定最优的 CPU 计算频率和传输性能，并分配带宽资源。

本章主要研究的是多用户部分卸载，在此基础之上引入 MCC 和 MEC 的合作协同卸载。相比于单用户卸载问题，多用户计算卸载问题更实际，更加贴近现实。多用户问题不是单用户问题的简单叠加，用户之间对于信道资源和计算资源的竞争、传输数据的干扰等现实因素均要考虑在内。现有一些研究与本章内容较为相关，文献 [78] 构建了多用户计算分区问题 (MCPP)，并将该问题建模为整数线性规划问题 (Integer Linear Programming, ILP)，进而采用启发式贪婪算法求解 NP 难解的 MILP 问题。该文献的不足在于仅考虑 MCC 作为卸载平台，没有涉及 MCC 和 MEC 的协作，而且从单用户条件扩展至多用户时，没有考虑用户之间的干扰。文献 [79] 考虑了多用户之间的干扰，然而，该工作基于完全卸载，而且也未考虑 MCC 和 MEC 之间的协作。

7.3 系统模型和问题描述

本节主要介绍系统模型并对卸载场景进行描述。系统模型包括本章选取的应用程序模型和计算卸载系统框架模型。卸载场景描述先从单用户开始，进而扩展为多用户。

7.3.1 系统模型

我们主要研究计算复杂时延敏感的应用程序，运行这些应用要求高计算能力来保证低运行时延以确保用户良好的使用体验。由于用户设备自身的诸多局限性，无法独立在本地运行 (如增强现实、在线游戏或远程桌面等应用)，此时借助云端或边缘节点进行计算卸载会使用户大大受益。

一般来说，用户设备由代码剖析器、系统剖析器和决策引擎组成。代码剖析器的责任是确定应用可以被卸载的分区 (取决于应用程序类型和分区的代码或数据)。系统剖析器负责监控各种参数，如可用带宽、各需要卸载的任务数据大小或在本地执行应用程序的时延或能耗。最后，决策引擎决定哪些分区被卸载，哪些在本地执行。计算分区也称作部分卸载，需要考虑许多限制因素，例如，用户隐私、通信链路质量、用户设备计算与存储能力、云或边缘服务器的计算与存储能力以及资源的可用性。通常，应用程序是否可卸载是影响全部卸载或部分卸载决策的一个重要因素。如果应用包含了不可卸载的部分 (如用户输入数据、地理位置信息等)，那么这些部分只能在本地执行，而余下的部分则可以选择是否需要卸载到远端的服务器上运行。在图 7.1 的示例中，UE1 应用的全部模块都在本地执行；UE2 将应用程序的第 2 个模块卸载到 MEC 服务器，将第 4、5 两个模块卸载到 MCC 服务器，剩下的 1、3 模块在本地执行；UE3 的应用分为前、后两部分，分别被卸载到 MEC 服务器和 MCC 服务器上。

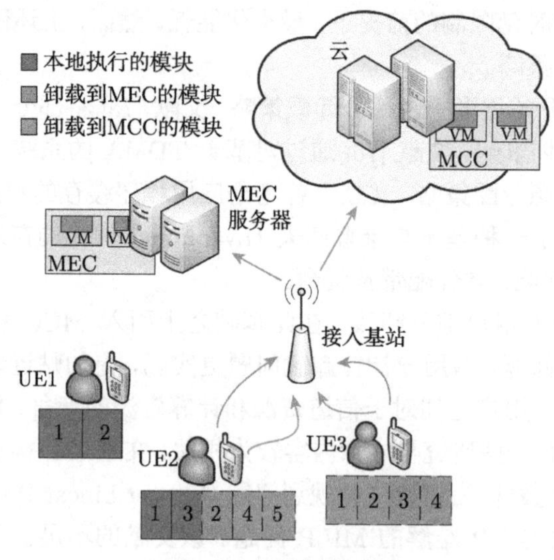

图 7.1　部分卸载示例

一般情况下，应用程序的所有模块可以是独立的或相互依赖的。本章将复杂的应用模块依赖系统简化为线性序列处理模块，图 7.2 所示是基于增强现实框架的应用 ARkit。箭头反

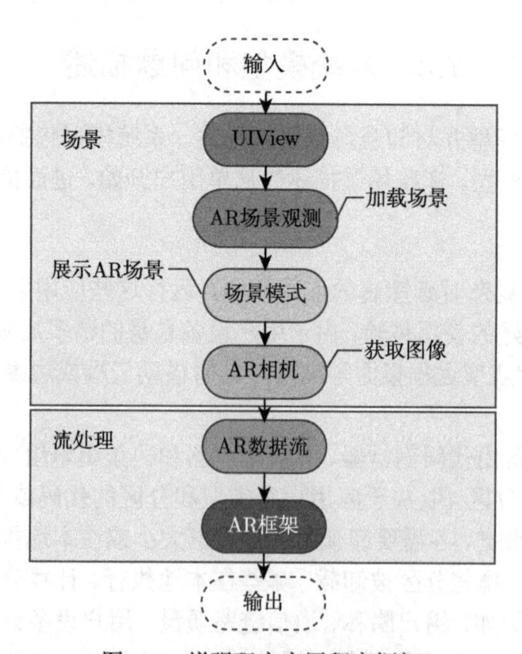

图 7.2　增强现实应用程序框架

映了模块之间的依赖关系。前一个模块的输出是下一个模块的输入。每个模块都可以在用户设备上、边缘节点上或远程云服务器上执行。最初的数据输入由本地设备应用程序启动。同样，当整个应用程序完成时，输出数据应该被传回本地设备。对于时延敏感的应用来说，计算能耗开销远不如执行时延重要，所以我们设定系统的性能指标是时延，代表应用的整个执行时间，包括所有模块的处理时间和在不同平台上执行的前后模块之间的数据传输时间。接下来进行计算卸载问题描述。

7.3.2 单用户计算卸载问题

在研究多用户情形之前，我们首先从单用户计算卸载问题 (SCOP) 出发，此时系统内仅有一个用户提出计算卸载请求。前面提及，我们将用户的应用程序模型抽象为一个包含 η 个模块的线性序列处理程序。每个模块要么选择在本地处理，要么选择卸载到边缘服务器或者远端的云服务器进行计算。对于模块 j，在本地处理、边缘服务器处理和云服务器处理的计算时间分别记为 p_j^L、p_j^E 和 p_j^C，其中 $p_j^L > p_j^E > p_j^C$。如果相邻的两个模块 j 和 $j-1$ 在不同的平台处理，那么两者之间的数据传输时间记为 t_j。否则，该传输时间近似为 0。显然最初的输入数据和最后的输出数据应该从本地用户设备获取或传回本地。所以我们在原有应用模型 6 个子模块的基础上另外添加两个虚拟模块，记为模块 0 和模块 $\eta+1$ 作为输入模块和输出模块。

给定计算开销 p_j ($1 \leqslant j \leqslant \eta$) 和传输开销 t_j $(0 \leqslant j \leqslant \eta+1)$ 的情况下，求解 SCOP 可得到使总运行时延最短的卸载决策，该决策记录了每个模块应该在对应平台上处理。SCOP 描述如式 (7.1) 所示：

$$\min \text{ Delay} = \sum_{j=1}^{\eta} p_j + \sum_{j=1}^{\eta+1} t_j \tag{7.1}$$

满足式 (7.2) 中的条件：

$$p_j = \alpha p_j^L + \beta p_j^E + \gamma p_j^C \tag{7.2}$$

其中，$\alpha+\beta+\gamma=1$，并且

$$\begin{aligned}
\alpha &= \begin{cases} 1, & \text{如果任务在本地处理} \\ 0, & \text{其他} \end{cases} \\
\beta &= \begin{cases} 1, & \text{如果任务在 MEC 服务器处理} \\ 0, & \text{其他} \end{cases} \\
\gamma &= \begin{cases} 1, & \text{如果任务在 MCC 服务器处理} \\ 0, & \text{其他} \end{cases}
\end{aligned} \tag{7.3}$$

处理时延 p_j 和模块数据量的大小与各平台 CPU 处理能力有关，而传输时延 t_j 则受通信资源的影响，如信道带宽。

SCOP 解决方案的一个示例如图 7.2 所示。图 7.2 中介绍的增强现实应用的六个模块被分配到适当的平台进行处理。每个模块接收前一个模块的输出作为输入数据。有两个模块由本地设备执行，三个由 MEC 服务器执行，一个由 MCC 服务器执行。

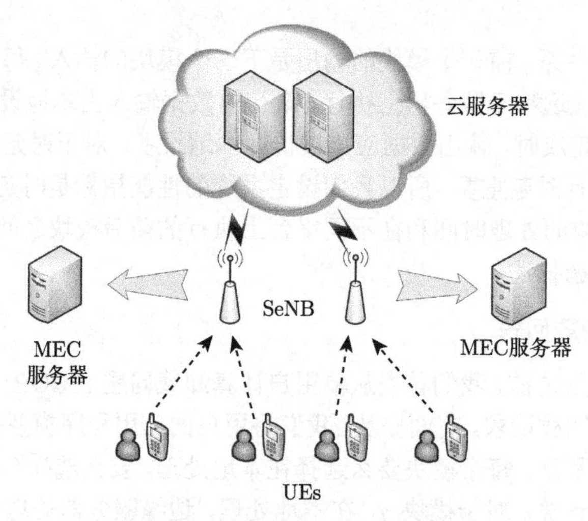

图 7.3 多用户分层计算卸载模型

7.3.3 多用户计算卸载问题

接下来解释多用户的情况。多用户分层计算卸载模型如图 7.3 所示。用户设备向基站发送卸载请求，基站负责调度各任务是否卸载到 MCC 服务器或 MEC 服务器。注意，多用户模型不能简单地考虑为单用户模型的叠加。在 SCOP 中，我们不考虑用户之间的干扰，因为整个信道被分配给单个用户，没有任何资源竞争。然而，在多用户计算卸载问题 (MCOP) 中，用户对信道资源的竞争将导致干扰。因此，多用户的总传输时间大于单用户传输时间的简单累加。

从单用户问题扩展为多用户问题，我们假设在一个短的时间间隙内，有 λ 个用户发出计算卸载请求，并且这些用户处于同一个频段。此时，用户之间就存在互相干扰的情况。总带宽 B 被分为 N 个信道，用户采用正交频分多址 (Orthogonal Frequency Division Multiple Access, OFDMA) 的技术上传卸载请求和数据到基站，每条信道只能分配给一个用户。每项计算任务 $\tau_{i,j}=\{\, d_{i,j},\, c_{i,j}\,\}$，其中，$d_{i,j}$ 是第 i 个用户的第 j 个模块的输入数据大小，$c_{i,j}$ 是完成任务所需的 CPU 时钟周期。对于每个任务来说，要么在本地设备上执行，要么卸载到远端服务器上执行。总的运行时延包含两部分：处理时延 $p_{i,j}$ 和传输时延 $t_{i,j}$。

1) 处理时延

我们定义 f_i^l、f_k^e、f^c 分别为本地设备、移动边缘服务器和云服务器的计算能力 (如 CPU 主频)，其中 f_i^l 和 f_k^e 与不同用户或者不同边缘节点的处理能力有关，而 f^c 在计算卸载过程中为一个恒定值。

当计算任务 $\tau_{i,j}$ 在本地设备上处理时，本地处理时延 $p_{i,j,0}^L$ 可由式 (7.4) 计算得到

$$p_{i,j,0}^L=\frac{c_{i,j}}{f_i^l} \tag{7.4}$$

当计算任务卸载到边缘节点时，边缘处理时延 $p_{i,j,k}^E$ 计算如式 (7.5) 所示：

$$p_{i,j,k}^E=\frac{c_{i,j}}{f_k^e} \tag{7.5}$$

其中，k 表示第 k 个移动边缘计算服务器 $(1 \leqslant k \leqslant M)$。当计算任务在云端处理时，处理时延 $p_{i,j,M+1}^C$ 计算如式 (7.6) 所示：

$$p_{i,j,M+1}^C = \frac{c_{i,j}}{f^c} \tag{7.6}$$

其中，$M+1$ 表示云服务器。前面提到任务 $\tau_{i,j}$ 只能被分配到三个平台之一进行处理，所以总的处理时间 $p_{i.j}$ 如式 (7.7) 所示：

$$p_{i.j} = \alpha p_{i,j,0}^L + \beta p_{i,j,k}^E + \gamma p_{i,j,M+1}^C \tag{7.7}$$

其中，$\alpha+\beta+\gamma=1$，且满足三者均为 0 或 1 整型二进制变量。

2) 传输时延

从本地设备卸载程序到远端服务器的过程中，用户通常通过基站向边缘节点或者云节点发送输入数据而不是直接发送。由于基站通常建设在 MEC 服务器附近，两者之间的传输时延可以忽略。此外，输出数据的大小通常远小于输入数据，回程链路的时间开销也可以忽略。因此，本章主要研究从用户本地设备到基站的上行链路和基站至云服务器的传输时延。

我们定义三个二元变量 $y_{i,j,\alpha}$、$y_{i,j,\beta}$ 和 $y_{i,j,\gamma}$，用来表示第 i 个用户设备上应用程序的第 j 个模块是否在本地执行或被卸载到 MEC 或 MCC 端执行，值为 1 代表该模块在相应的平台上执行。如果用户设备 i 在信道 n 上通过基站卸载应用到远端服务器 k，可获取的传输速率 $r_{i,k,n}$ 可通过式 (7.8) 的香农公式计算：

$$r_{i,k,n} = \omega \log_2 \left(1 + \frac{p_{i,k,n} h_{i,k,n}}{\sigma^2 + I_{i,k,n}}\right) \tag{7.8}$$

其中，ω 为带宽，由于总带宽 B 被分为 N 个子信道，即 $\omega = B/N$；变量 $p_{i,k,n}$ 为传输功率；$h_{i,k,n}$ 为从用户 i 到服务器 k 传输过程中无线链路的信道损耗。分式的分母为信号与干扰加噪声比，其中 σ^2 为噪声功率，$I_{i,k,n}$ 表示子信道 n 上的邻近用户对用户 i 的干扰，计算方式如式 (7.9) 所示：

$$I_{i,k,n} = \sum_{x=1,x\neq i}^{\lambda} \sum_{y=1}^{M+1} a_{x,y,n} p_{x,y,n} h_{x,y,n}^k \tag{7.9}$$

其中，x 和 y 分别表示用户和服务器的序列编号，二进制变量 $a_{x,y,n}$ 为 1 表示信道 n 被分配给用户 x 到服务器 y 进行计算任务 $\tau_{x,y}$ 的卸载，否则 $a_{x,y,n}=0$。因此，这个频段的总传输速率可由全部子信道之和得到，如式 (7.10) 所示：

$$r_{i,k} = \sum_{n=1}^{N} a_{i,k,n} r_{i,k,n} \tag{7.10}$$

每项任务最多占用一条信道，即满足 $\sum\limits_{n=1}^{N} a_{i,k,n} \leqslant 1$。在得到传输速率之后，我们可以计算用户 i 卸载模块 j 的传输时延，传输时延如式 (7.11) 所示：

$$t_{i,j} = t_{i,j,\alpha\to\beta} + t_{i,j,\alpha\to\gamma} + t_{i,j,\beta\to\gamma} + t_{i,j,\gamma\to\beta} \tag{7.11}$$

我们考虑传输时延分为四种情况，箭头指示卸载过程的起点和终点平台以及卸载方向。例如，$t_{i,j,\alpha\to\beta}$ 表示应用程序第 $j-1$ 个模块在本地设备执行，而第 j 个模块被卸载到边缘节点上执行，在线性序列处理应用模型下，模块 $j-1$ 的输出作为模块 j 的输入，所以必须考虑从本地设备发送模块 $j-1$ 的输出数据到 MEC 服务器作为模块 j 的输入数据的传输时延。类似地，$t_{i,j,\alpha\to\gamma}$ 表示模块 $j-1$ 在本地执行，模块 j 在 MCC 服务器上执行；$t_{i,j,\beta\to\gamma}$ 和 $t_{i,j,\gamma\to\beta}$ 对称，表示前后模块分别位于 MEC 和 MCC 服务器上的情形。式 (7.12) 给出了四种情况下传输时延的计算方法：

$$\begin{aligned}
t_{i,j,\alpha\to\beta} &= y_{i,j,\beta}\frac{d_{i,j}}{r_{i,k}} \\
t_{i,j,\alpha\to\gamma} &= y_{i,j,\gamma}\left(\frac{d_{i,j}}{r_{i,M+1}}+\pi_{i,j,k}\right) \\
t_{i,j,\beta\to\gamma} &= y_{i,j-1,\beta}y_{i,j,\gamma}\pi_{i,j,k} \\
t_{i,j,\gamma\to\beta} &= y_{i,j-1,\gamma}y_{i,j,\beta}\pi_{i,j,k}
\end{aligned} \tag{7.12}$$

其中，$\pi_{i,j,k}$ 表示从基站 k 到云服务器的传输时延，与基站到边缘服务器的近距离相比，该时延不可忽略。

3) 多用户卸载问题描述

我们将计算卸载整个过程的时延分为两个部分：处理时延和传输时延，结合这两部分得到总运行时延。计算能力和距离的不同导致两者之间需要进行权衡。因此，我们将 MCOP 描述为以下最优化问题，如公式 (7.13) 所示：

$$\min_{\alpha,\beta,\gamma} \text{Delay} = \sum_{i=1}^{\lambda}\sum_{j=1}^{\eta}(p_{i,j}+t_{i,j}) \tag{7.13}$$

满足：

$$\begin{aligned}
&\text{C}_1: \alpha+\beta+\gamma=1, \alpha,\beta,\gamma\in\{0,1\} \\
&\text{C}_2: y_{i,j,\alpha}+y_{i,j,\beta}+y_{i,j,\gamma}=1 \\
&\qquad y_{i,j,\alpha},y_{i,j,\beta},y_{i,j,\gamma}\in\{0,1\} \\
&\text{C}_3: \sum_{j} y_{i,j,\alpha}+y_{i,j,\beta}+y_{i,j,\gamma}=\eta, \forall i\in[1,\lambda] \\
&\text{C}_4: \sum_{n=1}^{N} a_{i,k,n}\leqslant 1, a_{i,k,n}\in\{0,1\} \\
&\text{C}_5: \sum_{i=1}^{\lambda} y_{i,j,\beta}\leqslant \min\{\lambda,M\}, \forall j\in[1,\eta] \\
&\text{C}_6: 0\leqslant \sum_{i,j} y_{i,j,\beta}\leqslant M \\
&\text{C}_7: \sum_{i=1}^{\lambda} y_{i,j,\gamma}\leqslant \lambda, \forall j\in[1,\eta] \\
&\text{C}_8: 0\leqslant \sum_{i,j} y_{i,j,\gamma}\leqslant \lambda\eta \\
&\qquad \text{式(7.2)} \sim \text{式(7.10)}
\end{aligned} \tag{7.14}$$

其中，约束 C_1 和 C_2 保证每个模块只能在本地设备或 MEC 服务器或 MCC 服务器中的一个地方处理；约束 C_3 确保每个用户的应用程序的所有模块都被执行；约束 C_4 表明每个用户只能被分配一条信道；约束 C_5 和 C_6 反映了 MEC 资源是有限的，每个 MEC 服务器在某一时间只能处理一个计算卸载请求；与之相对，约束 C_7 和 C_8 体现了 MCC 资源不受限的特点，多用户可并行接入。

由于 MCOP 具有众多的两元变量，显然这个最优化问题是混合整数线性规划问题。考虑本地设备和远端云服务器两者间的卸载策略时，文献 [80] 提出了多用户计算分区问题，并将该问题建模为 MILP，该问题被证明是 NP 难解问题。本章在 MCPP 的基础上，引入 MEC 作为 MCC 的补充和修正，提出的 MCOP 更加复杂，难以解决。因此，我们设计了一个启发式算法来解决 MCOP。对于每个用户设备，先求解 SCOP 的局部最优解，此时 MEC 资源被视为不受限的。然后调整由于 MEC 资源有限而导致的资源冲突的用户设备。

7.4 迭代启发式资源分配算法

本节将介绍用于解决 MCOP 的迭代启发式 MEC 资源分配算法。首先对主要的数据结构和函数进行介绍，然后展示算法流程，并给出示例与性能分析。

7.4.1 决策矩阵

我们定义一个三维决策矩阵 φ，大小为 $3\times\lambda\times(\eta+2)$，来存储 IHRA 给出的用户设备计算卸载调度的结果，其中 3 表示能够执行应用程序的三个平台，其中包括本地设备和两个卸载平台 (MCC 和 MEC)。λ 和 $\eta+2$ 分别表示用户设备数和应用程序的模块数 (加上额外添加的输入模块和输出模块)。注意 $\eta+2$ 个模块中，0 号模块是输入模块，$\eta+1$ 号模块是输出模块，均默认在本地设备执行，因此决策矩阵的第二个维度大小为 $\eta+2$。举个例子，$\varphi\ [1;\ 5;\ 6]=1$ 意味着第 6 个用户设备上的应用程序的第五个模块被卸载到边缘节点上执行。根据 MCOP 的约束 C_2，任何模块只能在一个平台上执行，此时必有 $\varphi\ [0;\ 5;\ 6]=\varphi\ [2;\ 5;\ 6]=0$。

在解决 MCOP 之前，我们先考虑 SCOP，它是 IHRA 的基础。当高需求应用运行在用户设备 i 上时，用户可能需要计算卸载服务。因此，用户设备 i 向附近的基站发送卸载请求集 $\phi_i=\{\ D_i, C_i, f_i^l, p_i\ \}$，其中 D_i、C_i、f_i^l 和 p_i 分别表示用户设备 i 上应用程序所有模块的数据量大小、处理所需的 CPU 周期数、本地设备的计算能力以及设备发送数据的传输功率。一旦基站收到用户的计算卸载请求，就迅速利用分支定界 (BNB) 算法来求解 SCOP，并得到初始化的决策矩阵 φ_{initial}。

7.4.2 反馈函数

由于在多用户条件下 MEC 资源是有限的，因此我们必须处理由 SCOP 计算出的初始决策矩阵 φ_{initial} 中资源冲突的情况。本章设计了反馈函数 F 用于调整资源冲突并执行 MEC 资源分配。F 定义为 SCOP 计算得到的初始总时延 D_{orig} 减去由于调整引起的卸载决策改变后的调整时延 D_{adj}。为了最小化总的运行时延，我们始终优先调整那些调整前后对于整个系统影响最小的用户设备。换句话说，这些用户设备对于 MEC 资源的依赖度最小。

7.4.3 算法描述

算法 7.1 描述了 IHRA 算法的伪代码。其输入为用户设备集 λ 以及用户设备的卸载请求 ϕ、边缘节点集 M 以及边缘服务器的计算能力 f^e、云服务器的计算能力 f^c。首先，计算每个用户设备在 SCOP 下的初始最优应用执行时延 D_{orig}，此时不考虑 MEC 资源受限。分支定界算法用于解决 SCOP，输出初始卸载调度结果并记录在初始卸载决策矩阵 φ_{initial} 中 (第 1~2 行)。然后统计占用 MEC 资源的用户设备集，记为 $\tilde{\lambda}$。通过查看用户 i 的决策矩阵的第二个维度可以得知用户 i 上的应用是否被卸载到边缘节点上 (第 3 行)。调整后的执行时延 D_{adj} 和调整后决策矩阵 φ_{adj} 的计算类似于求解 SCOP，但此时系统内没有可用的 MEC 资源，仅考虑本地设备和 MCC 服务器两者之间的选择。为了降低算法的时间复杂度，我们仅计算 $\tilde{\lambda}$ 集合内的用户设备 (第 4~5 行)。得到初始执行时延 D_{orig} 和调整执行时延 φ_{adj} 后，我们可以根据式 (7.12) 很容易地计算每个用户的反馈函数值并得到反馈函数列表 (第 6 行)。将反馈函数列表降序排列，此时列表排在第一的用户设备在调整前后时延增加最小，对 MEC 资源的依赖性最小，我们将其作为调整目标 (第 7 行)。接下来，算法构建一个 while 循环通过迭代循环更新初始调度决策进行 MEC 资源分配直至解决所有的资源冲突问题。在每个循环里，选取反馈函数列表的第一个用户设备 λ_i，用调整后的卸载调度结果更新初始卸载调度决策，即利用用户 λ_i 对应的 φ_{adj} 和 D_{adj} 值更新 φ_{initial} 和 D_{orig} 值 (第 8~14 行)。更新完成后，算法输出经过资源分配的最终计算卸载决策矩阵。

算法 7.1 启发式 MEC 资源分配迭代算法

输入: 用户集 λ，MEC 服务器集 M, 卸载请求 $\phi_i = \{ D_i, C_i, f_i^l, p_i \}$, f^e, f^c;

输出: 计算卸载决策矩阵 φ;

1: 计算初始运行时延 D_{orig};
2: 得到初始化卸载决策矩阵 φ_{initial};
3: 统计占用 MEC 资源的用户集 $\tilde{\lambda}$;
4: 计算调整后的运行时延 D_{adj};
5: 得到调整后的卸载决策矩阵 $\varphi_{\text{adjusted}}$;
6: $F = D_{\text{orig}} - D_{\text{adj}}$
7: 反馈函数列表 F 降序排序;
8: while $\tilde{\lambda} > M$ do
9: 选择 F 列表第一个用户设备 λ_i;
10: 更新 $\varphi_{\text{initial}}[\lambda_i] := \varphi_{\text{adjusted}}[\lambda_i]$
11: 更新 $D_{\text{orig}}[\lambda_i] := D_{\text{adj}}[\lambda_i]$
12: 从 $\tilde{\lambda}$ 中移除 λ_i;
13: $\tilde{\lambda} \Leftarrow \tilde{\lambda} - 1$
14: end while
15: return 最终计算卸载决策矩阵 φ;

例如，在某一区域内有 5 个 MEC 服务器。用户设备 $\lambda_1 \sim \lambda_{10}$ 向基站发送卸载请求，基

站计算出每个用户的初始时延 D_{orig} 并得出初始卸载决策矩阵 φ_{initial}。10 个用户中，λ_3 没有占用 MEC 资源，也就是说，其全部卸载任务都由 M CC 服务器完成，此时 $\tilde{\lambda}$ 集合为剩下 9 个用户。紧接着，基站计算出除 λ_3 以外的卸载调度矩阵 φ_{adj} 和运行时延 D_{adj}，$\tilde{\lambda}$ 集合的反馈函数列表也能通过式 (7.12) 计算得到。由于仅有 5 个 MEC 服务器，即只有 5 名用户能够利用 MEC 资源，其余 4 名用户的初始卸载决策需要调整。根据降序排列的反馈函数列表，用户设备 λ_5 排在列表的首位，说明调整前后有无 MEC 资源对其影响相对最小，因此我们将其卸载任务从 MEC 服务器调整至 MCC 服务器，同时用 λ_5 调整后的卸载决策 $\varphi_{\text{adj}}[\lambda_5]$ 和运行时延 $D_{\text{adj}}[\lambda_5]$ 更新 λ_5 初始的卸载决策 $\varphi_{\text{initial}}[\lambda_5]$ 和初始运行时延 $D_{\text{orig}}[\lambda_5]$。更新后将 λ_5 移除 $\tilde{\lambda}$ 集合，进入下一次循环，经过 4 次相似的迭代资源分配过程后，全部的 MEC 资源冲突问题得以解决，IHRA 输出最终的卸载调度结果。

7.4.4 算法性能分析

本节证明提出的 IHRA 算法能够在有限的迭代次数和时间内完成。

定理 7.1 IHRA 的时间复杂度为 $\mathcal{O}(N(M+\log_2 N))$，其中 N 和 M 分别与用户设备数和 MEC 服务器数成正相关。

证明： IHRA 的时间复杂度主要分为两部分，即初始化阶段和 while 循环阶段。对于前一部分来说，利用分支定界算法求解 SCOP 的复杂度为 $\mathcal{O}(\lambda(M+2)3^{\eta-1})$。获得 $\tilde{\lambda}$ 集合的计数步骤花费常数量级的时间。参数 λ、η、M 在计算调整后的运行时延和卸载调度决策时保持不变，计算过程的时间复杂度为 $\mathcal{O}(\lambda 2^{\eta})$。反馈函数列表的排序过程的时间复杂度为 $\mathcal{O}(\lambda\log_2\lambda)$。因此初始化阶段总的时间复杂度为 $\mathcal{O}(\lambda((M+2)3^{\eta-1}+2^{\eta}+\log_2\lambda))$。在 while 循环中，主要进行更新和删除等常数级时间花费操作，共需执行 $\lambda-M$ 次循环，时间复杂度为 $\mathcal{O}(\lambda-M)$。定理 7.1 的前提是 $\lambda\geqslant M$，如果 $\lambda<M$，说明 MEC 服务器数量大于用户设备数量，此时 MEC 资源充足，没有因资源受限导致的冲突问题，多用户计算卸载问题近似等于单用户计算卸载问题的叠加，因此不用执行 while 循环。当 $\lambda\geqslant M$ 时，结合初始化阶段和 while 循环阶段两部分，IHRA 总的时间复杂度为两阶段时间复杂度之和，即 $\mathcal{O}(\lambda((M+2)3^{\eta-1}+2^{\eta}+\log_2\lambda)+(\lambda-M))$。在上述的时间复杂度算式中，$\eta$ 表示应用的模块数，是常量。因此，最终结果可简化为 $\mathcal{O}(N(M+\log_2 N))$，即 IHRA 可在多项式时间内求解 MCOP，定理 7.1 成立。 □

与之相比，暴力搜索算法的时间复杂度为 $\mathcal{O}(\lambda 3^{\eta-1}(M+2)!)$，远高于 IHRA。当有 40 个用户设备，20 个 MEC 服务器，应用程序包含 6 个模块时，即 $\lambda=40$，$\eta=6$，$M=20$ 时，暴力搜索求解的时间复杂度是 IHRA 求解的时间复杂度的 5.04×10^{19} 倍。

7.5 性能分析

本节通过仿真实验验证提出的基于多层异构网络的 IHRA 算法的性能。MCC 和 MEC 的特点都被考虑入内。首先介绍仿真实验的参数设置，然后展示实验结果并给出分析。

7.5.1 参数设置

我们选取图 7.2 所示的增强现实框架 ARkit 作为仿真实验中用户设备上运行的高计算

要求时延敏感应用，ARkit 包含 6 个模块，即 $\eta=6$。MCC 服务器离用户设备较远，其计算能力 f^c 用 CPU 主频表示，取 64GHz。而 MEC 服务器部署在基站周围，离用户较近，其 CPU 主频为 16GHz。每个用户设备有不同的任务需要处理，其数据量大小和所需 CPU 周期数分别从 [500, 1500]KB 的均匀分布和 [0.2,0.3]GHz 的均匀分布中随机产生。用户设备的 CPU 主频为 1.2GHz。为了简化模型，我们假设所有的用户设备和应用程序都是相同的。这个模型很容易扩展为考虑不同用户运行不同应用的情形，并且 7.3 节中介绍的 IHRA 算法仍然适用。总频段分为 10 个子信道，每条信道的带宽为 0.2MHz。用户设备的传输功率为 23dBm，信道噪声功率为 -114dBm。仿真参数设置如表 7.1 所示。

表 7.1　仿真参数设置

仿真参数	数值
应用程序模块数 η	6
MCC 服务器 CPU 频率 f^c	64 GHz
MEC 服务器 CPU 频率 f^e	16 GHz
用户设备 CPU 频率 f^l	1.2 GHz
模块的数据大小 $d_{i,j}$	500~1500 KB
处理模块所需 CPU 周期数 $c_{i,j}$	0.2~0.3 GHz
用户设备传输功率 $p_{i,k,n}$	23 dBm
噪声功率 σ	−114 dBm

本节将本章提出的 IHRA 算法与三种基准算法相比较：基于 MCC 的计算卸载 (MCCBO)、基于 MEC 的计算卸载 (MECBO) 和本地设备处理 (ALBO)。MCCBO 和 MECBO 表示系统内仅有 MCC/MEC 服务器作为计算卸载平台，ALBO 表示应用的全部模块在本地执行。由于大量的仿真是基于不同数量的用户设备和 MEC 服务器进行的，因此有必要统一标准来衡量每种算法的性能。我们定义平均时延比率 (ADR) 来衡量算法的相对性能，如式 (7.15) 所示：

$$\mathrm{ADR}=\frac{D_{\mathrm{IHRA}}}{D_{\mathrm{adj}}} \tag{7.15}$$

式 (7.15) 的分母是本章提出的 IHRA 算法计算的所有用户设备的最佳执行时延。分子是更简单情况下的最佳执行时延。对应于三种基准算法：MCCBO 算法中的 D_{adj} 是在没有 MEC 资源的情况下考虑 MCC 服务器和本地设备两者的计算卸载最优情况计算得到的；与之类似，MECBO 系统内没有 MCC 资源，应用在 MEC 服务器和本地设备之间选择；ALBO 的 D_{adj} 为应用在本地执行的时延。国内外现有的绝大多数工作都考虑 MCCBO 或 MECBO 两者之一。

7.5.2　分析结果

IHRA 算法的理论性能如图 7.4~ 图 7.9 所示。

第一个实验结果如图 7.4 所示。用户设备数固定为 40。我们比较了在不同数量的 MEC 服务器下基于 ADR 的各算法的性能。在三种 ADR 曲线中，MCCBO 和 ALBO 的值随着 MEC 服务器数量 M 的增长而减小。当 $M\leqslant 15$ 时，由于资源相对紧缺，MEC 服务器没有承担主要的计算卸载任务。在这一点上，与仅使用云计算相比，添加 MEC 可以将时延减少大约 10%。从 ALBO 曲线来看，计算卸载技术的引入能大大降低高需求应用的运行时延，降幅达到 60%。当 M 逐渐增大至大于等于 20 时，IHRA 算法的性能大幅度优于 MCCBO 算法，此时 MEC 服务器处理大部分的卸载任务，相比于 MCCBO，IHRA 降低了超过 30%的平均运行时延。不仅如此，当 MEC 资源相对充足时，计算卸载对于用户设备具有更大的影响，MCC 和 MEC 的协同卸载将本地设备上的应用运行时延降低了 70%。不同于另外两条曲线，MECBO 曲线随着 M 的增大而增大，它反映了 MEC 和 MCC 之间的协同合作的比率。当 M 很大时，MEC 资源充足，考虑 MCC 的 IHRA 只能优化 10%的运行时延。然而，当 MEC 资源稀缺时，IHRA 能够降低 50%的时延，这也证明了当 MEC 服务器无法处理所有的卸载请求时 MCC 的重要性。总的来说，图 7.4 证明了 IHRA 算法可提供比其他基准算法更好的性能，并且能够通过租用更多的 MEC 资源来提供更好的性能。

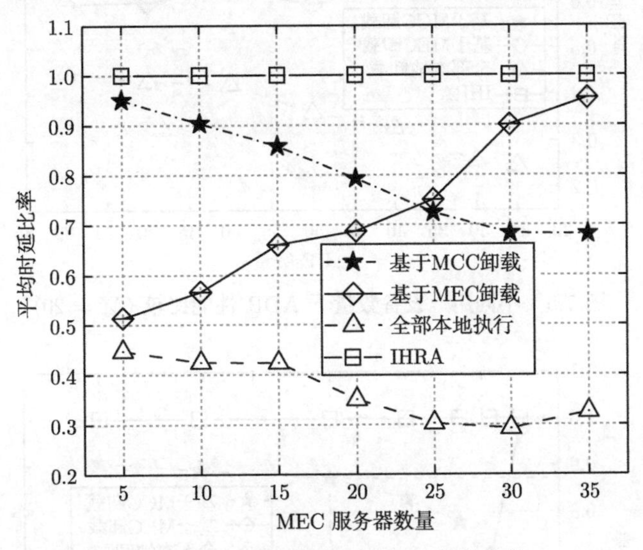

图 7.4 不同 MEC 服务器数量下 ADR 性能比较 ($\lambda = 40$)

接下来，我们固定 MEC 服务器的数量，假设 $M = 20$。比较 IHRA 与其他三种基准算法在不同的用户设备数的条件下 ADR 的性能，如图 7.5 所示。由于有限的 MEC 资源无法处理过多的用户请求，MECBO 算法的性能随着用户数的增多而下降。与此相反，当用户设备很少时，MCCBO 的表现较差，随着用户数的增多，其性能也逐渐提高，这一现象凸显出 MCC 的一大优势：不受限的计算资源，尤其是短时间内处理大量用户请求时表现得更加明显，而 MEC 在计算资源相对充足时表现更好。ALBO 算法的曲线缓慢增长且始终低于 0.5，说明不论何时当整个应用程序在本地执行时，总时延总是比进行计算卸载的时延长得多。

图 7.6 展示了各算法基于 ADR 的性能随 MEC 服务器和用户设备的比例 (M/λ) 的变化曲线。明显可以看出该值越大，MEC 的计算资源越充足，IHRA 的性能越好。然而，考虑到合理高效的资源利用和租用 MEC 服务器存在的经济开销，我们不能无限制地增加 MEC 资源。因此，在资源高效利用和用户服务质量之间必须找到一个均衡点。从图 7.6 中可以看出，当 $M/\lambda < \dfrac{1}{2}$ 时，MECBO 的 ADR 性能指标随着 M/λ 的增大迅速提升，与此同时，MCCBO 的 ADR 性能指标迅速下降，此时 MEC 资源相对稀缺，适量增加 MEC 服务器租用会大大

提升卸载服务的整体性能。当 $M/\lambda > \frac{1}{2}$ 时，MECBO 的 ADR 性能指标随着 M/λ 的增大缓慢增长，MEC 资源逐渐趋近饱和，租用更多的 MEC 服务器虽然能够降低少许应用执行延迟，但是会大大降低资源使用效率并增加额外的经济负担。因此，租用用户数量一半的 MEC 服务器是一个相对经济且资源高效利用的方案。

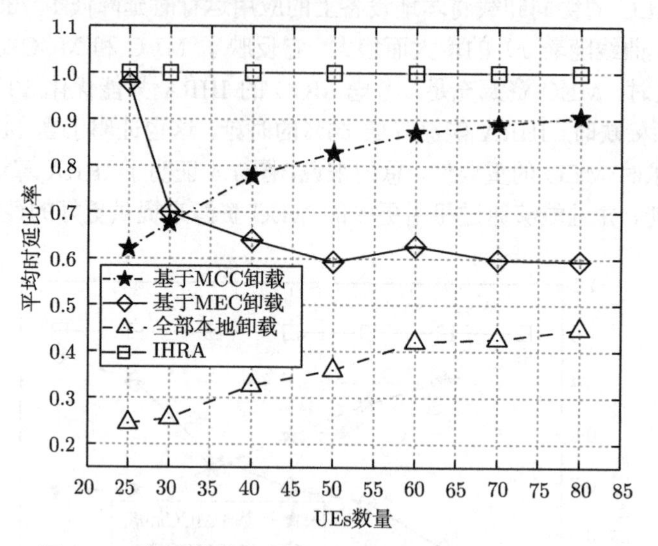

图 7.5　不同用户设备数量下 ADR 性能比较 ($M = 20$)

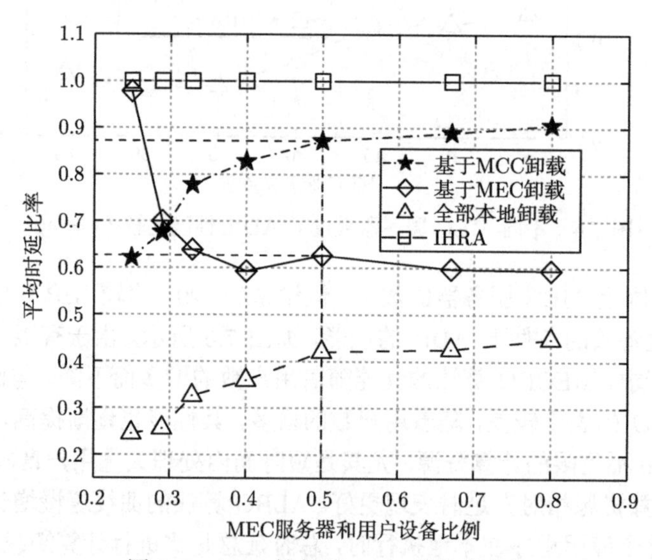

图 7.6　ADR 性能随 M/λ 的比值变化

图 7.7 展示了在不同的 MEC 服务器数量下，MEC 和 MCC 分别负载的卸载模块数的比例的变化情况。随着 MEC 服务器数量的增长，MEC 负载比例和 MCC 负载比例分别近似线性上升和下降。当 MEC 服务器数量较少时，MCC 承担了大部分的计算卸载任务。而当 MEC 资源充足时，MCC 作为补充角色，承担少量计算卸载任务，即便如此，MCC 仍然是整个计算卸载系统不可或缺的一部分。没有 MCC，系统无法在短时间内处理爆炸式增长

的用户请求。总的来说，MCC 和 MEC 适用于不同的情形，两者协作能够弥补彼此的短处。

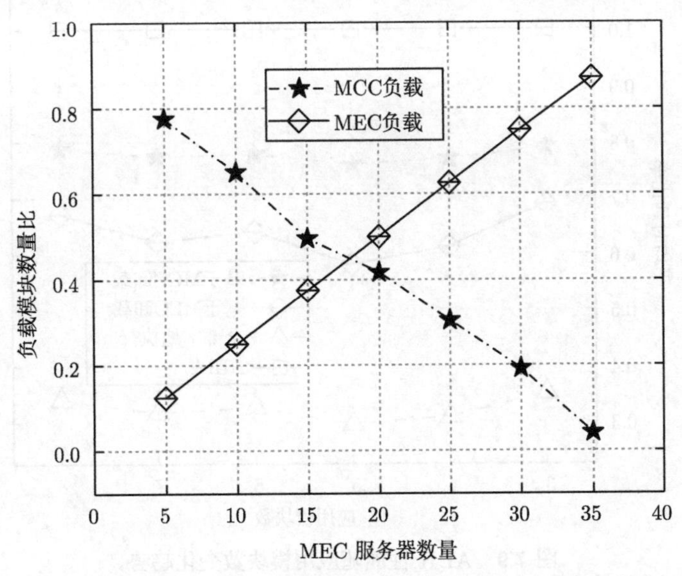

图 7.7　MEC 和 MCC 负载模块数随 MEC 服务器数量变化情况

云服务器和 SeNB 的时延对用户产生影响。与 MEC 相比，MCC 的优势在于丰富的计算资源和强大的计算能力。图 7.8 表示 ADR 性能受云服务器和 SeNB 的时延变化的影响。我们可以观察到基于 MCC 的卸载性能随时延的增加而下降，而基于 MEC 的卸载性能变化不大。当时延较大时，基于 MEC 卸载的算法性能优势较大。最后，我们基于不同模块数的应用验证了 IHRA 的通用性，结果如图 7.9 所示。用户设备数和 MEC 服务器数分别设置为 40 和 20。各基准算法的 ADR 性能随着应用程序模块数的变化保持稳定，这也证明了本章提出的 IHRA 算法适用于不同的应用程序的计算卸载。

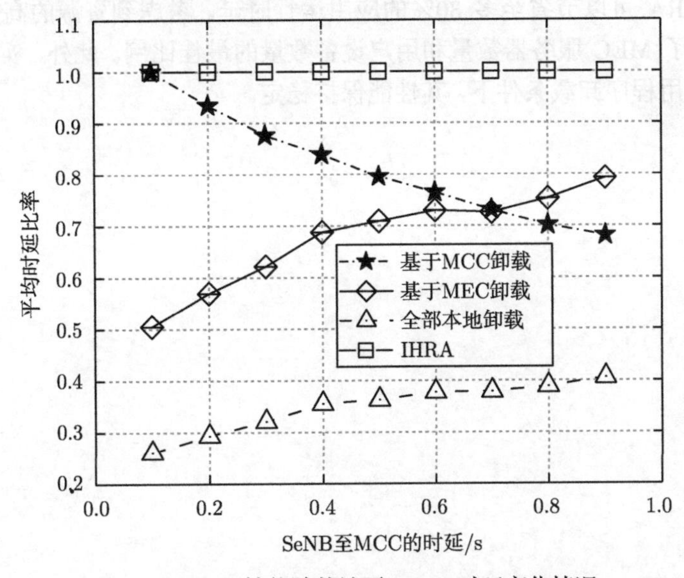

图 7.8　ADR 性能随基站至 MCC 时延变化情况

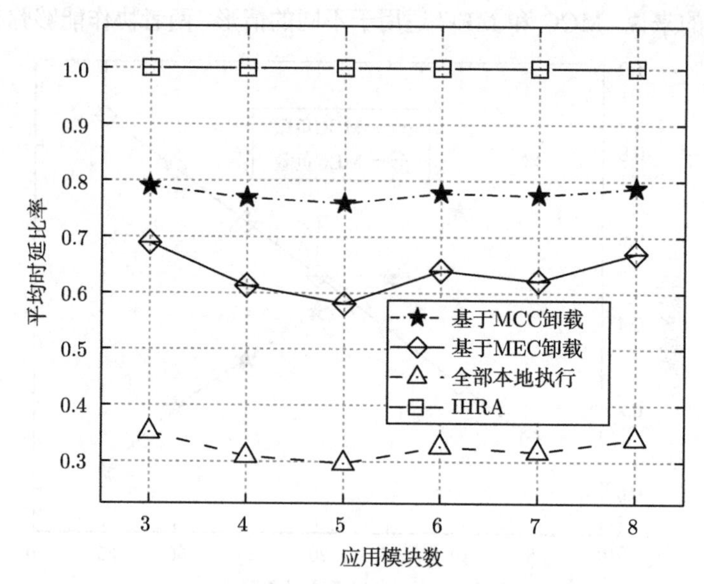

图 7.9　ADR 性能随应用模块数变化趋势

7.6　本 章 小 结

本章首先介绍了移动云计算与移动边缘计算相关技术，以及主要研究对象计算卸载技术。计算卸载是解决时延敏感的应用程序无法在移动用户设备上运行的有效方法。首先，我们考虑 MEC 资源无约束的单用户问题，之后将该模型扩展到多用户计算卸载问题，考虑了 MEC 资源的约束限制和多用户之间的干扰。在考虑多用户计算卸载问题时，本章将其建模为混合整数线性规划问题，由于是 NP 难解问题，进而提出了一种迭代启发式 MEC 资源分配算法，从而在多用户情况下做出计算卸载决策。仿真实验证明了该算法的优越性，对比其他基准算法，IHRA 可以节省至多 30%的应用运行时延。考虑到资源的高效利用和经济成本，本章也给出了 MEC 服务器数量和用户设备数量的最佳比例。此外，实验证明将 IHRA 扩展到不同的应用程序卸载条件下，其性能保持稳定。

第8章 面向高效数据分发的动态计算任务卸载机制

本章介绍面向高效数据分发的动态计算任务卸载机制。计算资源受限会影响数据分发机制的性能，造成高网络时延等问题。为了解决这个问题，基于雾计算的方案得到广泛应用，这些方案可以将计算资源迁移到网络边缘，并提高系统响应速度，达到时延最小化的目的。目前车载雾计算的研究仍处于起步阶段，大部分方案旨在搭建适用于车联网的雾计算平台，却忽略了车联网系统中本身存在的闲置资源。这些资源可以统筹利用，为车辆提供计算和存储服务。本章提出了一种面向高效数据分发的动态计算任务卸载机制，旨在最大限度地减少车辆感知事件的平均响应时间。首先，本章构建了一个城市范围内的分布式交通管理系统，将靠近路侧单元的车辆当作雾节点，并根据排队论对停靠和移动的车辆进行建模。此外，本章将卸载优化问题分解为两个子问题，并允许在不同雾节点之间调度计算负载资源。最后，本章基于真实的出租车轨迹数据集进行性能分析，证明本章所设计算法的优越性。

8.1 引 言

在过去的十年中，物联网在学术领域、工业领域都受到了极大的关注。物联网连接了日常生活中无处不在的物体，如智能手机、笔记本电脑、平板电脑、电视和车辆等，其最具吸引力的特征是通过集成无处不在的网络来形成异构网络框架。随着感知、计算和联网工具以及技术的发展，大量数据在城市地区大规模产生并迅速扩散，包括实时交通信息、车辆移动信息和社会关系信息等。作为物联网的重要分支，车联网已成为智能城市工业应用发展的新兴研究领域，例如，交通管理和道路安全等。许多国家正致力于建设车联网系统，如欧洲的ERTICO-ITS。在工业领域，全球汽车制造商，如沃尔沃、宝马和丰田，已经开发出基于 V2V 通信的测试平台。

车辆数目的不断增长导致了空气污染和道路交通拥堵等问题，研究有效的道路交通管理方案来通知车辆、疏散交通，来缓解各种交通问题进而实现绿色交通至关重要。许多研究和项目致力于通过减少交通管理服务器的响应时间来解决这些问题，其中大部分工作基于集中式数据管理，即使用中央服务器来进行数据处理。然而，车辆生成的信息具有本地相关性，即车辆感知的数据具有时效性和空间限制，例如，有关交通拥堵的信息可能只有半小时有效期，并且只能引起正朝着拥堵区域行驶车辆的注意。因此，分布式的交通管理系统设计至关重要。为了构建这样一个系统，本章主要面临以下几个挑战。

(1) 传统的交通管理方案主要基于集中控制机制，在交通管理服务器上造成严重负荷并导致长时间的响应时延。因此，需要研究如何构建分布式的系统模型来管理城市交通数据流。

(2) 雾计算有望成为交通管理服务器卸载的重要平台，如何在控制网络成本的前提下，对雾节点进行安装和放置，如何在雾节点之间调度和平衡负载值得研究。

(3) 由于计算资源的限制和大规模车载网络中实时应用的低时延要求，设计优化的卸载网络负载方式非常有必要。

本章基于雾计算设计了车联网环境下面向高效数据分发的动态计算任务卸载算法，命名为 FORT (Offloading Algorithm for Real-time Traffic Management based on Highly Efficient Data Dissemination)，其目标为最小化交通管理服务器对消息的平均响应时间。本章结合了雾计算和分布式交通管理系统，将整个城市分为几个区域，交通事件在所发生的对应区域内处理。本章首先建立一个三层系统模型，包含云层、微云层和雾层。云层与车辆距离较远，每个地区都有一个微云和一些雾节点，用于管理过往车辆报告的信息。同时，停靠和移动的车辆有能力提供计算资源，可以视为雾节点。本章将交通管理系统建模为队列系统，并将微云考虑为基于 $M/M/n$ 队列的处理服务器，进而根据排队论基于停靠和移动车辆的雾节点建模。由于形成的卸载优化问题是 NP 难问题，本章提出了一个近似算法，将原问题分解为两个子问题并且对其进行迭代求解。

这项工作为基于车载雾计算的动态计算任务卸载提供了详细设计和阐述。本章希望这项开创性的工作能够说明如何利用停靠和移动的车辆作为雾基础设施来扩展云设施，并提高高效数据传输机制的性能。本章的贡献可归纳如下。

(1) 本章建立了一个三层系统模型，将整个城市划分为几个区域进行分布式管理。云层和雾层为消息处理提供了潜在的计算能力和资源，而且无须额外的网络成本。

(2) 本章根据排队论对基于停靠和移动车辆的雾节点进行建模，并根据它们的处理能力估计平均响应时间。本章得出的结论是，基于移动车辆的雾节点可以视为具有 $M/M/1$ 队列的服务器。据我们所知，这是首次详细阐述如何利用停靠和移动车辆作为雾节点的研究工作。

(3) 本章通过数学框架来研究云和雾节点之间的计算任务调度问题。此外，本章提出了一种时间复杂度为 $O\left(m^4\right)$ 的近似方法来解决所提出的优化问题，并构建两个子系统以逐步达到目标。

(4) 本章基于真实地图的出租车轨迹数据集进行性能评估，以验证所设计算法的有效性。本章的算法在平均系统响应时间和所需的计算资源方面均明显优于现有算法。

本章的结构安排如下：8.2 节回顾车载雾计算的相关工作；8.3 节对所提出的系统模型进行描述；8.4 节描述基于响应时间最小化的流量卸载算法；8.5 节介绍实验设计与结果分析；最后，8.6 节对本章工作进行总结。

8.2 相关工作

本节综述目前的车载雾计算以及雾计算中的实时资源管理发展现状。

1) 车联网系统中的雾计算

作为云计算的补充，雾计算侧重于将计算资源迁移到网络边缘，具有降低云端负载和网络请求响应时延的优点。在 V2V 和 V2I 的通信模式的基础上，文献 [81] 提出了一种有效的预测方案，通过直接传输或者预测传输将任务卸载到雾节点。文献 [56] 建立了分层网络架构以增强车载网络的计算能力。文献 [82] 提出了一种激励方案，将最大化边缘服务器所有者和云服务器运营商的效益作为目标。大多数研究都假设雾节点是固定的或沿固定路径移动的，而忽略了车联网本身的高动态性。文献 [83] 提出了车载雾计算的思想，其利用停靠和移动的车辆作为计算和通信基础设施。对雾节点容量进行了定量分析，揭示了车辆通信连接性、计算能力和移动性之间的特征以及关联。然而，该文献仅提供了可行性分析，但缺少具体建模方案。

2) 雾计算中的实时资源管理

实时资源管理在车载雾计算网络中非常重要，因为传输延迟是部署大规模交通管理系统面临的主要挑战。移动车辆可以为终端用户增强云计算处理能力。当云计算资源过载时，可以利用车辆中潜在的免费资源来降低计算成本，并在很大程度上减少响应时延。文献 [84] 提出了一种协同雾计算的卸载算法。通过考虑网络时延和效率来设计雾内和雾间资源管理方案。为了在时延和能量消耗之间进行权衡，文献 [79] 为计算和通信资源的分配制定了一个优化问题，并形成了一种基于能量感知的卸载算法。此外，迭代搜索方案的提出旨在找到最优解。

本章基于车载雾计算提出了一种面向高效数据分发的计算任务卸载算法，用于车联网系统中的实时交通管理，目的是最小化系统响应时间。本章首先建立一个三层系统模型。然后，阐述如何利用停靠和移动的车辆作为雾节点。值得一提的是，本章得出基于车辆的移动雾节点可以视为 $M/M/1$ 队列的结论，并提出一种任务调度方案来解决卸载优化问题。

8.3 系统模型及问题描述

本节首先介绍三层系统模型并分别描述微云模型、雾模型和卸载模型。然后，详细描述基于雾计算的车联网系统计算任务卸载问题。

8.3.1 系统模型

系统模型如图 8.1 所示，包含了云层、微云层和雾层。下面分别对各层的组成及功能进行详细描述。

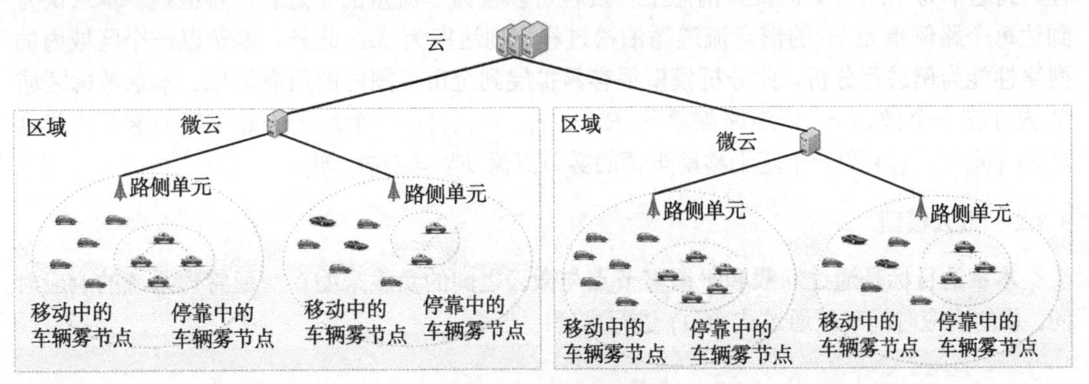

图 8.1 三层系统模型

1) 云层

云层远离车辆，由交通管理服务器 (Traffic Management Server, TMS) 和可信第三方机

构 (Trust Third Authority，TTA) 组成。在传统的交通管理系统中，TMS 负责处理消息并通知交通管理服务中心的人员采取行动。TTA 管理用户的奖励并保证整个系统的公平性。全市范围内车辆上传的所有消息都由交通管理服务器验证和处理会导致流量超载。在本章工作中，交通管理服务器仅负责接收结果并分配奖励，而车辆上传的消息将被卸载到其他系统组件进行处理。

2) 微云层

由于特定区域内的道路交通状况信息仅对本车或周围的车辆有意义。因此，车联网系统需要对数据进行分布式管理，进而管理特殊区域的本地信息，从而减轻中央服务器的负担。首先，本章将城市分为几个区域，在每个区域的中心，设置一个微云服务器管理区域内车辆上传的消息。同时，每个区域内的道路边都有路侧单元，作为调度者或接入节点调度过往车辆上传的消息。

3) 雾层

雾节点由路侧单元通信范围内的车辆组成。与文献 [83] 类似，本章假设停靠或移动的车辆都可以用来组成雾节点。如果雾节点可用，路侧单元可以直接将消息上传到雾节点 (而不是微云) 进行处理以缩短响应时间。

与传统的交通管理方案相比，本章的三层系统模型的优点如下：① 本章的模型基于分布式网络结构，数据处理可以在每个区域内独立管理；② 本章使用微云和雾节点卸载流量，大大减轻了交通管理服务器的负担；③ 雾节点和微云靠近终端，因此本章的模型可以大大降低响应时延。

在本章的系统中，用户可以将感知到的事件 (如交通拥堵、车祸和路面损坏) 上传到附近的路侧单元，以便进行交通管理。当路侧单元收到消息时，它将消息发送到微云或雾节点进行处理以便提取报告事件的确切信息。然后，提取的信息将被上传到交通管理服务器进行进一步的操作。微云和雾节点是本章系统中处理车辆报告的消息的主要单元。本章的工作重点是平衡微云和雾节点之间的消息负载，以最小化交通管理系统的响应时延。

通过分析中国上海市一个多月的实际出租车轨迹，到达路侧单元的车流量遵循泊松过程，到达率为 $\lambda_i^{\text{vehicle}}$。因此，消息上传过程可以视为车流量的子过程。相应地，本章认为到达每个路侧单元 r_i 的消息流遵循泊松过程，到达率为 λ_i。此外，本章以一个区域内的网络性能为例进行分析，此分析模型很容易扩展到全市范围内的所有区域。本章考虑区域 G 内存在一个微云 c、一组路侧单元 $R=\{r_1,\cdots,r_u\}$、一个基于停靠车辆的雾节点集合 $F^p=\{v_1^p,\cdots,v_l^p\}$ 和一个基于移动车辆的雾节点流 $F^m=\{v_1^m,v_2^m,\cdots,v_n^m\}$。

8.3.2 微云模型

本章的目标是通过卸载和平衡雾节点与微云之间的负载来缩短交通管理系统的响应时间。总的响应时间可以通过式 (8.1) 进行求解：

$$t_{\text{stol}}=t_{\text{up}}+t_{\text{wat}}+t_{\text{pro}}+t_{\text{down}} \tag{8.1}$$

其中，t_{up} 是消息从路侧单元上传到处理服务器的时间；t_{wat} 指消息在处理服务器的等待时间；消息的服务器处理时间用 t_{pro} 表示；t_{down} 表示发给路侧单元反馈消息的传输时间。为了简化起见，本章认为 $t_{\mathrm{up}}=t_{\mathrm{down}}$。因此，本章用 $t_{\mathrm{stol}}=2t_{\mathrm{up}}+t_{\mathrm{wat}}+t_{\mathrm{pro}}$ 来表示消息处理的系统响应时间。

本章将系统建模为排队网络，微云可以被建模为具有 b 个异构服务器和固定服务速率 μ_s 的 $M/M/b$ 队列。微云的服务速率为 $\rho^c=\lambda^c/b\mu_s$，符号 λ^c 表示等待微云处理的流量，所以 $\rho^c<1$。等待时间 t_{wat}^c 可以通过 $t_{\mathrm{wat}}^c=t_{\mathrm{que}}^c+t_{\mathrm{ser}}^c$ 计算，其中 t_{que}^c 是消息的排队时间，t_{ser}^c 是服务时间。根据排队论，消息的平均排队时间 $E(t_{\mathrm{que}})$ 可以通过式 (8.2) 获得

$$E(t_{\mathrm{que}})=f(b,\rho)=\left[\sum_{k=0}^{b-1}\frac{\left(\dfrac{b}{k}\right)!\left(1-\rho^2\right)}{(b\rho)^{b-k}\rho}+\frac{1-\rho}{\rho}\right]^{-1} \tag{8.2}$$

平均服务时间 $E\left(t_{\mathrm{ser}}^c\right)=1/\mu_s$。消息从路侧单元 r_i 传输到微云会产生网络时延 $d_{r_i\to\mathrm{cloudlet}}$。消息平均响应时间 t_{stol}^c 可以通过式 (8.3) 得到

$$E(t_{\mathrm{stol}}^c)=E(t_{\mathrm{que}}^c)+E\left(t_{\mathrm{ser}}^c\right)+2\times t_{\mathrm{up}}^c=f\left(b,\rho^c\right)+\frac{1}{\mu_s}+2\times d_{r_i\to\mathrm{cloudlet}} \tag{8.3}$$

8.3.3 雾计算模型

本章系统中有两种车辆可用于雾计算，即停靠和移动的车辆。本节主要描述如何将它们用作雾节点。

1) 基于停靠车辆的雾模型

本章考虑一天 24h 可以分为 s 个时段。在每个时段期间，停靠车辆的总数没有显著变化。此外，停靠车辆被视为雾节点，并且配备一个具有固定服务率 μ_s 的服务器。考虑有 $l(l>0)$ 个车辆，本章可以将这些基于停靠车辆的雾节点建模为一个 $M/M/l$ 的队列。基于停靠车辆的雾节点的服务速率通过公式 $\rho_i^{vf}=\lambda_i^p/l\mu_s$ 计算，其中 λ_i^p 是等待基于停靠车辆的雾节点进行处理的消息流量，并且满足 $\rho_i^{vf}<1$。单个消息的平均响应时间如式 (8.4) 所示：

$$E(t_{\mathrm{stol}}^p)=E(t_{\mathrm{que}}^p)+E\left(t_{\mathrm{ser}}^p\right)+2\times t_{\mathrm{up}}^p=f\left(l,\rho_i^{vf}\right)+\frac{1}{\mu_s}+2\times d_{r_i\to\mathrm{pfog}} \tag{8.4}$$

2) 基于移动车辆的雾模型

对于移动车辆，本章首先给出如下引理。

引理 8.1 假设所有基于移动车辆的雾节点具有相同的资源和计算能力。当移动车辆进入路侧单元的无线通信范围时，它在等待队列的队首获取消息，并且可以在离开通信范围之前完成消息处理。基于移动车辆的雾节点的等待队列中的消息流是随机过程，且 $t+1$ 时刻等待队列中的消息数目与 t 时刻之前的状态无关。给定到达路侧单元 r_i 的车流量到达速率 $\lambda_i^{\mathrm{vehicle}}$ 和消息流到达速率 $\lambda_i\left(\lambda_i<\lambda_i^{\mathrm{vehicle}}\right)$，且二者都符合泊松过程，那么基于移动车辆的雾节点可以建模为服从 $M/M/1$ 的排队系统。

由于到达路侧单元 r_i 的消息流到达率为 λ_i，因此基于移动车辆的雾节点等待队列中的消息流可以视为到达路侧单元 r_i 的消息流的子过程，其到达率为 $\lambda_i^m\left(\lambda_i^m\leqslant\lambda_i\right)$，并且满足 $\lambda_i^m<\lambda_i^{\mathrm{vehicle}}$。基于移动车辆的雾节点的等待队列中的消息流是随机过程，表示为 $\{X_n,n\geqslant0\}$。本章假设它具有状态：$i_0,i_1,\cdots,i_{n+1}$，表示等待队列中的消息总数，并且满

足 $P\{X_0=i_0,X_1=i_1,\cdots,X_n=i_n\}>0$。可以观察到 $t+1$ 时刻等待队列中的消息数目与 t 时刻之前的状态无关，即 $P\{X_{n+1}=i_{n+1}\mid X_0=i_0,\cdots,X_n=i_n\}=P\{X_{n+1}\mid X_n=i_n\}$。因此，基于移动车辆的雾节点的等待队列中，消息流可以建模为马尔可夫过程。该马尔可夫链的状态空间图如图 8.2 所示，其转移率矩阵如式 (8.5) 所示：

$$\begin{pmatrix} -\lambda_i^m & \lambda_i^m & & \\ \lambda_i^{\text{vehicle}} & -\left(\lambda_i^{\text{vehicle}}+\lambda_i^m\right) & \lambda_i^m & \cdots \\ & \lambda_i^{\text{vehicle}} & -\left(\lambda_i^{\text{vehicle}}+\lambda_i^m\right) & \\ & & \lambda_i^{\text{vehicle}} & \\ \cdots & & & \end{pmatrix}. \tag{8.5}$$

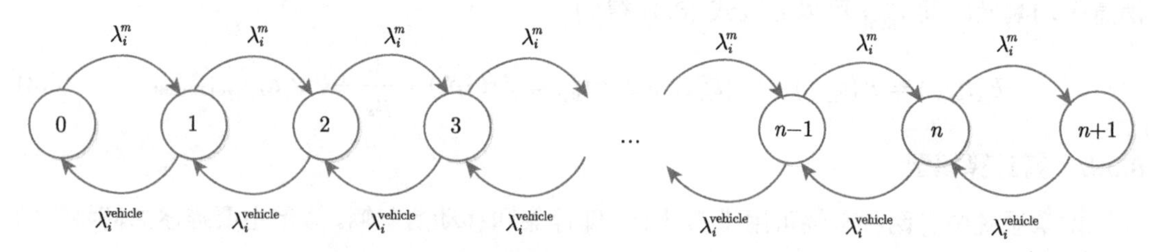

图 8.2 基于移动车辆的雾节点的马尔可夫状态

通过以上分析，可以观察到基于移动车辆雾计算模型的马尔可夫状态转移矩阵与 $M/M/1$ 排队系统相同，其中 $M/M/1$ 排队系统的转换率矩阵如式 (8.6) 所示：

$$\begin{pmatrix} -\lambda & \lambda & & & \\ \mu & -(\mu+\lambda) & \lambda & & \\ & \mu & -(\mu+\lambda) & \lambda & \\ & & \mu & -(\mu+\lambda) & \lambda \\ & \cdots & & & \end{pmatrix}. \tag{8.6}$$

因此，可以将基于移动车辆的雾节点模型视为 $M/M/1$ 排队系统。也就是说，进入基于移动车辆的雾节点的消息流遵循到达率为 λ_i^m 的泊松过程。基于移动车辆的雾节点流可视为具有 $\lambda_i^{\text{vehicle}}$ 处理速率的固定服务器，服务速率通过公式 $\rho_i^{mf}=\lambda_i^m/\lambda_i^{\text{vehicle}}$ 计算。

定理 8.1 基于引理 8.1，可以观察到基于移动车辆的雾节点的平均响应时间与消息到达率 λ_i^m 和移动车辆到达率 $\lambda_i^{\text{vehicle}}$ 直接相关，可以通过式 (8.7) 计算：

$$\begin{aligned} E(t_{\text{stol}}^m) &= E(t_{\text{que}}^m)+E\left(t_{\text{ser}}^m\right)+2\times t_{\text{up}}^m \\ &= \frac{\rho_i^{mf}}{\lambda_i^{\text{vehicle}}\left(1-\rho_i^{mf}\right)}+\frac{1}{\lambda_i^{\text{vehicle}}}+2\times d_{r_i\to\text{mfog}} \\ &= \frac{1}{\lambda_i^{\text{vehicle}}-\lambda_i^m}+2\times d_{r_i\to\text{mfog}} \end{aligned} \tag{8.7}$$

8.3.4 流量卸载模型

为了平衡雾层和微云层中的消息流负载，本章认为所有路侧单元都可以相互访问，即路侧单元可以将其部分流量重定向到其他路侧单元，因为到达不同路侧单元的消息流可能显著不同。本章将 $g(i,k)$ 定义为从路侧单元 r_i 重定向到 r_k 的消息流，它需满足以下约束：

$$g(i,k)=\begin{cases}-g(k,i), & i\neq k, i\in\{1,2,\cdots,u\}, k\in\{1,2,\cdots,u\}\\ 0, & \text{其他情况}\end{cases}\tag{8.8}$$

$$\sum_{i=1}^{u}\sum_{k=1}^{u}g(i,k)=0\tag{8.9}$$

$$\sum_{k=1}^{u}\max\{g(i,k),0\}\leqslant\lambda_i,\quad i\in\{1,2,\cdots,u\}\tag{8.10}$$

其中，$i,k\in\{1,2,\cdots,u\}$。为了简化问题但不失一般性，本章假设卸载消息的数据大小相等，并且一对路侧单元之间传输消息所产生的网络时延是相同的。d_{r_i,r_k} 用来表示从路侧单元 r_i 到 r_k 的消息转换时延。如果对 r_i 来说重定向的消息流满足 $g(i,k)<0$，则存在时延 $-g(i,k)\times d_{r_i,r_k}$。因此，在时段 j 中来自其他路侧单元的输入消息流产生的总时延 $t_{i,\text{offload}}^{j}$ 如式 (8.11) 所示：

$$t_{i,\text{offload}}^{j}=\sum_{k=1}^{u}|\max\{g(i,k),0\}\times d_{r_i,r_k}|\tag{8.11}$$

此外，路侧单元 r_i 的最终传入消息流可以通过式 (8.12) 计算：

$$\overline{\lambda}_i=\lambda_i-\sum_{i=1}^{u}g(i,k)\tag{8.12}$$

8.3.5 问题描述

当车辆在其路线上发生或检测到事故时，可以以文本、图片甚至短视频的形式记录此事件。然后，将记录打包成一条消息，等待上传到交通管理服务器。在交通管理服务器获得事件的准确信息后，它将立即采取行动并通过路侧单元广播反馈消息。传统的交通管理服务器负责处理系统中的所有消息，这可能导致过高的时延和过多的资源消耗。为了降低交通管理服务器的响应时间，本章将网络流量从交通管理服务器卸载到微云和雾节点。具体来说，本章将整个城市地图划分为几个区域。在每个地区，都有一个微云。靠近路侧单元的停靠和移动的车辆可能是潜在的雾节点。时段 j 中消息 m_i 的响应时间可以通过式 (8.13) 计算：

$$E\left(t_{i,\text{stol}}^{j}\right)=\alpha E(t_{\text{stol}}^{c})+\beta E(t_{\text{stol}}^{p})+\gamma E(t_{\text{stol}}^{m})+t_{i,\text{offload}}\tag{8.13}$$

其中，$\alpha+\beta+\gamma=1$，且

$$\alpha=\begin{cases}1, & \text{如果消息由微云处理}\\ 0, & \text{其他情况}\end{cases}\tag{8.14}$$

$$\beta=\begin{cases}1, & \text{如果消息由停靠车辆形成的雾节点处理}\\ 0, & \text{其他情况}\end{cases}\tag{8.15}$$

$$\gamma = \begin{cases} 1, & \text{如果消息由行驶车辆形成的雾节点处理} \\ 0, & \text{其他情况} \end{cases} \tag{8.16}$$

因此，车联网系统中的卸载问题可以进行如下定义：给定系统模型参数 $(G, \mu_s, d_{r_i \to \text{cloudlet}}, d_{r_i \to \text{pfog}}, d_{r_i \to \text{mfog}}, d_{r_i, r_k} \lambda_1, \cdots, \lambda_m, l, \lambda_i^{\text{vehicle}})$，卸载问题的目标为找到可行的 λ_i^c、λ_i^p、λ_i^m 及 b，使平均响应时间 $E(t_{\text{stol}})$ 最小化，如式 (8.17) 所示：

$$\min_{\lambda_i^c, \lambda_i^p, \lambda_i^m, b} \frac{1}{su} \sum_{j=1}^{s} \sum_{i=1}^{u} E\left(t_{i,\text{stol}}^j\right) \tag{8.17}$$

约束条件为

$$\begin{cases} \text{式}(8.8) \sim \text{式}(8.10) \\ \lambda_i^c + \lambda_i^p + \lambda_i^m \leqslant \overline{\lambda}_i \\ \lambda^c = \displaystyle\sum_{i=1}^{k} \lambda_i^c \\ 0 < \dfrac{\lambda^c}{b\mu_s}, \dfrac{\lambda_i^p}{l\mu_s}, \dfrac{\lambda_i^m}{\lambda_i^{\text{vehicle}}} < 1 \\ \alpha + \beta + \gamma = 1, \alpha, \beta, \gamma \in \{0, 1\} \end{cases} \tag{8.18}$$

本章的主要变量及其定义如表 8.1 所示。

表 8.1 第 8 章主要变量及其定义

变量	定义
$\lambda_i^{\text{vehicle}}$	到达路侧单元 r_i 的车流到达速率
λ_i	到达路侧单元 r_i 的消息流到达速率
λ^c	到达微云的消息流的到达速率
λ_i^p	到达停靠车辆形成的雾节点的消息流到达速率
λ_i^m	到达移动车辆形成的雾节点的消息流到达速率
t_{up}^c	消息从路侧单元 r_i 上传到微云所需时间
$t_{\text{up}}^c, t_{\text{up}}^p, t_{\text{up}}^m$	消息从路侧单元 r_i 上传到基于停靠车辆的雾节点所需时间
$t_{\text{up}}^c, t_{\text{up}}^p, t_{\text{up}}^m$	消息从路侧单元 r_i 上传到基于行驶车辆的雾节点所需时间
ρ^c	微云的服务速率
ρ_i^{vf}	基于停靠车辆的雾节点的服务速率
$E\left(t_{\text{stol}}^c\right)$	消息被微云处理时的响应时间
$E\left(t_{\text{stol}}^p\right)$	消息被基于停靠车辆的雾节点处理时的响应时间
$E\left(t_{\text{stol}}^m\right)$	消息被基于行驶车辆的雾节点处理时的响应时间
$d_{r_i \to \text{cloudlet}}$	从路侧单元 r_i 到微云的网络时延
$d_{r_i \to \text{pfog}}$	从路侧单元 r_i 到基于停靠车辆的雾节点的网络时延
$d_{r_i \to \text{mfog}}$	从路侧单元 r_i 到基于移动车辆的雾节点的网络时延
$g\left(i, k\right)$	从路侧单元 r_i 到路侧单元 r_k 重定向的流量
d_{r_i, r_k}	从路侧单元 r_i 到路侧单元 r_k 的传输时延
$t_{i,\text{offload}}$	由其他路侧单元重定向流量引起的时延
$\overline{t}^{\text{ fog}}$	区域中消息的平均响应时间
V_u, V_o	分别为未超载及超载的雾节点单元
ϕ_i, ϕ_k	分别为流入雾节点单元的消息流和流出雾节点单元的消息流
$\phi_{\text{in}}, \phi_{\text{out}}$	分别为流入未过载雾单元的消息流及流出过载雾节点单元的消息流

8.4 基于响应时间最小化的计算任务卸载算法

值得注意的是，8.3 节中的公式化问题受到不同因素的影响，不同子问题中的变量相互紧密耦合。因此，响应时间和消息流分配之间的折中是复杂的。为了解决这个问题，本章提出了一种近似方法来解决卸载问题，该方法包括两种子系统优化方法。之后，本章介绍整个卸载算法。

8.4.1 子优化问题描述

基于式 (8.17) 和式 (8.18)，本章可以观察到卸载问题是一个混合整数非线性规划 (Mixed Integer Nonlinear Programming, MINLP) 问题。由于优化目标是最小化所有时段的平均响应时间，因此相当于最小化每个时段中的平均响应时间。由于每个时段停靠车辆的状态没有显著变化，因此有望在每个时段解决问题并进一步实现全局目标。相应地，时段 j 中的卸载问题定义如式 (8.19) 所示：

$$\min_{\lambda_i^c,\lambda_i^p,\lambda_i^m,b} \frac{1}{u}\sum_{i=1}^{u} E\left(t_{i,\mathrm{stol}}^{j}\right) \tag{8.19}$$

约束条件为式 (8.18)。

显然，使用微云和将停靠或移动的车辆作为雾节点，对系统性能具有重要影响。由于基于基础设施的微云通常是固定的，因此性能主要取决于其处理能力和传入消息流的到达速率。然而，基于停靠和移动车辆的雾节点不稳定，并且它们的位置可能随着时间的推移而改变。特别是，基于移动车辆的雾节点的位置即使在短时间内也会发生很大变化，从而使网络拓扑动态变化。因此，雾节点的处理能力是影响平均响应时间的主要因素。相应地，本章通过两个子系统来解决卸载问题，即基于微云和基于雾节点的子系统。在基于雾节点的系统中，本章首先计算两种雾节点预期的最小响应时间。然后，本章将部分消息流从过载的雾单元重定向到未过载的雾单元，使平均系统响应时间接近预期的最小响应时间。基于雾节点的配置，最终确定微云上所需的服务器数量和传入消息流的到达速率。

8.4.2 雾计算时延最小化

首先，将一组雾节点 (包括在每个路侧单元处作为雾节点的停靠和移动车辆) 定义为雾单元，即在每个区域中存在 u 个雾单元。本章首先通过求解凹面成本网络流问题来计算区域中预期的最小响应时间 $\bar{t}^{\mathrm{fog}}$。然后，可以确定从过载雾单元重定向到未过载单元的消息流的特定流程。由此，平均响应时间可以接近预期的最小响应时间。

1) 平均响应时间

为了获得预期的最小响应时间，首先忽略由消息流重定向引起的传输时延，并且仅考虑每个雾单元的响应时延。将到达系统的总消息流视为 $\sum_{i=1}^{u}\lambda_i$。由于需要将总消息流分配给所有雾单元中的每个雾节点，因此应满足式 (8.20) 的目标函数：

$$\min\sum_{i=1}^{u}\left(E(t_{\mathrm{stol}}^{p})+E(t_{\mathrm{stol}}^{m})\right) \tag{8.20}$$

约束条件为

$$\begin{cases} \sum_{i=1}^{u}(\lambda_i^p+\lambda_i^m) \leqslant \sum_{i=1}^{u}\lambda_i \\ 0<\lambda_i^p<l\mu_s, i\in\{1,2,\cdots,u\} \\ 0<\lambda_i^m<\lambda_i^{\text{vehicle}}, i\in\{1,2,\cdots,u\} \end{cases} \tag{8.21}$$

因为式 (8.20) 中的 $E(t_{\text{stol}}^p)+E(t_{\text{stol}}^m)$ 是具有变量 λ_i^p 和 λ_i^m $(i=1,2,\cdots,u)$ 的一般非线性函数 (非凸非凹)，本章首先运用文献 [85] 中的方法，将一般非线性代价函数转换为凹非线性函数，将该问题变成最小凹成本网络流问题。本章采用分支定界算法，该算法适用于基于凹成本函数的最小成本流计算。在获得 λ_i^p 和 λ_i^m 之后，可以获得预期的最小响应时间 $\bar{t}^{\text{fog}}$。算法 8.1 给出了基于分支定界算法的最小化时延方案的伪代码。

算法 8.1 基于时延最小化的分支定界算法伪代码

输入: G, costs, capacity

输出: flows*, minDelay*

```
 1: Initial U = N = L = ∅, i = 0
 2: 在图 G 中添加一个超级源点 s 及一个超级终点形成 G′
 3: 更新图 G′ 中边的代价
 4: 基于图 G′ 建立一个二分图 M
 5: while i ⩽ n do
 6:     if U = 0 then
 7:         i = i + 1
 8:     else
 9:         寻找 u* ∈ U 及 N, L
10:         u = u*, v = 2u, 从 U、L+ 及 N+ 中删除 u
11:     end if
12:     设置 x_v = 0, 基于算法 2 寻找最小代价流
13:     计算 LB(L) 和 UB(L)
14:     if LB(L) ⩾ UB then
15:         Continue;
16:     end if
17:     if UB(L) < UB then
18:         UB = UB(L)
19:     end if
20: end while
```

2) 流量重定向

本章首先获取所有雾单元的输入和输出消息流量，然后，构建用于最小化平均响应时间的重定向问题。作为典型的线性最小成本网络流问题，该重定向问题可以通过现有方法 (如

Edmonds-Karp 算法 [86]) 在多项式时间内求解。本章将处理比率 σ 定义为雾节点处理的消息流与系统中总流量的比率，即

$$\sigma=\frac{\sum\limits_{i=1}^{u}(\lambda_i^p+\lambda_i^m)}{\sum\limits_{i=1}^{u}\lambda_i} \tag{8.22}$$

此外，本章将所有雾单元分成两个集合。第一个是过载集合 $V_o=\{i|\lambda_i^p+\lambda_i^m>\lambda_i\}$，第二个是未过载集合 $V_u=\{k|\lambda_k^p+\lambda_k^m\leqslant\lambda_k\}$。对于每个过载雾单元 $i\in V_o$，可被卸载到其他雾单元的消息流量定义为 ϕ_i。变量 ϕ_i 需要通过计算以使平均响应时间接近预期的最小响应时间。其中，从过载雾单元 i 到未过载雾单元 k 的消息流如图 8.3 所示。基于 σ 的定义，可以得到 $\phi_i=\lambda_i\sigma-\lambda_i^p-\lambda_i^m$，其中 $\phi_i>0$。对于每一个未过载雾单元 $k\in V_u$，允许到达 k 的消息流量表示为 ϕ_k，计算公式为 $\phi_k=\lambda_k^p+\lambda_k^m-\lambda_k\sigma$，其中 $\phi_k>0$。流入未过载雾单元的传入消息总量为 $\phi_{\text{in}}=\sum_{k\in V_u}\phi_k$，而过载雾单元输出的消息流为 $\phi_{\text{out}}=\sum_{i\in V_o}\phi_i$。因此，给定 $\phi_i\,(i\in V_o)$ 和 $\phi_k\,(k\in V_u)$ 的值，重定向问题变为通过将消息流从过载的雾单元重定向到未过载的雾单元来最小化传输时延的优化问题，其目标是

$$\min\sum_{i\in V_o}\sum_{k\in V_u}g\,(i,k)\times d_{r_i,r_k} \tag{8.23}$$

约束条件为

$$\begin{cases}\sum\limits_{i\in V_o}g\,(i,k)=\phi_k,k\in V_u\\ \sum\limits_{k\in V_u}g\,(i,k)=\phi_i,i\in V_o\\ g\,(i,k)\geqslant 0\end{cases} \tag{8.24}$$

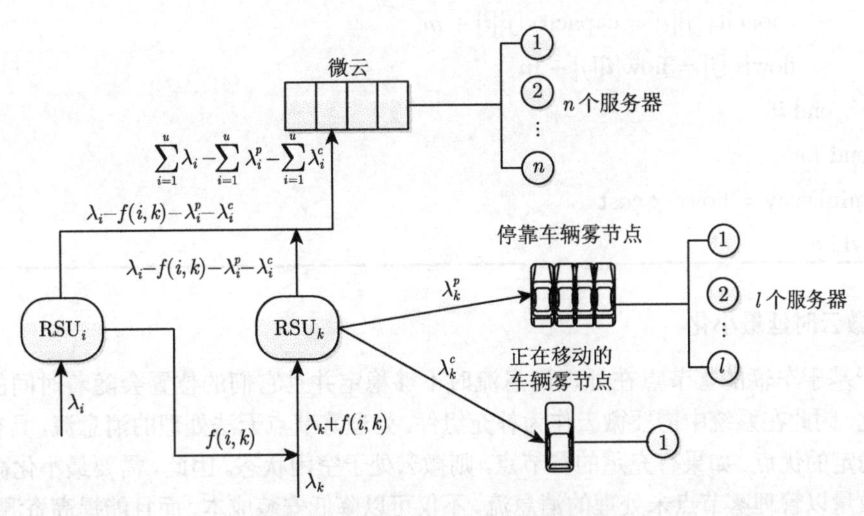

图 8.3 从路侧单元 i 到 k 的消息流

这是典型的线性最小成本网络流问题，可以通过 Edmonds-Karp 算法求解。在算法 8.2 中给出了基于 Edmonds-Karp 算法的最小化时延方案的伪代码。然后，可以获得消息流从过

载集重定向到未过载集的最小传输时延。通过将最小传输时延和最小化预期响应时间相结合，可以达到优化目标。

算法 8.2 基于时延最小化的 Edmonds-Karp 算法伪代码

输入: G, costs, capacity

输出: flows*, minDelay*

```
1: 在图 G 中添加超级源点 s 和超级终点 t 形成图 G'
2: while i ∈ V_o do
3:     capacity[s][i] = φ_i
4:     costs[s][i] = 0
5: end while
6: while k ∈ V_u do
7:     capacity[k][t] = φ_k
8:     costs[k][t] = 0
9: end while
10: for each edge e[i][j] in G' do
11:     flows[i][j]=0;
12: end for
13: while 在图 G' 中寻找从 s 到 t 的最短路径 p do
14:     m = min(capacity[i][j]|e[i][j] ∈ p)
15:     for each edge e[i][j] in p do
16:         if m ⩽ capacity[i][j] then
17:             capacity[j][i] = capacity[j][i] + m
18:             flow[i][j] = flow[i][j] + m
19:         end if
20:     end for
21:     minDelay = flows × cost
22: end while
```

8.4.3 微云时延最小化

由于基于车辆的雾节点在处理消息流时不够稳定并且它们的位置会随着时间的推移而产生变化，因此在系统中需要微云作为补充组件，处理雾节点无法处理的消息流，具有保持系统性能稳定的优点。如果有充足的雾节点，则微云处于空闲状态。因此，需要最小化微云上的服务器数量以管理雾节点未处理的消息流，不仅可以降低安装成本，而且能提高资源利用率。在时段 s_j 内，一个区域中微云需要处理的消息流可以通过 $\lambda^c = \sum_{i=1}^{u} \lambda_i - \sum_{i=1}^{u} \lambda_i^m - \sum_{i=1}^{u} \lambda_i^p$ 来计算。如果 $\lambda^c \leqslant 0$，意味着雾节点能够处理时段 s_j 内的所有消息流。否则，微云必须处理传入的消息流。随着停靠和移动车辆的数量在不同时段内的变化，有必要获得可以在整个

通信过程中管理消息流的微云服务器的数量。然后，本章通过将参数 λ^c 代入式 (8.2) 并使 $E(t_{\text{stol}}^c) = \bar{t}^{\text{fog}}$ 来推导出微云 b^j 上的最小服务器数量。对于整个通信过程，本章将微云上的最小服务器数定义为 $b = \max\{b_j | j = \{1, 2, \cdots, s\}\}$。因此，可以在微云上设置服务器，从而实现高资源利用率和低安装成本。

8.4.4 计算任务卸载算法

本章在基于车联网的交通管理系统中采用优化方法设计卸载算法。原则是首先利用雾节点，因为它们比微云更接近路侧单元。如果雾节点无法处理消息流，则路侧单元会将剩余流量引导至微云。停靠车辆的数量在每个时段没有显著变化，并且移动车辆的流量遵循泊松过程，在路侧单元 r_i 处具有到达率 $\lambda_i^{\text{vehicle}}$。此外，路侧单元 r_i 周围基于停靠和移动车辆的雾节点构成一个雾单元。首先利用式 (8.20) 和式 (8.21) 来计算区域内雾节点的预期最小响应时间 $\bar{t}_i^{\text{fog}}$。这是一个最小凹成本网络流量问题，可以通过分支定界算法来解决。在获得 $\bar{t}_i^{\text{fog}}$ 之后，本章可以根据式 (8.23) 和式 (8.24) 求解优化问题，从而确定从过载雾单元到未过载雾单元的重定向消息流。这是典型的线性最小开销网络流问题，可以通过 Edmonds-Karp 算法求解。最后，本章可以通过每个雾单元中分别到达基于停靠和移动车辆的雾节点的消息流 λ_i^p 和 λ_i^m 进行计算，从而可以获取微云上服务器的期望数量。如果本章根据获取的数量在微云上安装服务器，则可以实现最低的安装成本和最大资源利用率。

定理 8.2 本章提出的 FORT 算法的时间复杂度为 $O(m^4)$，其中 m 是分支定界算法网络图的边数，并且满足 $m < n$。

证明： FORT 的时间复杂度主要取决于两个优化算法，即 Edmonds-Karp 和分支定界的最小化时延方案。对于第一个算法，其时间复杂度为 $O(nm^2)$, 其中 n 是网络中路侧单元的数量，m 是边数。对于第二个算法，最多有 $m-n+1$ 个分支用于计算。在每个分支中，执行 Edmonds-Karp 算法以找到二分图中的当前最大流量。因此，本章提出的 FORT 算法的时间复杂度是 $O((m+n)\times(2m)^2\times(m-n+1))$，其中 $m+n$ 是节点数，$2m$ 是二分图中的弧数，即总时间复杂度为 $O(m^4)$。 □

8.5 性能分析

为了验证 FORT 的网络性能，本章通过蒙特卡罗方法，根据中国上海地图和其真实世界的出租车轨迹进行了实验模拟。

8.5.1 实验设置

为了证明 FORT 的可行性，本章考虑实际场景，使用 2015 年 4 月 1 日至 2015 年 4 月 30 日收集的上海地图和真实的出租车轨迹，包括上海 1000 多辆出租车的记录信息。该数据集包含的信息包括 GPS 位置、记录时间、速度和方向。本章根据行政区域将上海市分为七个区域。在每个区域内，都有一个微云和几个路侧单元。以虹口区和静安区为例，本章选择了几个分区中心来放置路侧单元，如表 8.2 所示。此外，本章使用 Google 地图来衡量每两个地点之间的距离。对于每个位置，本章对每十分钟 500m 范围内移动车辆的到达率进行统计分析。本章假设每对路侧单元之间的网络时延服从 $0.1 \leqslant N(0.15, 0.05) \leqslant 0.2$ 的正态分布。

表 8.2 上海节选 GPS 位置

静安区		虹口区	
编号	位置	编号	位置
1	31.228587,121.455745	1	31.304725,121.473037
2	31.230982,121.456374	2	31.294622,121.470535
3	31.234170,121.431700	3	31.276524,121.491138
4	31.223078,121.446153	4	31.276615,121.477732
		5	31.273372,121.487506
		6	31.263758,121.486227

8.5.2 对比算法

由于本章的工作是首次基于车载雾计算进行实时道路交通管理，就我们所知，相关的对比算法很少。为了验证 FORT 系统框架的有效性，我们选择了以下算法来进行对比: 计算任务卸载优化 (Optimal Off-Loading Schemes for Computation Tasks, OOLS) 算法 [87]，该算法将雾节点和路侧单元相结合，每个路侧单元配置一个服务器充当雾节点，过往车辆可以将计算任务卸载到雾节点进行计算处理，且计算任务不允许在各个雾节点间进行重新分配和调度。该方案的优化目标是最小化计算任务的卸载代价。我们将该算法运用到本章的交通管理系统中，允许基于路侧单元的雾节点对车辆上传的感知信息进行接收和处理。

8.5.3 结果分析

图 8.4 展示了整个系统在不同消息到达速率下平均响应时间的性能。整个系统的消息到达速率定义为 $\sum_{i=1}^{u}\lambda_i$，基于此本章随机地为每个路侧单元生成消息到达速率。注意到 OOLS 的平均响应时间高于 FORT。当消息到达速率增加时，OOLS 的平均响应时间急剧增加，而 FORT 的平均响应时间平缓增加。例如，如图 8.4(a) 所示，当消息到达速率大约为 300 条/秒时，OOLS 的平均响应时间是 2.01s，而 FORT 为 0.42s。原因是 FORT 通过两个子系统获得最小平均响应时间。当消息到达速率增大时，系统可以平衡这些路侧单元之间的消息负载。然而，OOLS 旨在最小化计算任务的卸载代价，而没有负载均衡方法来最小化平均响应时间。在图 8.4(b) 中可以获得类似的结果。

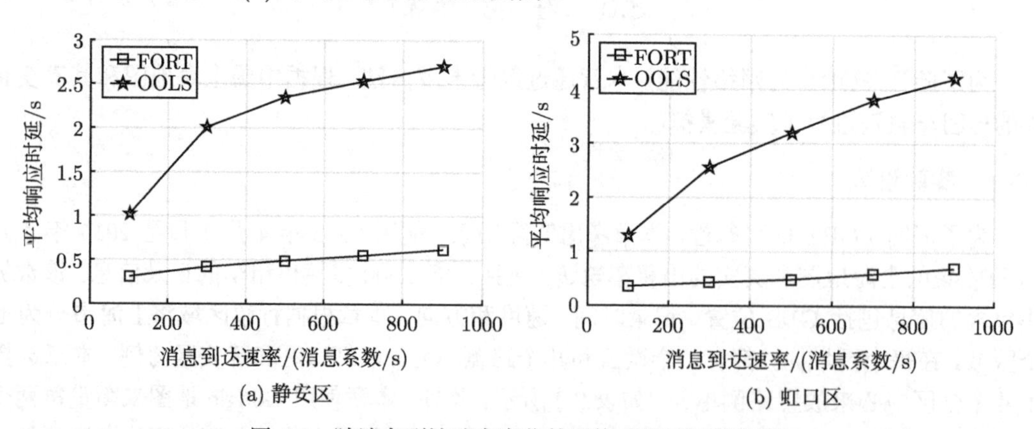

(a) 静安区　　(b) 虹口区

图 8.4 随消息到达速率变化的平均响应时间趋势图

基于全部停靠车辆的雾节点的平均响应时间的性能如图 8.5 所示。本章用 $\sum_{i=1}^{u} l$ 定义基于停靠车辆的雾节点的总数。在确定基于停靠车辆的雾节点的总数之后，在每个路侧单元处随机生成基于停靠车辆的雾节点，并使其总数等于 $\sum_{i=1}^{u} l$。从图 8.5(a) 可以看出，FORT 的平均响应时间性能优于 OOLS，并且当停靠的车载雾节点数量增加时，平均响应时间均会下降。这是因为更多基于停靠车辆的雾节点伴随着更强大的处理能力，可以同时处理更多消息，这可以大大缩短平均响应时间。图 8.5(b) 与图 8.5(a) 性能趋势相近。

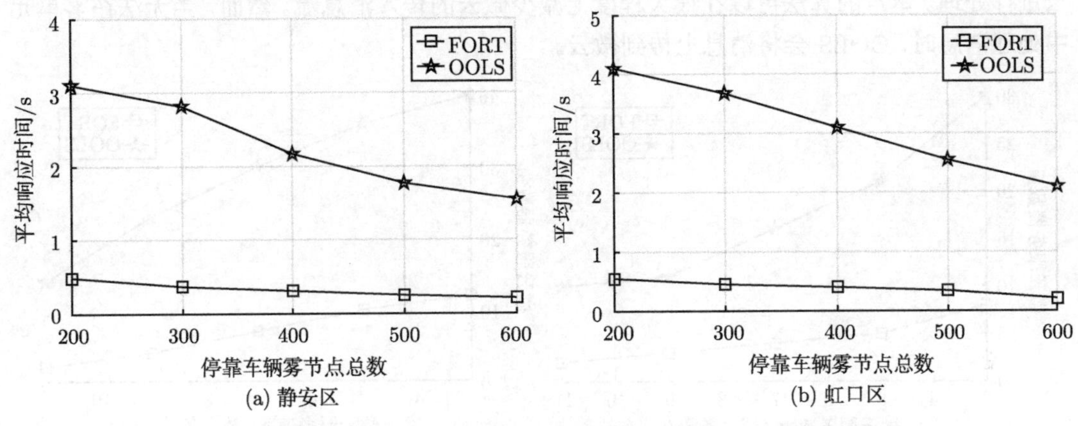

(a) 静安区　　(b) 虹口区

图 8.5　随基于停靠车辆的雾节点总数变化的平均响应时间趋势图

基于雾节点的不同服务速率的平均响应时间的结果如图 8.6 所示。当雾节点的服务速率增加时，基于停靠车辆的雾节点的处理能力变强。因此，雾节点可以并行处理更多消息。在图 8.6(a) 中，显然当服务速率增加时，OOLS 和 FORT 的平均响应时间下降。例如，当图 8.6(a) 中雾节点的服务速率为 5 条/秒时，OOLS 和 FORT 的平均响应时间分别为 2.39s 和 0.42s。当雾节点的服务速率为 9 条/秒时，OOLS 的平均响应时间降低 30%，而 FORT 的平均响应时间降低 26%。在虹口区也可以得到类似的结果，如图 8.6(b) 所示。FORT 的表现优于 OOLS，这是因为它使系统的平均响应时间接近最小平均响应时间，而 OOLS 侧重于最小化计算任务的卸载代价。

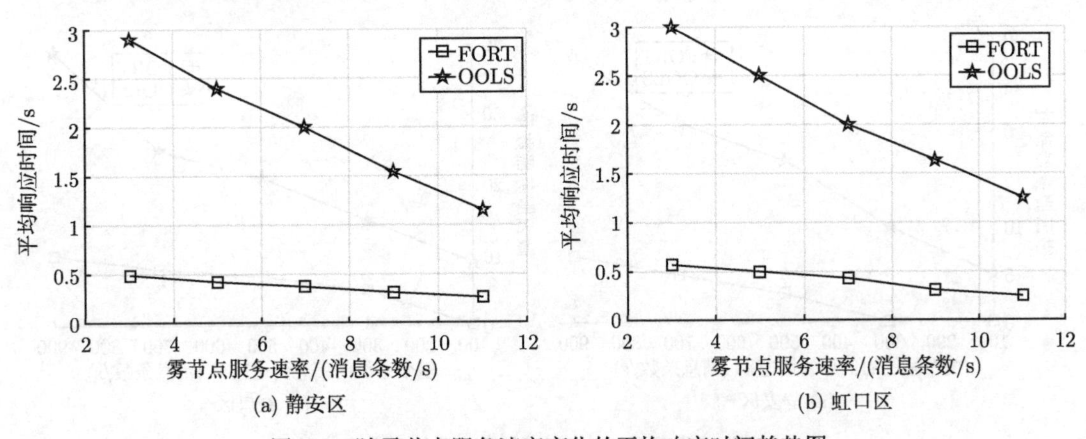

(a) 静安区　　(b) 虹口区

图 8.6　随雾节点服务速率变化的平均响应时间趋势图

图 8.7 展示了不同服务速率下微云服务器上的服务器数量变化。当服务速率增加时，微云服务器上的服务器数量会减少。例如，在图 8.7(a) 中，当服务速率为 5 条/秒时，FORT 算法下微云上所需服务器的数量为 4，而使用 OOLS 算法所需服务器数为 22。当服务速率为 9 条/秒时，FORT 算法下微云上所需服务器的数量为 2，而 OOLS 的服务器数量为 10。此外，FORT 算法下微云所需的服务器数量远小于 OOLS 算法的数量。原因是，FORT 主要利用雾节点处理消息并平衡雾单元之间的负载，这样只有雾节点未处理的消息才会上传到微云进行处理。本章的算法可以在很大程度上减少微云的传入消息流。然而，当无法在雾单元中处理消息时，OOLS 会将消息上传到微云。

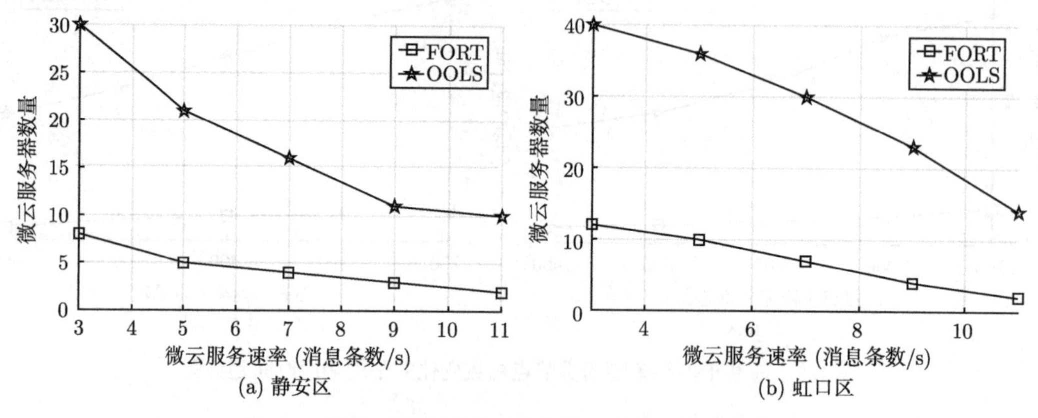

图 8.7 随微云服务速率变化的微云服务器数量趋势图

不同消息到达速率下微云服务器上的服务器数量变化如图 8.8 所示。可以观察到，OOLS 下微云所需服务器的数量远远大于 FORT。例如，图 8.8(a) 中，当消息到达速率是 300 条/秒时，OOLS 的所需服务器数量是 10，而 FORT 所需服务器数量是 0。当消息到达速率为 700 条/秒时，OOLS 所需的服务器数量为 21，而 FORT 所需服务器数量仅为 5。如果消息到达速率增大，系统将无法处理更多消息。对于 FORT 来说，执行负载平衡算法以平衡所有雾单元之间的工作负载意味着雾节点能够处理更多消息。但是，OOLS 仅在其自己的雾单元中处理消息流。如果雾单元过载，它会将消息上传到微云进行处理，这会加重微云的负担。

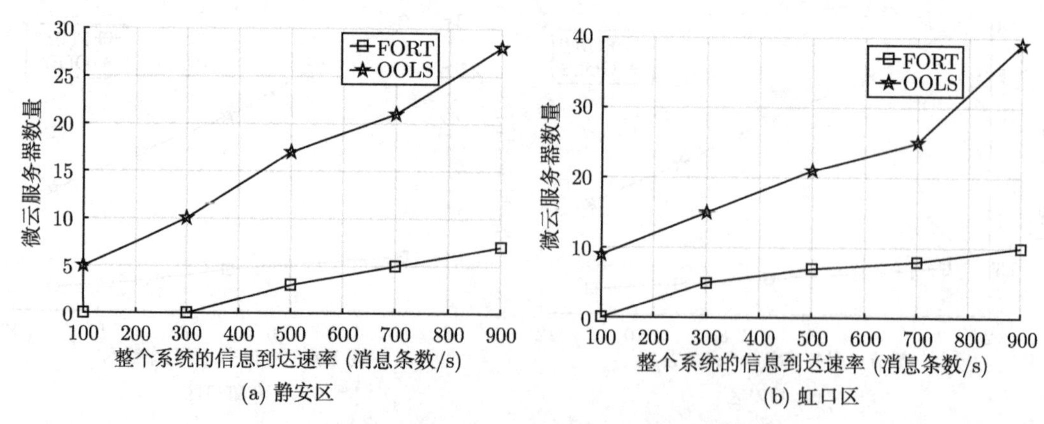

图 8.8 随消息到达速率变化的微云服务器数量趋势图

8.6 本章小结

本章提出了一种面向高效数据传输的动态计算任务卸载方案，目的是最小化交通管理系统的平均响应时间。首先通过排队论对基于停靠和移动车辆的雾节点进行建模，然后基于雾计算的卸载优化进行问题建模。通过在不同的雾节点之间调度和分配消息流，通过近似方法求解所提出的问题。最后，本章利用上海真实的出租车轨迹来验证所提出的 FORT 算法的优越性和有效性。在未来的工作中，我们将考虑如何利用路侧单元通信范围之外的车辆作为雾节点来卸载交通管理服务器的负载。

第 9 章　车辆边缘网络中基于深度强化学习的智能卸载机制

智能车辆的发展为驾驶员和乘客提供了舒适安全的环境。大量的新兴应用丰富了用户的出行体验和日常生活。然而，如何在资源有限的车辆上运行计算密集型应用仍然是一个艰巨的挑战。本章利用深度强化学习构建车辆边缘网络环境下的智能卸载系统。首先，基于有限马尔可夫链建模通信和计算状态，以最大化用户的体验质量为目标，构建任务调度和资源分配的联合优化问题。由于该问题的复杂性，本章将其分解为两个子优化问题，提出了双边匹配方案和深度强化学习方法来调度卸载请求并分配网络资源。通过仿真实验评估验证了本章构建系统的高效性。

9.1　引　　言

随着智能系统和智能车辆的快速发展，基于人工智能的车载网络已经引起越来越多的关注。全世界范围的研究人员将研究重点聚焦于新型汽车应用的开发，进而创造更舒适和更安全的驾驶环境。然而，如何在车辆上执行这些计算密集型应用仍面临着巨大的挑战，例如，基于 V2V 和 V2I 的通信模式，如何在车辆和网络服务器之间实现实时反馈；如何为资源消耗型应用提供有效的计算能力以及如何为车辆和基础设施提供合理的资源分配。

最初，研究人员提出了 MCC 的范式，云服务器整合了丰富的计算和存储资源。尽管 MCC 具有强大的运算能力和资源，但难以满足车辆应用的实时响应需求。因此，MEC 是一种前景广阔的替代方案，边缘节点可部署在用户附近。通信时延随着车载网络中路由跳数的增加呈指数级增长，与 MCC 相比，MEC 可以大幅降低通信时延。此外，MEC 节点的多样性高效发掘了网络中潜在的计算资源，这也减轻了中央基站 (Base Station, BS) 的工作量。值得一提的是，除了 RSU，任何具有计算、缓存或路由能力的实体都可以部署为 MEC 节点。由于 MEC 节点上有限的资源限制了它的计算能力，传统的时间和能耗调度的性能较低，因此迫切需要开发车载 MEC 下有效的解决方案。

深度强化学习 (Deep Reinforcement Learning, DRL) 是一种能够取代传统方法的前瞻性技术。近年来，机器学习在图像处理、模式识别和自然语言处理等许多领域取得了令人瞩目的成就。它还被应用于计算密集型应用，包括自动驾驶和基于 V2V 或 V2I 通信的实时导航系统。然而，在 MEC 车载网络 (即车辆边缘计算网络) 环境下，机器学习仍处于起步阶段。一些研究试图利用深度学习来预测交通流量，构建一个用于车辆边缘计算的智能卸载系统，主要面临下述三个挑战。

(1) 尽管 DRL 在 Atari 游戏和围棋中取得了巨大的成功，但车载网络是高度动态的，与棋类游戏等具有明确的规则不同，卸载系统中的约束更加灵活和多样化。

(2) DRL 和传统车载网络均基于一系列捕获的图像进行研究。然而，本章设计的智能卸载系统中不存在连续图像。如何将 DRL 迁移到没有图像的车载网络中是相当具有挑战性的。

(3) 无论下棋还是 Atari 游戏，DRL 模型中通常都有一个“代理”。由于存在多辆车参与智能卸载系统，很难构建合适的 DRL 模型。

本章研究了车辆网络中任务调度和资源分配的协同优化问题，将 DRL 方法与车辆边缘计算相结合来解决计算卸载问题。首先，我们分别对通信和边缘计算资源进行建模。通信信道状态和服务器计算能力是随时间变化的有限连续值，其中下一时刻的状态仅与前一时刻相关。为了便于分析，本章将它们量化为若干级别，并进一步将其建模为有限状态马尔可夫链 (Finite State Markov Chain, FSMC)。此外，我们通过离散随机跳跃模拟车辆的移动性。RSU 和车辆之间的通信服从泊松分布，其中参数表示移动强度。然后，我们将车辆网络中的流量调度和资源分配建模为联合优化问题，由于该问题受到不同的变量约束，且变量间相互耦合，我们将原问题分解为两个子优化问题。对于第一个子问题，我们通过设计效用函数来决定多个车辆的优先级，反映用户的体验质量级别；将第二个子问题建模为强化学习 (Reinforcement Learning, RL) 问题，并分别阐述四个关键要素：代理、系统状态、动作和奖励。本章主要内容总结如下。

(1) 本章介绍基于有限状态马尔可夫链的车载网络中的任务调度和资源分配，构建了智能卸载系统。本章将 DRL 与车辆边缘计算相结合的目标是最大化用户的体验质量的同时，兼顾能耗和运行延迟。

(2) 由于原优化问题的高复杂性，本章将其分解为两个子优化问题。第一个子问题是调度多个车辆的任务，定义效用函数来量化用户体验质量的水平。本章提出了一种双边匹配方案来解决第一个子问题，来最大化网络总效用。

(3) 对于第二个子问题，本章利用 DRL 算法对资源分配进行决策。通过随机失活和双深度 Q 网络来改进深度 Q 网络以应对过估计的缺陷。本章定义了系统状态、动作和奖励，目标是通过获得最优策略来最大化累积奖励。

(4) 性能分析证明了本章设计系统的有效性，即所提出的双边匹配方案可以有效地逼近穷举搜索方案的性能，并且改进的 DRL 算法优于其他方法。

本章其余部分安排如下：9.2 节回顾相关工作。9.3 节描述系统模型，9.4 节阐述优化问题，9.5 节介绍构建的智能卸载系统，9.6 节提出解决两个子优化问题的方法，9.7 节为性能评估，9.8 节对本章内容进行小结。

9.2 相关工作

最近，基于深度学习和边缘计算的 CPS 引起了许多研究者的关注。本章回顾了三个类别，包括基于深度学习的 CPS、基于 MEC 的 CPS 和基于深度学习的 MEC。由于 CPS 包含各种各样的网络系统，我们选择车载网络来介绍最近的研究进展。

9.2.1 基于深度学习的 CPS

深度学习通常用于模式识别和交通预测。文献 [88] 的作者利用无监督学习对城市智能卡数据进行聚类，设计以站点为导向和以乘客为导向的视图。该文献收集了法国雷恩地区的真实数据以发现交通流量的分布以及乘客之间的相似性。文献 [89] 的作者利用协作神经网络来构建结构性车道检测系统，其中捕获的图像存在于真实世界的交通场景中。作者设计了一个深度卷积网络来检测交通标志及其几何属性。处理信号空间分布的递归神经网络难以被明确识别，在捕获了数百万个交通图像后，如何有效地检索这些数据是一个具有挑战性的问题。文献 [90] 设计了一种有监督的哈希编码方案来生成高质量的二进制码。它应用卷积神经网络来分析图像的特征表示，其中量化损失函数迫使相似的图像由相似的代码编码。文献 [91] 中的作者采用基于长期短期记忆 (Long Short Term Memory, LSTM) 的递归神经网络来预测实时出租车需求。不同于传统预测的确定性值，它利用混合密度网络预测出租车需求的概率。文献 [92] 研究了一种新的神经网络训练方法，关键思想是采用贪婪分层无监督学习方案逐层预处理深层神经网络，大大缩短了训练时间。

9.2.2 基于 MEC 的 CPS

文献 [93] 构建了基于张量的协同移动计算系统，其中云服务器负责处理大规模和长期数据，如全局决策。MEC 服务器处理小规模和短期数据，如实时响应。文献 [94] 提出了一种 CPS 流数据处理模式，它通过集群边缘设备以分布式的方式提供网络服务。文献 [95] 联合研究了三个成本效率问题，包括基站关联、任务调度和虚拟机部署，为了最小化总体成本，将优化问题制定为混合整数非线性规划问题，并将其线性化为混合整数线性规划问题。在基于 MEC 的车载网络中，计算卸载在过去几年中受到了许多学者的关注。文献 [96] 的作者针对车载网络设计了一种基于非正交多址的卸载方案，利用频谱复用和高效计算来提高传输速率和卸载效率。文献 [97] 的作者提出了一种车载网络中的三层实时流量管理系统，同时考虑了停泊车辆和移动车辆，其中移动车辆被建模为 $M/M/1$ 队列，其优化目标是最小化平均响应时间。

9.2.3 基于深度学习的 MEC

深度学习与 MEC 的融合已成为一个热门的研究领域。文献 [98] 提出了基于深度学习来寻找区块链网络中边缘计算的计算资源最佳拍卖方案，作者通过设计单调变换函数来匿名化出价，softmax 函数和 relu 函数分别用于计算获胜概率和网络资源价格。文献 [99] 考虑了剩余电池容量和可再生能源，提出了一种基于后决策状态的强化学习算法，该算法将计算能耗和绿色能量计费分为两个阶段，并在中间状态进行自动缩放分配。基于强化学习的演进节点选择算法是通过联合考虑阻塞概率、通信速率和负载均衡来实现的。为了减少网络中重复内容的数量，文献 [100] 设计了一种用于智能城市缓存的深度强化学习方法。系统中的代理从 MEC 服务器和基站处统计系统状态，并学习最佳动作以获得最佳的资源安排策略。文献 [101] 研究网络通信中的 D2D 通信及其社交属性，并且设计了用于网络路由和计算的信任社交网络框架。文献 [102] 研究了基于深度强化学习的路由和缓存，而本章的工作重点是车载网络中计算卸载的任务调度和资源分配，实现了用户的体验质量和服务器的利润之间的良好平衡。

9.3 系统模型

如图 9.1 所示，根据现有街道或其他标准，整个城市的车辆网络可以分为几个区域。在每个区域中，都部署了具有丰富计算资源的中央基站。车辆可以通过长期演进 (Long Term Evolution，LTE) 技术与基站通信，我们假设蜂窝网络可以完全覆盖市区。另外，在每个区域内的道路两侧部署了多个配备 MEC 服务器的 RSU。车辆利用专用短距离通信 (Dedicated Short Range Communications, DSRC) 技术将任务上传到 RSU，从而确保了短距离的高质量通信，尤其是对于单跳通信。RSU 可以通过中继节点相互连接。RSU 通过中继站获取车辆卸载任务的全局信息。如果 RSU 仅与车辆和基站通信，则基站必须承担交通管理中心的作用，为此造成很大的通信和计算负担。我们以市区中的一个区域为例，该模型可以扩展到其他区域。

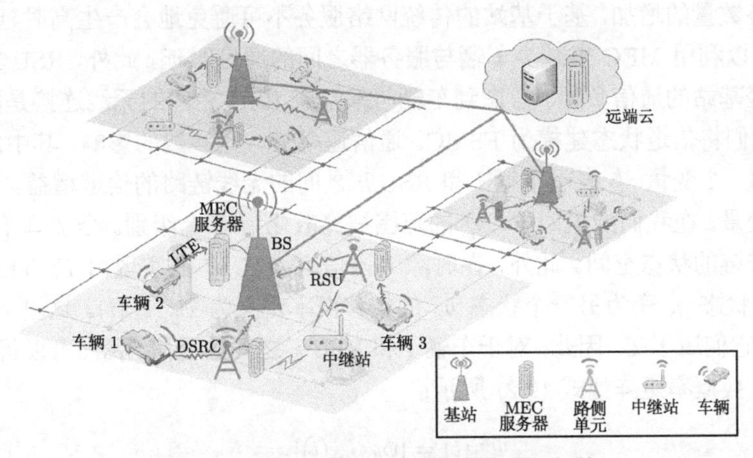

图 9.1　基于移动边缘计算的车载网络架构

我们考虑一个区域内的车辆网络，包括一个中央基站、K 个 RSU 以及 U 个车辆。借助 MEC 服务器的计算资源，RSU 可以分担中央基站的计算任务，这有助于减轻基站的负载并减少通信时延。假设 RSU 的集合 $\mathcal{K}$ 为 $\mathcal{K}=\{0,1,\cdots,K\}$，车辆集合 $\mathcal{U}$ 为 $\mathcal{U}=\{1,2,\cdots,U\}$。我们假设车辆仅在 RSU 通信范围内时才能通过一跳 DSRC 将任务上传到 RSU，超出 RSU 通信范围的车辆则将其任务上传到基站。

我们假设每辆车都花费一段时间来上传其卸载任务。T 为通信的持续时间，可以将其划分为 T_i 个时隙。车辆可以选择将任务上传到基站或 RSU。令 $a_{i,k}(t)$ 表示时隙 t 中车辆、RSU 和基站之间的连接关系，其中 $a_{i,k}(t)=1$ 表示车辆 i 在时隙 t 与 RSU k 连接；否则 $a_{i,k}(t)=0$。如果车辆与基站连接，则 $k=0$。设定每辆车在一个时隙内只能连接到一个 RSU 或基站，因此应满足以下约束条件：

$$\sum_{k\in\mathcal{K}} a_{i,k}(t)=1,\quad \forall i\in\mathcal{U} \tag{9.1}$$

整个网络由中央平台，如传统的移动网络运营商控制。网络运营商提供路由、缓存和计算服务，并从中获利。因此，用户 (即本章中的车辆) 的体验质量和运营商的利润之间需要权衡。我们的研究目的是找到最佳的调度策略，在最大化网络运营商收入的同时保证车辆的体验质量。

尽管车辆在区域内随机移动并且其位置频繁变化，但是它们的位置在短时间内的变化相对较小。在离散的时间段内，车辆的运动可以看作从一个位置跳到另一个位置的离散图像。因此，我们通过离散随机跳跃对车辆的移动性进行建模，并且相应的移动强度以跳跃之间的平均停留时间为特征。令 $M_{i,k}$ 表示时间段 T_i 内 RSU k 与车辆 i 之间的通信次数，时间段遵循参数为 $\lambda_{i,k}$ 的泊松分布。可以将 $\lambda_{i,k}$ 视为通信频率，反映了车辆的移动强度。

每当车辆进入或离开 RSU 的无线覆盖范围时，都会向 RSU 发送一条消息，以便 RSU 更新管理列表，并且 RSU 通过发送包含可用计算资源信息的消息来响应车辆。当 MEC 服务器过载时，RSU 可能会发送一条拒绝服务消息。总通信时间 T_i 可分为两部分：RSU 通信时间 T_i^R 和基站通信时间 T_i^B。

9.3.1 通信模型

随着任务数量的增加，基于基站的传统网络服务不可避免地会产生高时延。为了克服此通信瓶颈，可以利用 MEC 来减少车辆与服务器之间的通信时延。此外，RSU 之间的信息共享还可以减轻基站的通信负担。考虑到车辆与基站或 RSU 之间的无线连接是随时间变化且无记忆的，我们将信道状态建模为 FSMC。通信速率受一些参数的影响，其中的信道增益反映了信道质量。令变量 γ_i^k 表示车辆 i 和 RSU k 之间的无线链路的信道增益。无线信道增益是一个连续变量，在我们的模型中，γ_i^k 的范围被离散化为 L 个级别。令 $\mathcal{L}=\{\varUpsilon_0,\cdots,\varUpsilon_{L-1}\}$ 表示马尔可夫链的状态空间。此外，在时隙 t 内信道增益 γ_i^k 的实现由 $\varGamma_i^k(t)$ 表示。我们将 $\varGamma_i^k(t)$ 从一个状态 g_s 变为另一个状态 h_s 的转移概率定义为 $\psi_{g_s,h_s}(t)$。这里 g_s 和 h_s 是 γ_i^k 的两个状态，它们属于 $\mathcal{L}$。因此，对于车辆 i 和 RSU k 之间的通信，我们可以得到以下 $L\times L$ 的信道状态转换概率矩阵如式 (9.2) 所示：

$$\varPsi_i^k(t)=[\psi_{g_s,h_s}(t)]_{L\times L} \tag{9.2}$$

其中，$\psi_{g_s,h_s}(t)=\Pr\left(\varGamma_i^k(t+1)=h_s \mid \varGamma_i^k(t)=g_s\right)$，且 $g_s,h_s\in\mathcal{L}$。

有限的频谱资源尚未在正交多路访问 (Orthogonal Multiple Access, OMA) 技术中得到充分且有效的利用。为解决此问题，已有学者提出将非正交多址接入 (Non-orthogonal Multiple Access, NOMA) 技术作为 5G 无线网络的解决方案，该解决方案有望将基于 LTE 的 V2X 服务与蜂窝网络架构相结合，并降低端到端时延。NOMA 允许车辆非正交访问基站。也就是说，多个车辆可以在同一信道上同时上传数据，从而提高了频谱效率。

由于每个 RSU 一次只能访问一辆车，而基站可以同时服务多辆车。我们将 OFDMA 技术用于车辆与 RSU 之间的通信，而 NOMA 技术则用于车辆与基站之间的通信。因此，车辆与 RSU 通信时不会产生干扰。可以通过式 (9.3) 计算在时隙 t 内的即时数据传输速率：

$$v_{i,k}(t)=b_{i,k}(t)\log_2\left(1+\frac{p_{i,k}(t)\left(\varGamma_i^k(t)\right)^2}{\sigma^2}\right) \tag{9.3}$$

其中，$b_{i,k}(t)$ 表示从 RSU k 到车辆 i 分配到的带宽，$k\in\mathcal{K},i\in\mathcal{U}$。令 $\mathcal{B}$ 表示全部可用带宽总额，则满足 $\sum_{i\in\mathcal{U},k\in\mathcal{K}} b_{i,k}(t)\leqslant\mathcal{B}$。变量 $p_{i,k}(t)$ 表示车辆 i 的传输功率，σ^2 表示高斯白噪声。

为了应对多个车辆之间的信道共享引起的干扰，可以在终端接收器 (基站) 处采用连续干扰消除 (SIC) 技术。可以通过式 (9.4) 计算在时隙 t 基站从车辆 i 接收到的信号：

$$y_{i,0}(t)=\sqrt{p_{i,0}(t)\Gamma_i^0(t)}\,x_{i,0}(t)+\sum_{n\neq i,n\in\mathcal{U}}\sqrt{p_{n,0}(t)\Gamma_i^0(t)}\,x_{n,0}(t)+\sigma \tag{9.4}$$

其中，x 和 y 分别代表车辆发送的信号和基站接收的信号。式 (9.4) 中的第一部分是来自目标车辆的有效信号；第二部分是共享该信道的其他车辆的干扰信号；第三部分是噪声。

在接收到信号之后，基站按照信道增益的降序来执行 SIC 解码方案以减少来自其他车辆的干扰。例如，有两辆车 $u_i, u_j \in \mathcal{U}$。如果 $\gamma_i^0 > \gamma_j^0$，则基站将 u_j 视为对 u_i 的干扰，并在解码后去除 u_i。当基站解码 u_j 时，不存在干扰。因此，对于车辆 i，干扰信号集由那些具有较小信道增益的车辆所发送的信号组成。考虑 N 辆车按其信道增益降序排列共享同一通道：$\gamma_1^0 \geqslant \gamma_2^0 \geqslant \cdots \geqslant \gamma_N^0$，可以通过式 (9.5) 计算车辆 n 的干扰信号，即

$$I_n=\sum_{i=n+1}^{N} p_{i,0}(\gamma_i^0)^2 \tag{9.5}$$

我们可以计算得到车辆 i 和基站之间的数据传输速率，如式 (9.6) 所示：

$$v_{i,0}(t)=b_{i,0}(t)\log_2\left(1+\frac{p_{i,0}(t)\left(\Gamma_i^k(t)\right)^2}{\sigma^2+I_i}\right) \tag{9.6}$$

最后，车辆 i 的通信速率可以通过式 (9.7) 得到

$$R_{i,k}^{\text{comm}}(t)=a_{i,k}(t)\,v_{i,k}(t),\quad \forall i\in\mathcal{U}, k\in\mathcal{K} \tag{9.7}$$

访问 RSU k 的所有车辆的总通信速率不能超过信道容量，即

$$\sum_{i\in\mathcal{U}} R_{i,k}^{\text{comm}}(t)\leqslant Z_k,\quad \forall k\in\mathcal{K} \tag{9.8}$$

类似地，区域中车辆的总通信速率不能超过总容量，因此应满足式 (9.9) 的约束条件：

$$\sum_{k\in\mathcal{K}}\sum_{i\in\mathcal{U}} R_{i,k}^{\text{comm}}(t)\leqslant Z \tag{9.9}$$

9.3.2 计算模型

本章主要关注那些可以将卸载任务分为几个部分并在不同平台上进行处理的应用程序，如在线游戏、增强现实和自然语言处理。我们将车辆 i 上传的计算任务定义为 $\xi_i=\{d_i,c_i\}$，其中 d_i 是计算任务的数据大小，c_i 是完成任务所需的 CPU 周期数。最后，RSU 或 BS 将计算结果发回车辆 i。由于 MEC 服务器位于 RSU 的附近，因此可以忽略它们之间的传输时间。此外，任务的输出数据的大小通常比输入数据小得多。因此，回程链路的传输时延也可以忽略。

我们定义分配给车辆 i 的 RSU 或基站 i 的计算能力 (即每秒 CPU 周期) 为 $f_{i,k}$。假定 RSU 以抢占方式工作，这意味着它们按顺序处理车辆的通信请求 (即 $\sum_{i\in\mathcal{U}} a_{i,k}\leqslant 1, \forall k\in\mathcal{K}$)。尽管如此，当多个车辆进入同一 RSU 的无线覆盖范围时，它们可能共享一个 MEC 服务器。由于 MEC 服务器的资源有限，不可能保证向所有车辆提供充足的计算资源。因此，可以将 $f_{i,k}$ 建模为随机变量，并将其划分为 N 个级别：$\varepsilon=\{\varepsilon_0,\varepsilon_1,\cdots,\varepsilon_{N-1}\}$，其中 N 表示可用计算资源的数量。令 $F_{i,k}(t)$ 表示时隙 t 的计算能力，与信道增益 γ_i^k 类似，我们将 $f_{i,k}$ 建模为 FSMC。$F_{i,k}(t)$ 的计算能力转换概率矩阵表示如式 (9.10) 所示：

$$\Theta_{i,k}(t)=[\theta_{x_s,y_s}(t)]_{N\times N} \tag{9.10}$$

其中，$\theta_{x_s,y_s}(t)=\Pr\left(F_{i,k}(t+1)=y_s \mid F_{i,k}(t)=x_s\right)$，并且 $x_s,y_s\in\varepsilon$。

RSU k 的任务执行时间可以通过公式 $\Delta_{i,k}=c_i/f_{i,k}$ 进行计算。因此，可以通过式 (9.11) 计算速率 (即每秒比特数)：

$$r_{i,k}^{\mathrm{comp}}=\frac{d_i}{\Delta_{i,k}}=\frac{f_{i,k}d_i}{c_i} \tag{9.11}$$

时隙 t 内，RSU k 计算车辆 i 的卸载任务的瞬时速率可以表示为

$$R_{i,k}^{\mathrm{comp}}(t)=a_{i,k}(t)r_{i,k}^{\mathrm{comp}}(t)=a_{i,k}(t)\frac{F_{i,k}(t)d_i}{c_i} \tag{9.12}$$

MEC 服务器上并发计算的数据大小不能超过其计算容量。因此，应满足式 (9.13) 的约束条件：

$$\sum_{i\in\mathcal{U}}a_{i,k}(t)d_i\leqslant\mathcal{D}_k,\quad\forall k\in\mathcal{K} \tag{9.13}$$

其中，$\mathcal{D}_k$ 表示可以在 MEC 服务器上同时处理的最大数据大小。

9.4 问题描述

本节将阐述优化问题。由于一段时间内的匹配问题是 NP 难问题，因此我们将原始问题分为两个子优化问题。

9.4.1 优化目标

当移动车辆产生卸载任务时，它会检测周围可用的 RSU 和基站，并记录与任务相关的信息以及可用的计算资源信息，然后通过 LTE 将消息发送到附近的基站。基站接收到此事件的详细信息后，它将立即进行资源分配，并通过 RSU 广播分配结果。传统网络中的基站负责执行任务，可能会产生较大的时延和过多的能耗，不仅不能保证用户的体验质量，而且网络运营商的利润较低。为了最大化网络运营商 (即本章中的 RSU 和基站) 收入的同时保证车辆的体验质量，我们构建了协作卸载网络系统。车辆体验质量可以通过式 (9.14) 计算：

$$\mathcal{R}_{i,k}(t)=\mathcal{R}_{i,k}^{\mathrm{comm}}(t)+\mathcal{R}_{i,k}^{\mathrm{comp}}(t) \tag{9.14}$$

流量调度与资源分配 (TSRA) 联合优化问题如式 (9.15) 所示：

$$\max_{a_{i,k}(t)}\mathcal{R}=\sum_{i\in\mathcal{U}}\sum_{k\in\mathcal{K}}\sum_{t=1}^{M_{i,k}}\mathcal{R}_{i,k}(t) \tag{9.15}$$

$$\text{s.t.}\begin{cases}a_{i,k}(t)\in\{0,1\},\forall i\in\mathcal{U},k\in\mathcal{K}\\ \text{式}\,(9.1),(9.8),(9.9),(9.13)\end{cases}$$

由于 TSRA 问题受到不同变量的约束，变量之间的耦合使优化问题难以解决。为了解决此问题并在用户的体验质量和网络运营商的收入之间进行权衡，我们将原始 TSRA 问题分为两个子优化问题。在第一阶段，我们通过设计效用函数来确定多辆车的优先级。然后，利用改进的 DQN(Deep Q-Network) 算法获得调度结果，并将每个用户映射到相应的 RSU 或基站。

9.4.2 卸载任务调度

多个车辆在一个时隙中选择相同的 RSU，导致无法满足式 (9.1)。因此，第一个子优化问题考虑了用户的体验质量，并试图找到不会彼此冲突的所有车辆的合理调度列表。

本节将效用函数定义为用户满意度。效用值取决于任务、通信信道状态以及车辆与 RSU 之间的距离。效用函数有四个参数：优先级、紧急度、信道增益和通信距离。信道增益 γ_i^k 已在前面介绍，它反映了通信信道的状态。通信距离 $\Delta d_{i,k}$ 是车辆与 RSU 或基站之间的欧氏距离。优先级 $\pi(p)$ 决定了效用函数的上限，其中优先级 $p \in \{\text{critical}, \text{high}, \text{medium}, \text{low}\}$。如果车辆的卸载请求立即得到响应，则其效用函数值取相应任务优先级的上限，用 $\pi(p)$ 表示。否则，其效用函数值将随着时间的流逝而减小。紧急程度 $\rho(r)$ 的定义是，随着响应时延的增加，车辆的效用函数呈指数衰减，其中紧急程度 $r \in \{\text{extreme}, \text{high}, \text{medium}, \text{low}\}$。任务的紧急程度越高，效用函数值随着时延的增加降低得越快。当任务优先级固定时，文献 [103] 中说明了具有不同紧急程度的效用函数值。

正如先前研究表明，将 S 型行为纳入车辆的效用函数以进行资源分配至关重要。我们采用类似于 S 型 (sigmoid) 的函数来对车辆 $i \in \mathcal{U}$ 的效用函数进行建模，如式 (9.16) 所示：

$$\mathcal{Y}_{i,k} = \frac{\pi^{(i)}(p)}{\Delta d_{i,k} + \exp(-\rho^{(i)}(r)(\gamma_i^k - b_{i,k}))} \tag{9.16}$$

其中，常量参数 $b_{i,k}$ 用于微调效用函数；参数 $\pi^{(i)}(p)$ 与传统的权重因子相似；$\rho^{(i)}(r)$ 控制 $\mathcal{Y}_{i,k}$ 的步幅，$\rho^{(i)}(r)$ 越大，$\mathcal{Y}_{i,k}$ 随 γ_i^k 增加得越快。

我们的目标是最大化车辆的平均效用。优化问题如式 (9.17) 所示：

$$\max \quad \frac{1}{|\mathcal{U}|}\sum_{i\in\mathcal{U}} a_{i,k}\mathcal{Y}_{i,k} \tag{9.17}$$

$$\text{s.t.} \begin{cases} p \in \{\text{critical}, \text{high}, \text{medium}, \text{low}\} \\ r \in \{\text{extreme}, \text{high}, \text{medium}, \text{low}\} \\ 0 < \Delta d_{i,k} \leqslant \Delta \\ a_{i,k} \in \{0,1\}, \forall i \in \mathcal{U} \\ \sum\limits_{i\in\mathcal{U}} a_{i,k}(t) = 1, \forall k \in \mathcal{K} \\ \text{式 (9.1)} \end{cases}$$

其中，Δ 表示 RSU 的无线覆盖范围的半径。当车辆独立选择不同的 RSU 时，会有不同的效用值，并且车辆会努力最大化其效用值以确保自己的体验质量。由于 RSU 一次只能由一辆车辆访问，它在多车辆卸载决策之间可能会发生冲突。

9.4.3 基于深度强化学习的卸载

本节将资源分配优化问题表述为 DRL 过程。通过求解任务调度问题获得车辆的优先队列后，旨在通过确定车辆的卸载决策来最大化车辆的体验质量。由于变量、环境状态和系统动作的可选集合会随着时间动态变化，用传统的优化方法几乎不可能解决这个复杂的问题。因此，我们利用 DQN 来高效地为车辆做出卸载决策。

为了降低时延，车辆选择基站作为 DQN 的代理，负责与环境进行交互并做出决策。我们假设 MEC 服务器的计算状态是实时更新的，并且在 RSU 之间共享该状态信息。代理从 MEC 服务器和车辆获取环境状态。车辆的移动性是通过广播实时获得的。然后，代理可以通过构建系统状态并选择最佳动作来做出卸载决策。最后，卸载决策被广播到车辆。

接下来，详细定义 DQN 模型中的系统状态、动作和奖励函数。

1) 系统状态

如式 (9.18) 所示，通信信道增益 γ_i^k 和计算能力 $f_{i,k}$ 共同决定了系统状态：

$$\chi_i(t) = [\Gamma_i^1(t), \Gamma_i^2(t), \cdots, \Gamma_i^K(t), F_{i,1}(t), F_{i,2}(t), \cdots, F_{i,K}(t)] \tag{9.18}$$

2) 系统动作

在 DQN 中，代理负责选择 RSU 或基站来处理车辆 i 的卸载任务。如式 (9.19) 所示，卸载决策定义为二元变量 $a_{i,k}(t)$ ，表示为

$$a_i(t) = [a_{i,1}(t), a_{i,2}(t), \cdots, a_{i,K}(t)] \tag{9.19}$$

3) 奖励函数

我们旨在最大化车辆的体验质量，包括频谱带宽和计算资源的成本。因此，用户体验质量 $\mathcal{R}_i(t)$ 被设置为系统奖励。一方面，网络运营商向车辆收取任务执行和虚拟网络访问的费用。它们的单价分别定义为 $\phi_i/(\text{Mbit/s})$ 和 $\tau_i/(\text{Mbit/s})$。另一方面，运营商需要为带宽租赁付费，单价为 δ_k/Hz。此外，考虑任务执行的能耗，RSU k 的计算成本为 η_k/J。为了统一单位，定义 ς_k 为 RSU k 运行一个 CPU 周期的能耗，单位为 W/Hz。RSU 处理的卸载任务的比例用 ϱ_i 表示。我们假设卸载任务可以分为几个部分，分别由 MEC 服务器和基站处理，如果车辆在完成卸载任务之前驶出 RSU 的通信范围，基站可以继续处理其余任务。如式 (9.20) 所示，我们将车辆 i 的奖励函数定义为

$$\begin{aligned}
\mathcal{R}_i(t) &= \sum_{k\in\mathcal{K}} \mathcal{R}_{i,k}^{\text{comm}}(t) + \sum_{k\in\mathcal{K}} \mathcal{R}_{i,k}^{\text{comp}}(t) \\
&= \sum_{k=1}^{K}\left(\tau_i R_{i,k}^{\text{comm}} - \delta_k b_{i,k}(t)\right) + \left(\tau_i R_{i,0}^{\text{comm}} - \delta_k b_{i,0}(t)\right) \\
&\quad + \sum_{k=1}^{K}(\varrho_i\phi_i R_{i,k}^{\text{comp}} - \eta_k c_{i,k}\varsigma_k) + ((1-\varrho_i)\phi_i R_{i,0}^{\text{comp}} - \eta_0 c_{i,0}\varsigma_0) \\
&= \sum_{k=1}^{K}\left(\tau_i b_{i,k}(t)\log_2\left(1+\frac{p_{i,k}(t)(\Gamma_i^k(t))^2}{\sigma^2}\right) - \delta_k b_{i,k}(t)\right) \\
&\quad + \left(\tau_i b_{i,0}(t)\log_2\left(1+\frac{p_{i,0}(t)(\Gamma_i^k(t))^2}{\sigma^2+I_i}\right) - \delta_k b_{i,k}(t)\right) \\
&\quad + \sum_{k=1}^{K} a_{i,k}(t)\varrho_i\left(\phi_i\frac{F_{i,k}(t)d_i}{c_i} - \eta_k c_{i,k}\varsigma_k\right) \\
&\quad + a_{i,0}(t)(1-\varrho_i)\left(\phi_i\frac{F_{i,0}(t)d_i}{c_i} - \eta_0 c_{i,0}\varsigma_0\right)
\end{aligned} \tag{9.20}$$

代理可以通过在时隙 t 执行选定的动作 $a_{i,k}(t)$ 来获得即时奖励 $\mathcal{R}_i(t)$。DQN 的目标是通过获得最佳策略来最大化累积奖励。因此，优化问题表述如式 (9.21) 所示：

$$\mathcal{R}_i = \max_{a_{i,k}(t)} \sum_{t=0}^{T-1} \epsilon^t \mathcal{R}_{i,k}(t) \tag{9.21}$$

$$\text{s.t.} \begin{cases} a_{i,k} \in \{0,1\}, \forall k \in \mathcal{K} \\ 0 \leqslant \varrho_i \leqslant 1, \forall i \in \mathcal{U} \\ \text{式}\,(9.8), (9.9), (9.13) \end{cases}$$

其中，参数 ϵ 是各个时隙体验质量的权重，$\epsilon \in (0,1]$。

9.5 车联网中的深度强化学习

在解决提出的问题之前，本节简要介绍车载网络中 RL 和 DQN 的应用。

9.5.1 车联网中的强化学习

RL 中有四个关键要素：代理、环境状态、奖励和动作。每个时隙内，代理都会根据当前环境状态选择一个动作，并在执行所选动作后获得奖励。通常将环境状态建模为马尔可夫决策过程 (Markov Decision Process, MDP)。因此，RL 问题可以表述为 MDP 中的最佳控制问题。环境状态和动作的空间是有限且明确的。代理人利用 RL 进行决策的目的是通过在与环境交互时采取一系列动作来最大化累积奖励 [38]。由于车辆的计算和缓存能力有限，因此在每辆车上部署计算密集型深度神经网络应用程序是不合理的。基站在我们的模型中扮演代理的角色，代理通过提供网络服务来获得利润 (即奖励)，而信道状态 γ_i^k 和计算能力 $f_{i,k}$ 组成环境状态。动作空间为可用的卸载服务器，基站通过选择动作来调度车辆以实现利润最大化，可以视为典型的 RL 问题。

与传统的机器学习方法 (如监督学习) 不同，RL 无法从已标记的历史数据中学习。试错搜索和延迟奖励是 RL 的两个显著特征 [104]。前者是在探索与利用之间进行权衡，后者允许代理商考虑车辆的累积奖励。通常，RL 算法包括 Q 学习、SARSA 和 DQN。

9.5.2 深度强化学习

传统的 DQN 在实际应用中有许多缺点，如收敛速度慢和过估计。我们采用两种方法来改进 DQN 算法。

1) 随机失活

随机失活减少了网络参数的数量，使参数矩阵变为稀疏矩阵，并将深层和复杂的神经网络转换为线性和简单的网络，来减少 DQN 的方差。在我们的模型中，通过使部分神经元随机失活并将其权重设置为零来降低参数矩阵 θ 的复杂度。由于神经元在每一层中被随机丢弃，因此训练后的神经网络比正常网络小得多，并且可以避免过度拟合的问题。此外，整个网络不会偏向某些特征 (例如，特征的权重值非常大)，因为每个特征都可能失活。因此，每个特征的权重都被赋予较小的值，类似于 L2 正则化 ($\|\theta\|_2^2 = \sum_{j=1}^{\#\text{neurons}} \theta_j^2 = \theta^{\mathrm{T}}\theta$)。随机失

活中最重要的参数是失活概率。例如，如果我们将失活概率设置为 0.8，则可以使 20% 的神经元失活。随机失活会降低神经网络输出的值的期望，从而影响预测的准确度。因此，我们将结果除以失活概率来保持其期望值不变。具体实现如下：

$$\begin{aligned} \text{keep.prob} &= 0.8 \\ d_3 = &\ \text{np.random.rand}(a_3.\text{shape}[0], a_3.\text{shape}[1]) < \text{keep.prob} \\ a_3 &= \text{np.multiply}(a_3, d_3) \\ a_3 &= a_3/\text{keep.prob} \\ z_4 &= \text{np.dot}(w_4, a_3) + b_4 \end{aligned} \tag{9.22}$$

2) 双层 DQN

DQN 基于 Q 学习的框架，使用卷积神经网络来表示动作值函数。但是，DQN 无法克服 Q 学习的固有缺点，即过估计。

为了解决这个问题，Hasselt 等 [105] 提出了 DDQN，使用不同的值函数来评估动作的选择和动作本身。如式 (9.23) 所示，通过值函数的更新方式比较了 Q 学习、DQN 和 DDQN 之间的差异：

$$\begin{aligned} Y_t^{\mathrm{Q}} &= R_t + \gamma \max_a \mathcal{Q}(S_{t+1}, a; \theta_t) \\ Y_t^{\mathrm{DQN}} &= R_t + \gamma \max_{a'} \mathcal{Q}(S_{t+1}, a'; \theta_t^-) \\ Y_t^{\mathrm{DDQN}} &= R_t + \gamma \mathcal{Q}\Big(S_{t+1}, \arg\max_a \mathcal{Q}(S_{t+1}, a; \theta_t); \theta_t^-\Big) \end{aligned} \tag{9.23}$$

在 Q 学习和 DQN 中，动作选择策略都是贪婪的。但是，DDQN 使用神经网络来评估选择策略，以此逼近真实值函数。

9.6 基于深度强化学习的智能卸载系统

本节将阐述智能卸载系统，该系统包含两个模块。第一个是多车辆之间的任务调度，我们提出了一种双边匹配算法来解决这个问题，然后通过 DRL 方法来解决资源分配问题。如表 9.1 所示。

表 9.1　第 9 章主要变量及其定义

变量	定义
V_i	车辆 i
k	RSU k
q_v	一辆车可以同时接入的 RSU 数量
q_R	一个 RSU 可以同时服务的车的数量
$\mathcal{P}_i$	车辆 i 的偏好列表
$\mathcal{Y}_{i,k}$	服务车辆 i 的 RSU k 的效用值
$\mathcal{A}_k$	RSU k 的接受集合列表
$\mathcal{F}_k$	RSU k 的禁止集合列表
θ	评估的 DQN 网络权重
θ^-	目标 DQN 网络权重

9.6.1 系统概要

整个卸载过程如图 9.2 所示。第一步，所有车辆都广播其位置信息，并更新其可用 RSU 列表。第二步，车辆计算效用值并构建相应的偏好列表，将卸载请求发送到基站。第三步，基站执行任务调度和资源分配，并将调度结果发送给 RSU。最后，所有车辆将其卸载任务发送到相应的 RSU。智能卸载系统的伪代码如算法 9.1 所示。

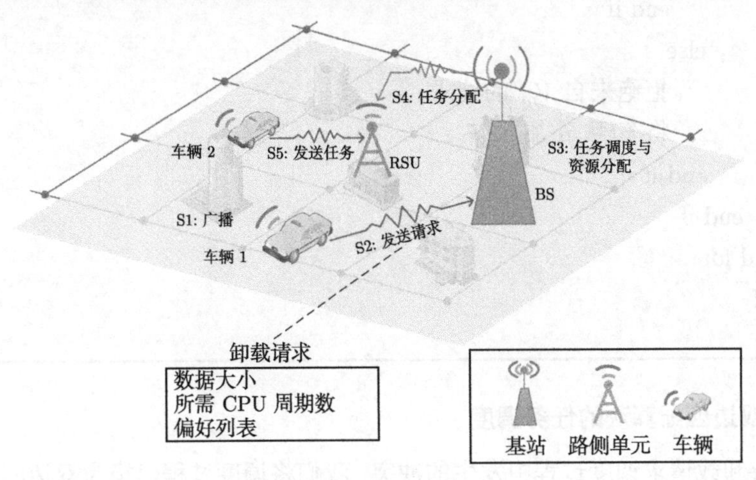

图 9.2 智能卸载过程

算法 9.1 智能卸载系统的伪代码

1: 车辆广播其位置信息；
2: 车辆向基站发送卸载需求；
3: 基于算法 9.3 进行任务调度；
4: for 任务调度中的每辆车 i do
5: 执行算法 9.4
6: end for
7: 基站向 RSU 分配任务；
8: RSU 进行计算卸载。

算法 9.2 基于效用选择算法的伪代码

1: For 任务调度中的每辆车 $i=1,2,\cdots,U$ do
2: if 车辆 i 已匹配数小于 q_v 并且 $\mathcal{P}_i \neq \varnothing$ then
3: 车辆 i 向 $\mathcal{P}_i[1]$ 提出请求；
4: 从 $\mathcal{P}_i$ 中移除 $\mathcal{P}_i[1]$；
5: for 每个 $k=1,2,\cdots,K$ do
6: if RSU k 已经接收到任何请求，表示为 V_i then
7: if $\mathcal{Y}_k\left(\{V_i\} \cup \mathcal{A}_k\right) > \mathcal{Y}_k\left(\mathcal{A}_k\right)$ then
8: RSU k 接收来自 V_i 的请求；
9: if $|\mathcal{A}_k| \geqslant q_R$ then

```
10:                 for 每个车辆 i ∈ A_k do
11:                     计算 Y_k (A_k \ V_i);
12:                 end for
13:                 在以上循环中寻找最大效用函数，表示为 Y_k (A_k \ V_n);
14:                 将车辆 n 加入 F_k;
15:             end if
16:         else
17:             拒绝来自 V_m 的请求;
18:             将车辆 m 加入 F_k;
19:         end if
20:     end if
21:   end for
22: end if
23: end for
```

9.6.2 基于双边匹配算法的任务调度

为了解决卸载请求调度过程中发生的冲突，我们将调度过程建模为双边匹配模型，并提出了动态 V2I 匹配算法 (DVIM) 以找到最佳匹配。车辆最多可以同时访问 q_v 个 RSU。RSU 最多可以同时服务 q_R 辆车。每个 RSU 维护两个列表：禁止列表 $\mathcal{F}_k$ 和接受列表 $\mathcal{A}_k$。传统的静态匹配算法每次都会遍历整个集合，这既浪费时间又浪费计算资源。为了降低算法的时间复杂度，被 RSU k 拒绝的用户将被添加到禁止列表中，默认之后不会再接受它们。RSU k 可以利用接受列表记录当前接受的卸载请求。

接下来，我们详细介绍 DVIM 算法的整个过程。从禁止列表和接受列表的初始化开始，然后所有车辆通过计算效用值 $\mathcal{Y}_{i,k}$ 降序构造其偏好列表 $\mathcal{P}_i$。在匹配迭代阶段，已与少于 q_v 个 RSU 匹配的车辆，将卸载请求发送到 $\mathcal{P}_i$ 中当前最偏好的 RSU，并将此 RSU 从该车的偏好列表中删除。在所有车辆提出请求后，收到请求的 RSU 将决定是否接受。通常，RSU 接受那些可以提高整体效用值的请求。如果 RSU k 已经与车辆 q_R 匹配，它将拒绝最不重要的车辆，即拒绝该车，整体效用值下降得最少。然后，所有响应将被发送回车辆。当车辆与少于 q_v 个 RSU 匹配且其偏好列表不为空时，它们会继续发送请求。当没有车辆发送卸载请求时，该算法终止。

算法 9.3 DVIM 算法的伪代码

```
1: 初始化禁止列表 F_k 为空;
2: 初始化接受集 A_k 为空;
3: for 每辆车 i = 1, 2, ··· , U do
4:   for 每个 RSU k = 1, 2, ··· , K do
5:     if 车辆 i ∉ F_k then
6:       计算效用函数值 Y_k(V_i);
7:     end if
```

8: end for

9: end for

10: 车辆 i 构造优先队列 $\mathcal{P}_i$；

11: matching-iteration = 1;

12: vehicle-propose = 0;

13: while matching-iteration = 1 or vehicle-propose = 1 do

14: matching-iteration += 1;

15: 算法 9.1；

16: end while

算法 9.4 移动感知 DDQN 算法伪代码

输入: 系统状态 $\chi_i(t)$，可选动作空间 $\mathcal{K}$；

输出: 最大化体验质量 $\mathcal{R}_i$；

1: 初始化经验回放缓存 D，其容量为 N；

2: 以权重 θ 初始化评估 DQN；

3: 以权重 $\theta^- = \theta$ 初始化目标 DQN；

4: for 每个时间段 $i = 1, 2, \cdots, U$ do

5: 初始化观察状态 s_1，将其预处理为系统状态 $x_1 = \varphi(s_1)$；

6: for 时隙 $t = 1, 2, \cdots, T-1$ do

7: 以概率 ε 随机选择动作 $a_{i,k}(t)$；

8: 否则，选择动作 $a_t = \arg\max_{a_{i,k}(t)} \mathcal{Q}(x, a; \theta)$；

9: 执行所选动作 $a_{i,k}(t)$；

10: 观察即时回报 $r_t = \mathcal{R}_i(t)$ 和下一状态 s_{t+1}；

11: 将 s_{t+1} 预处理为系统状态 $x_{t+1} = \varphi(s_{t+1})$；

12: 将过渡 (x_t, a_t, r_t, x_{t+1}) 存入 D；

13: 从 D 中随机采样一个小样本 (x_j, a_i, r_j, x_{j+1})；

14: if episode 在第 $j+1$ 步终止 then

15: 目标 $\mathcal{Q}$-value $y_j = r_j$

16: end if

17: 否则，$y_j = r_j + \gamma \mathcal{Q}(x_{j+1}, \arg\max_{a'} \mathcal{Q}(x_{j+1}, a'; \theta); \theta^-)$；

18: 对 $\left(y_j - \mathcal{Q}(x_j, a_j; \theta)\right)^2$ 执行梯度下降；

19: 每隔 C 步，以速率 σ 和 μ 更新 target DQN 的参数和概率；

20: $\theta^- = \sigma\theta + (1-\sigma)\theta^-$

21: $\varepsilon = \varepsilon - \mu\varepsilon$

22: end for

23: end for

9.6.3 基于深度强化学习的计算卸载

第二个子优化问题是基于马尔可夫链的资源分配与卸载决策的联合优化问题。考虑到连续时间段内环境状态的复杂变化，我们设计了一种改进的 DRL 方法。首先，初始化经验回放 D，可以保存 N 组过渡。使用随机权重 θ 初始化动作值函数 $\mathcal{Q}$，并且使用相同的权重初始化用于计算时间差分 (TD) 的目标 Q 网络，即 $\theta^- = \theta$。接下来进行卸载请求的调度。对于每个时隙，从可用访问列表中以概率 ε 随机选择 RSU。否则，利用贪婪策略来选择当前具有最大动作值函数的 RSU。选择 RSU 后，立即获得奖励 r_t 并可以观察到下一个状态。此时，可以获得一组过渡 (当前状态、动作、奖励、下一状态) 并将其存储在经验回放中。在神经网络学习阶段，DQN 从经验回放 D 中随机采样一个小批量过渡。对于每个样本，确定下一个状态是否为事件的终止状态。如果是，则 TD 目标为 r_j，否则利用目标 Q 网络计算 TD 目标：$y_j = r_j + \gamma \mathcal{Q}(x_{j+1}, \arg\max_{a'} \mathcal{Q}(x_{j+1}, a'; \theta); \theta^-)$。然后以最小化误差为目标进行梯度下降来更新 DQN 的参数：$\Delta\theta = \alpha \Big[r + \gamma \max_{a'} \mathcal{Q}(s', a'; \theta^-) - \mathcal{Q}(s, a; \theta) \Big] \nabla \mathcal{Q}(s, a; \theta)$。TD 目标 Q 网络的网络参数和随机概率 ε 每隔 C 步更新一次，保证目标 Q 网络较好地拟合动作–值函数，并且加快收敛速度。以上过程在算法 9.3 中展示。

9.7 性 能 分 析

本节评估本章提出的 DVIM 和移动感知双层 DQN(MADD) 算法的性能。对于 DVIM 算法，本节将其与穷举搜索、贪婪方法和随机排序方法进行比较。仿真结果表明，DVIM 在网络性能和执行时间之间取得了良好的平衡。紧接着，MADD 算法经实验验证优于传统的 DQN、Q 学习和其他两个基线算法。

9.7.1 实验设置

在实现 DVIM 算法之前，我们先阐明实验参数。文献 [103] 中的作者提供了联合概率分布，其中大多数卸载任务具有中等或较低的优先级和紧急性。一般来说，重要任务，如交通拥堵甚至交通事故，都会具有较高的优先级和紧急性。因此，我们将不同级别的任务所占比例设置为 [0.1,0.2,0.4,0.3]。

优先级定义卸载任务可以实现的最大效用值，$\pi^{(i)}(\text{critical}) = 8, \pi^{(i)}(\text{high}) = 4, \pi^{(i)}(\text{medium}) = 8, \pi^{(i)}(\text{low}) = 1$。任务的紧急性衡量效用函数的指数衰减率，$\rho^{(i)}(\text{extreme}) = 0.6, \rho^{(i)}(\text{high}) = 0.2, \rho^{(i)}(\text{medium}) = 0.1, \rho^{(i)}(\text{low}) = 0.01$ [103]。此外，我们考虑在基站的通信范围内有 5 个 RSU 和一些具有计算卸载请求的车辆。性能指标如下。

(1) 总效用：DVIM 算法的优化目标是最大化所有车辆的总效用，以此来优化用户的体验质量。

(2) 执行时间：算法获取任务调度结果所花费的时间。

(3) 平均体验质量：网络运营商从车辆获得的平均利润。

对于第二个模块，关键参数如表 9.2 所示。其中转移概率矩阵设置如式 (9.24)[104]。对于通信状态，我们设置转换概率 $\gamma_i^k = 0.7$ 和 $\psi_{g_s,h_s}(t) = 0.3$。为了实现基于 DDQN 的 MADD 算法，所使用的平台为 Ubuntu 16.04 LTS 系统上基于 Python Anaconda 4.3 的 TensorFlow

0.12.1。采用如下四种方案与 MADD 算法进行比较。

(1) DQN：传统的 DQN 方法使用一个单一的值函数来评估选择动作的策略和动作本身。通常，DQN 方法倾向于选择最大化下一步的奖励值的动作，导致不可避免地过估计。

(2) Q 学习：作为经典的时间差分算法，它总是选择下一刻的最大动作值作为目标。此外，它还需要记录所有状态 - 动作对的奖励。

(3) 贪婪算法：与强化学习相反，贪婪算法选择当前时刻具有最大奖励值的动作。

(4) 本地计算：一种基线算法，所有车辆都将其任务卸载到本地基站处理。

$$\Theta = \begin{bmatrix} 0.5 & 0.25 & 0.125 & 0.0625 & 0.0625 \\ 0.0625 & 0.5 & 0.25 & 0.125 & 0.0625 \\ 0.0625 & 0.0625 & 0.5 & 0.25 & 0.125 \\ 0.125 & 0.0625 & 0.0625 & 0.5 & 0.25 \\ 0.25 & 0.125 & 0.0625 & 0.0625 & 0.5 \end{bmatrix} \tag{9.24}$$

表 9.2　仿真参数

变量	数值	描述
$\mathcal{U}$	10	车辆数
K	5	RSU 数量.
d_i	10 MB	任务卸载数据大小
c_i	100 Mcycles	完成一个任务需要的 CPU 循环数
$b_{i,k}/b_{i,0}$	1/4(MHz)	RSU k/基站分配给车辆 i 的带宽数
$\tau_{i,k}/\tau_{i,0}$	10/20(units/(Mbit/s))	接入虚拟网络的单位收费价格
$\delta_{i,k}/\delta_{i,0}$	2/20(units/MHz)	出租带宽的单位支付价格
ϕ_k/ϕ_0	20/10(units/(Mbit/s))	执行任务的单位收费价格
η_k/η_0	0.3/1(units/J)	用于计算的能量开销单位支付价格
ς_k/ς_0	0.1/0.2(W/Hz)	运行一个 CPU 周期的单位能量开销
$f_{i,k}$	[10,12,14,16,18]GHz	计算能力大小

9.7.2　实验结果

本节展示智能卸载系统的性能评估，包括任务调度和资源分配两个模块。

图 9.3 展示了不同车辆数下的总效用的比较。当车辆数量相对较小时，DVIM 算法几乎可以与穷举算法性能一样好。由于卸载任务的随机性，随着车辆数量的增加，总效用非线性增加。当车辆数量很大时 (如 9 辆)，DVIM 算法仍然保持良好的性能，仅比穷举算法低 5%。由于资源竞争加剧，贪婪算法的性能下降。DVIM 的总效用比贪婪算法高 22%。总之，我们提出的 DVIM 算法的性能接近于穷举算法。当车辆数量相对较大，资源竞争激烈时，DVIM 也优于贪婪算法和随机算法。

图 9.4 说明了不同类型的车辆网络中总效用的比较。在一般的车辆网络中，四个等级的卸载任务 (critical、extreme、high、medium) 的比例为 [0.1,0.2,0.4,0.3]。根据文献 [103]，可以合理地假设 70%的任务具有中等或较低的优先级以及紧急性。穷举算法的性能可以看作上限。本章提出的 DVIM 算法可以达到 98%的性能上限。优于贪婪算法性能 20%，优于随机算法的性能接近 50%。在局部地区或特定时间段内 (例如，早晚交通峰值)，每个级别中的任

务比例随着车辆网络的状态发生变化，经常产生与交通拥堵或事故相关的高优先级和紧急性的任务。因此，我们还评估了 DVIM 算法在平均和紧急车辆网络中的性能，其中四个等级的卸载任务的比例分别为 [0.25,0.25,0.25,0.25] 和 [0.4,0.4,0.1,0.1]。在平均的车载网络中，DVIM 的性能比穷举搜索的性能低 3.4%，比贪婪算法高 41%。在紧急车载网络中，DVIM 可达到上限的 93%，与贪婪算法相比增加 65%。总之，考虑到个人优先级和整体效用，DVIM 算法的性能可以接近穷举算法获得的上限，并且平均比贪婪算法高 40%。

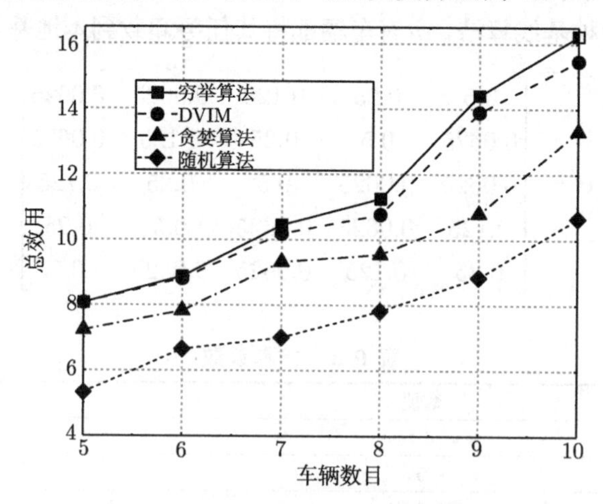

图 9.3　不同车辆数目下的总效用比较

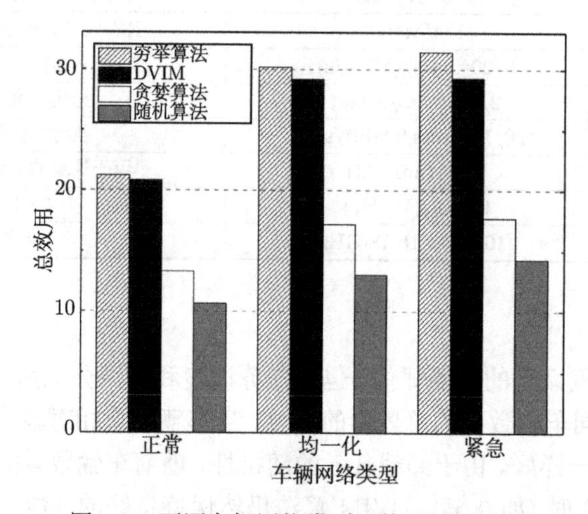

图 9.4　不同车辆网络类型下的总效用比较

图 9.5 比较了不同算法的执行时间。当有 5 辆车时，DVIM、贪婪算法和随机算法之间的执行时间非常接近。穷举搜索的执行时间比其他三种算法高 10 倍。此外，DVIM、贪婪算法和随机算法的执行时间随着车辆数量的增加而缓慢增长，而穷举算法的执行时间随着搜索空间的急剧增加而呈指数级增长。当车辆数量等于 10 时，穷举搜索的执行时间比其他三种算法的执行时间高 500 倍。虽然穷举搜索可以使性能达到上限，但由于其高时间复杂性而不实用。此外，将时间复杂度从指数级降低到多项式级，证明了我们提出的 DVIM 算法能够以更低的时间消耗来逼近穷举算法的性能。

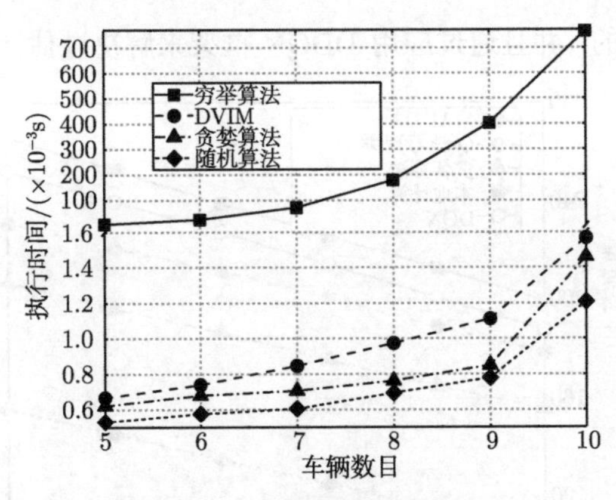

图 9.5　不同算法的执行时间

图 9.6 展示了卸载数据大小对平均体验质量的影响。随着数据量的增加，平均体验质量稳步提高。本地计算 (即所有计算任务由基站完成) 的性能在所有算法之中增长得最慢，这是因为基站比 RSU 消耗更多的资源和能量来传输与计算大量数据。随着近距离点对点服务的迅速发展，RSU 适合处理大量数据。由于 DQN 算法无法克服过估计的问题，我们提出的 MADD 算法的性能平均比 DQN 算法高 15%。Q 学习和贪婪算法没有充分考虑网络状态的动态变化，其性能分别比 MADD 算法低 25%和 35%。总之，MADD 算法比其他现有方案表现更好。当卸载数据量增加时，其性能优势更加明显。

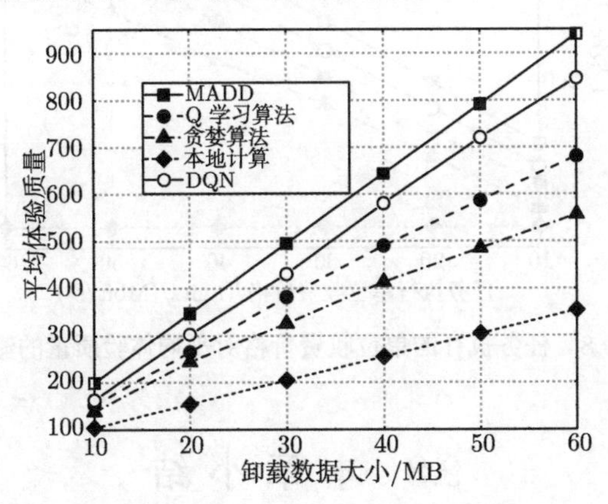

图 9.6　卸载数据大小对平均体验质量的影响

如图 9.7 所示，我们评估车辆的平均体验质量随着虚拟网络访问的单位收费价格的变化。我们注意到，访问费用从 10 增加到 20 时，MADD 算法计算得到的平均体验质量仅提高了 6.5%，当访问费用从 50 增加到 60 时，平均体验质量提高了 5.2%。因此，通过不受限制地增加访问费用来使网络运营商获得更多利润是不合理的。当访问费用偏高时，价格上涨可能会促使用户选择基站而不是 RSU。

RSU 任务执行的单位收费价格对平均体验质量的影响如图 9.8 所示。当单位收费价格上升时，基于 MEC 卸载的利润会增加。因此，平均体验质量随着任务执行的单位收费价格的上升而线性增加。由于本地计算不占用 MEC 服务器，因此平均体验质量保持不变。本章提出的 MADD 算法的性能分别比 DQN 算法和贪婪算法高约 12%和 20%。这是因为 MADD

的目标网络是单独构建的，并且通过应用 DDQN 框架来解决过估计问题。

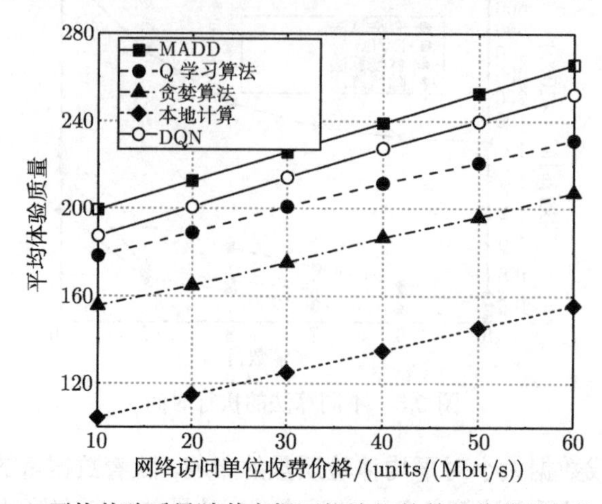

图 9.7　平均体验质量随着虚拟网络访问的单位收费价格的变化

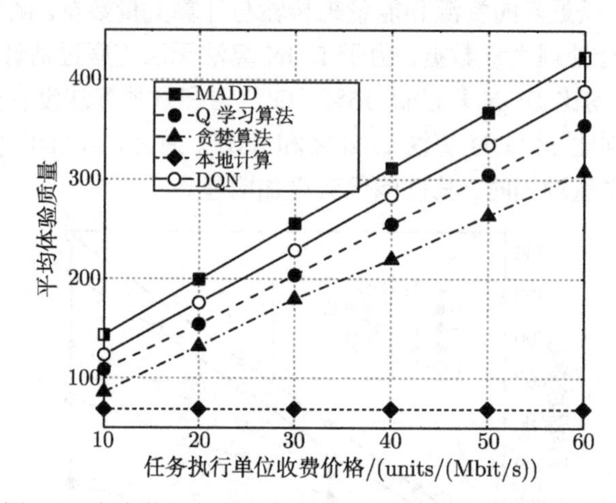

图 9.8　任务执行的单位收费价格对平均体验质量的影响

9.8　本章小结

本章致力于基于深度强化学习的车辆边缘计算的研究，构建了一个智能卸载系统。车载网络状态被建模为有限状态马尔可夫链。还考虑了车辆的移动性和非正交多路访问。卸载系统包含两个模块，即任务调度模块和资源分配模块。基于这两个模块的联合优化问题的目标是最大化车辆的整体体验质量。由于优化问题 NP 难解，它被分为两个子优化问题。对于第一个模块，本章设计了双边匹配算法来进行任务调度，其目的是最大化车辆的效用值。紧接着，本章开发了基于 DDQN 的算法来解决第二个子问题。实验结果表明，在不同的网络场景下，第一个模块的匹配算法可以达到穷举算法性能的 95%，并且其执行时间减少了 90% 以上。对于第二个模块，基于 DDQN 的算法的性能超出传统的 DQN 算法 10%~15%。由此证明了所提出的卸载系统的高效性。

第10章　智慧城市中绿色抗毁协作的边缘计算机制

无线–光通信宽带接入网络 (WOBAN) 是智慧城市物联网中的重要组成部分。室内设备采集到的信息可以使用无线通信传递给无线 Mesh 网络 (Wireless Mesh Network, WMN) 进而通过无源光纤网回程链路传输给光纤骨干网络。为了降低日益饱和的骨干网络带宽，边缘设备通常部署于 WMN 中进行信息预处理。基于协同边缘计算，来定制家庭用户或者工厂工作人员的计算服务，并通过虚拟网络嵌入 WMN 中。本章研究的智慧城市中绿色抗毁协作的边缘计算，通过问题建模和理论推导得出对应边界条件。通过真实数据的仿真实验验证了提出方法的性能优越性。

10.1　引　　言

智慧城市是城市发展的趋势，它集成了城市中多种重要元素并且严重依赖于 WOBAN。如图 10.1 所示，WOBAN 的前端是无线传感器网络 (Wireless Sensor Network, WSN)，主要负责采集室内设备数据，并将数据通过无线路由的方式传输到光纤网络单元 (Optical Network Unit, ONU)。ONU 收集到一个区域 (例如，一个工厂、一个居民小区等) 的传感器数据后，将数据打包成信息流通过无源光纤网 (Passive Optical Network, PON) 发送到光纤线路终端 (Optical Line Terminal, OLT)。基于接收到的信息流数据，与 OLT 连接的中心控制器 (CO) 根据工业或商业不同的任务需求进行高效决策。

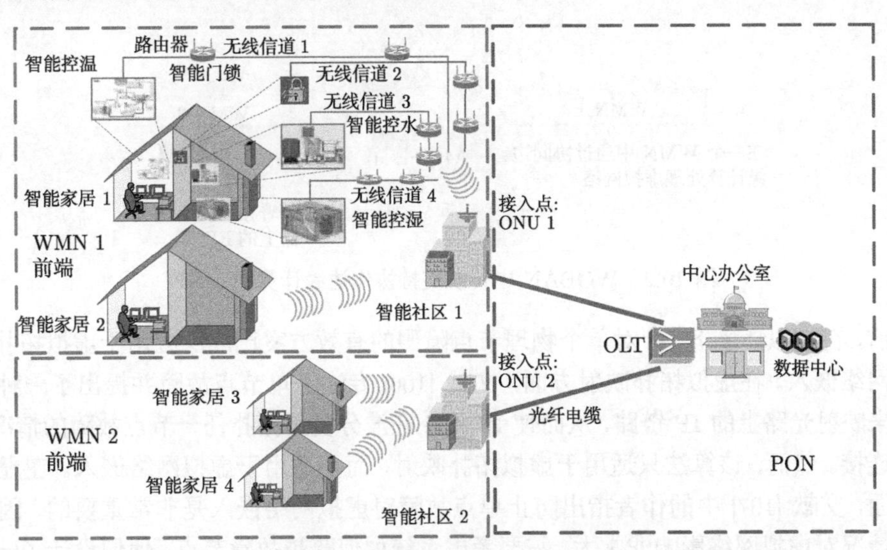

图 10.1　智慧城市下的 WOBAN

随着城市的发展，其产生的信息流也愈加庞大。由于无源光纤网络的带宽是有限的，ONU 难以将如此大量的信息流发送到中心控制器。通过在光纤网络单元和无线路由器端布置边缘设备的方法，可以在无线传感器网络中进行协同边缘计算，从而缓解无源光纤网中的时延问题和资源分配问题。

协同边缘计算支持基础设施即服务 (Infrastructure as a Service, IaaS) 模型，其中家庭或工厂能够通过无线传感器网络的公共前端设备来定制它们专属的计算服务。网络功能虚拟化 (Network Function Virtualization, NFV) 是建立 IaaS 模型的一种重要方式，通过网络功能虚拟化，用户的计算设备可以抽象成虚拟网络从而嵌入无线传感器网络设备中。图 10.2 举例说明了虚拟网络的具体结构，虚拟节点 1 映射到连接在 ONU 上的边缘设备 b，同时虚拟节点 2、3、4、5 分别映射到边缘设备 e、c、a、d 上。边缘设备的计算资源用来处理对应的信息流，无线带宽用来支持边缘设备间的通信。然而，支持协同边缘计算的虚拟网络映射 (VNE) 技术并不能完全保障网络的持续有效性。网络中边缘设备快速反应措施的缺失将延长信息流的处理时间，因此网络的持续有效性对于网络中数据的传输具有重大的意义。尤其是在工业应用环境下，由于信道间的干扰，布置在无线路由器上的边缘设备的工作效率将大打折扣。

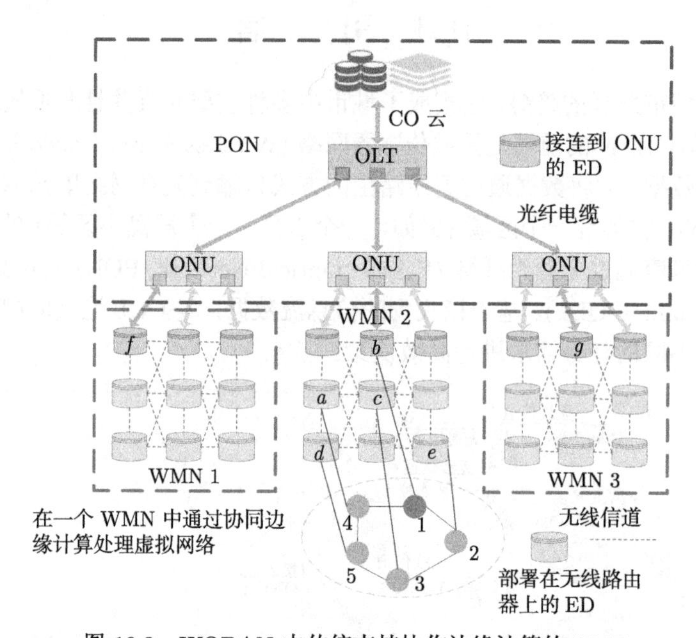

图 10.2　WOBAN 中传统支持协作边缘计算的 VNE

目前，在虚拟环境下，针对单个物理节点障碍的有效方案已广泛应用于虚拟拓扑映射或者虚拟网络嵌入。在虚拟拓扑映射方面，文献 [106] 专注于单节点故障并提出了一种移除节点算法来映射光路上的 IP 链路，从而使 IP 拓扑在波分复用拓扑任一节点故障的情况下，仍能保持连接。然而，该算法只适用于虚拟拓扑映射，而不适用于虚拟网络嵌入。在虚拟网络嵌入方面，文献 [107] 中的作者指出防止单点故障对虚拟网络嵌入是非常重要的，因为在现实中该情况对虚拟网络影响非常大，需要考虑系统如何跨越故障节点。他们设计了一种基于 P-Cycle 的保护技术，该技术可以最小化备用资源，同时针对单个节点故障提供完整的保护方案。文献 [108] 提出了三个不同的整数线性规划模型来解决服务链问题，同时保证系统在单节点故障情况下的弹性。然而，这些方案并没有直接应用于 WOBAN 来支撑智慧城市的建设。

本章考虑现实中更常见的场景，在每一个时间间隔内只有一个边缘设备会产生故障。当无线–光宽带接入网长时间运行时，边缘设备的损坏是非常危险的，在虚拟环境下，单一物理节点的损坏将会影响多个虚拟网络去跨越禁用的节点。在此合理假设的基础上，本章提出一个绿色可持续的虚拟网络映射框架来解决智慧城市中的协同边缘计算问题。

首先，我们把每一个无线传感器网络划分成两个单独的辅助图，一个是工作图，用来记录工作资源的使用情况；另一个是备用图，用来记录备用资源的使用情况。例如，在图 10.3 中，在 WMN 2 被划分后，最初边缘设备 c 中的 20 个单位的计算资源，10 个单位的资源用来工作，另外 10 个单位用作备用资源 (比例因子 f=0.5)。这种资源的均分可能不是最优的，因此我们为每个 WMN 寻求一个更合适的资源划分方案。第一步，根据 WMN 的可靠性来确定备用边缘设备的数量。第二步，构造每个 WMN 的备用图，其中 k 个备用边缘设备的地理位置通过启发算法确定。经过以上两步操作后，剩余的边缘设备不再需要进行资源备份，从而避免了一些不合理的资源划分操作。

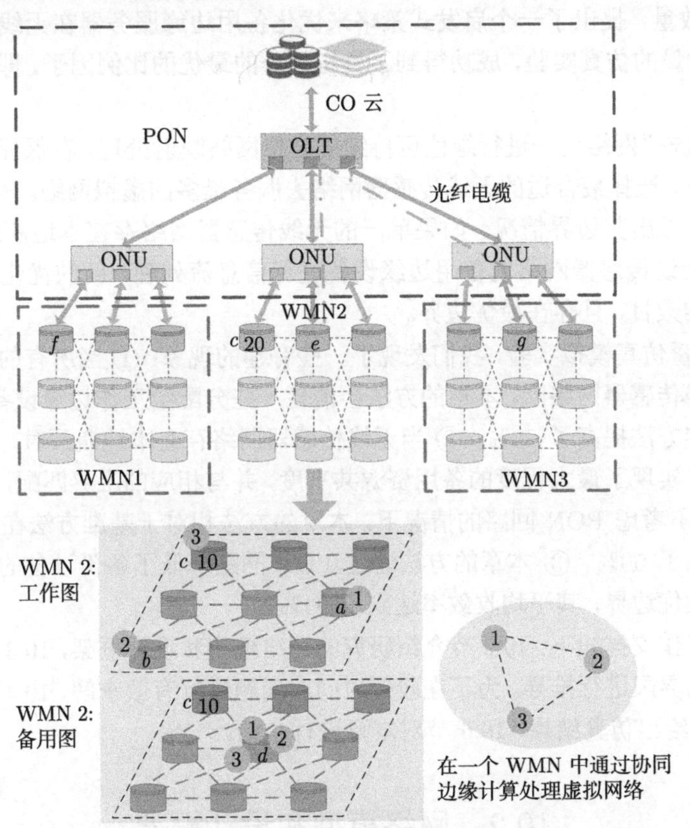

图 10.3 支持协作边缘计算的绿色协作 VNE

在得到 WMN 资源划分方案后，将虚拟网络嵌入最合适的工作图中，然后在备用图中选出一个合适的备用边缘设备。备用边缘设备不包含在工作边缘设备集合中，因此，可以更快速地处理原本应由禁用节点处理的计算任务。例如，在图 10.3 中，虚拟节点 1、2、3 分别映射在工作图中的边缘设备 a、b、c 上。工作边缘设备之间通过无线信道相互通信，因此分配给它们的发射功率应尽量减小。在每一个时间间隔内，工作边缘设备之间共享备用资源，前提是只有一个边缘设备损失数据传输效率。为了最大限度地提高备用资源的共享程度，虚拟节点都被嵌入一个备用边缘设备上。在图 10.3 中，虚拟节点 1、2、3 映射到备用边缘设备 d 上，如果边缘设备 a、b、c 中某一个设备不可使用 (如变成禁用节点)，则边缘设备 d 会作为候选节点参与到信息流处理中。综上所述，我们在最符合条件的无线传感器网络中执行绿色可持续网络虚拟化映射操作，通过消耗合理的工作边缘设备发射功率来服务最大数量的虚拟网络，同时保证了备用资源最大程度上实现共享。但由于资源供应有限，单个无线传感器网络有时并不能很好地保证虚拟网络的持续有效性。在这种情况下，来自不同无线传感器网络的备用边缘设备可以通过无源光纤网回程来利用。如图 10.3 所示，如果 WMN 2 中的边缘设备 d 没有足够的备用资源，可以选择利用来自 WMN 3 的备用边缘设备 g 的资源。在这种情况下，如果边缘设备 a、b、c 中某一个不可使用，则需要消耗备用资源进行从 WMN 2 到 WMN 3 的边缘设备 g 中的信息流转移。本章的主要贡献如下。

(1) 本章从数学的角度定义了无线传感器网络的可靠性，从而确定能够提供本地备用资源的边缘设备数量。提出了一个启发式策略来优化备用边缘服务器在无线传感器网络的地理位置。通过大量的仿真实验，成功得到了资源划分的最优的比例因子，即最合适的备用资源占比。

(2) 本章对虚拟网络逐一进行绿色可持续的虚拟网络映射处理，在保证备用资源最大程度共享的前提下，选择最合适的无线传感器网络去服务最多的虚拟网络。本章将上述优化问题公式化，并推导出其边界情况。如果单一的无线传感器网络存在本地瓶颈，则通过 PON 回路利用其他无线传感器网络的备用边缘设备进行信息流处理，新的优化函数目标变成最小化备用设备的数目，且存在最优边界。

(3) 通过大量仿真模拟实验，我们发现了一些有趣的现象：① 当所有的虚拟网络都成功地嵌入前端无线传感器网络时，本章的方法会消耗一些分配给工作边缘设备的发射功率，该消耗相较于基准方法提高了 26%；② 当无线传感器网络存在本地瓶颈时，本章的方法结合最优的比例因子实现了最大程度的备用资源共享度，并与相应的上界匹配，平均收敛率高达 92%，另外，在不考虑 PON 回路的情况下，本章的方法相对于基准方法在保证虚拟网络的持续性方面提高了 50%；③ 本章的方法通过 PON 回路降低了备份设备的消耗，同时更好地匹配相应的最优边界，其平均收敛率达到了 94%。

本章剩余工作安排如下：10.2 节介绍研究的网络模型和设计框架，10.3 节对研究问题进行描述并对理论界限进行推导。为了在较短时间对问题进行有效求解，10.4 节提出一种启发式算法，10.5 节给出仿真结果，10.6 节对本章进行小结。

10.2 网络模型和设计框架

10.2.1 网络模型

支撑智慧城市的无线宽带接入网络由 n 个无线传感器网络组成，每一个拥有 $|M|$ 个边缘设备 (ONU 级边缘设备) 连接到同一个光纤网络单元，拥有 $|P|$ 个无线路由器分布在同一个社区的智能家居或工厂中。ONU 级边缘设备的初始计算能力为 SC_h，每一个无线路由器

拥有的计算能力为 SC_l，且 $SC_l < SC_h$。相应地，可以用带权图 $\Gamma(M\bigcup P, L)$ 来表示内部无线传感器网络，其中 L 代表 WMN Γ 中边缘设备之间的无线信道。两个边缘设备 u、v 之间的初始无线信道 $l_{uv} \in L$ 的带宽为 $B(l_{uv})$。将信息流从边缘设备 u 发送到 v 所需的发射功率为 $P_u(v)$，显然，u 和 v 之间的物理距离越长，对应的 $P_u(v)$ 值越大。对于无线信道 l_{uv}，只有分配给它的发射功率满足 $r(u) \geqslant P_u(v)$ 的条件时，才会存在于 Γ 中。在无源光纤网中，光纤网络单元和光纤线路终端之间一直处于光缆连接状态，并且拥有多个载波信道，每一个载波信道的带宽为 ba。每一个时间间隔内只有一个边缘设备会损失数据传输效率，所有的边缘设备拥有相同的故障概率 P_r。无线信道和光缆的故障问题不在本章的讨论之中。

将虚拟网络嵌入最合适的无线传感器网络中，然后在备用图中选择一个合适的备用边缘设备。工作图中的虚拟网络协同边缘计算可以用一个四元组 $\mathrm{vn}(s, \phi, \mathrm{wb}, c)$ 来表示，其中 s 是映射到工作边缘设备上的虚拟节点，如图 10.3 中映射到 WMN 工作图上的虚拟节点 3；ϕ 表示一组映射到布置在无线路由器上的工作边缘设备的虚拟节点，如图 10.3 中虚拟节点 1、2 映射到 WMN 的工作图上；因为所有的边缘设备都是通过收集信息流来计算的，我们假设所有的虚拟节点都需要相同的计算资源 $c(c < SC_l < SC_h)$ 来处理信息流，虚拟节点之间的连接需要消耗 wb(wb<ba) 大小的带宽资源。在同一时间的备用图中，维持虚拟网络嵌入的持续性操作可以用一个二元组模型 $\mathrm{vn}(\mathrm{Ew}(s, \phi), c)$ 来表示。虚拟节点 s 和集合 ϕ 中的其他虚拟节点会映射到同一个不在集合 $\mathrm{Ew}(s, \phi)$ 内的备用边缘设备，其中集合 $\mathrm{Ew}(s, \phi)$ 表示之前映射过的工作边缘设备。由于虚拟网络只能选择一个备用边缘设备，因此不需要计算备份路径，可以消去二元组模型中的 wb。第 10 章用到的主要变量如及其定义表 10.1 所示。

表 10.1　第 10 章的主要变量及其定义

变量	定义
n	智慧城市中无线宽带接入网络中的无线传感器网络的总数
M	无线传感器网络中连接到光纤网络单元的边缘设备的集合
P	无线传感器网络中布置在无线路由器上的边缘设备的集合
SC_h	ONU 级边缘设备的计算能力
SC_l	布置在无线路由器端的边缘设备的计算能力，并且 $SC_l < SC_h$
L	无线传感器网络的无线信道集合
l_{uv}	边缘设备 u 和 v 之间的无线信道，并且 $l_{uv} \in L$
$B(l_{uv})$	无线信道 l_{uv} 的带宽
$\mathrm{RB}(l_{uv})$	无线信道 l_{uv} 的剩余带宽大小，并且 $\mathrm{RB}(l_{uv}) \leqslant B(l_{uv})$
$P_u(v)$	从设备 u 到 v 直接发送信息流所需的发射功率
$r(u)$	实际分配给边缘设备 u 的发射功率
ba	光缆上各个载波信道的带宽大小
Pr	每一个边缘设备的故障概率
vn	表示一个虚拟网络
s	虚拟网络 vn 中的虚拟节点，它能够被映射到工作 ONU 级边缘设备
ϕ	vn 中虚拟节点的集合，可以被映射到布置在无线路由器上的工作边缘设备上
wb	虚拟网络 vn 中两个工作边缘设备之间的无线信道带宽，满足 $\mathrm{wb} < \mathrm{ba}$
c	工作/备用边缘设备消耗的计算资源大小，满足 $(c < SC_l < SC_h)$
$\mathrm{Ew}(s, \phi)$	映射到虚拟节点上的工作边缘设备的集合

续表

变量	定义
k	无线传感器网络中备用路由器的个数，满足 $\lvert M\rvert < k \leqslant \lvert M \bigcup P\rvert$
f	比例因子，即用来备份资源的计算资源占总计算资源的百分比，$0.1 \leqslant f \leqslant 0.5$
Γ^*	最合适的无线传感器网络
Γ_w^*	表示 Γ^* 的工作图
Γ_b^*	表示 Γ^* 的备用图
$\mathrm{TP}_{\Gamma_w^*}$	表示分配给工作边缘设备用来服务 Γ_w^* 中的虚拟网络的发射功率
$\mathrm{SD}_{\Gamma_b^*}$	表示 Γ_b^* 中备用边缘设备的最大共享程度
$\mathrm{SD}(g \in \Gamma_b^*)$	表示 Γ_b^* 中备用边缘设备 g 的最大共享设备
N_1	表示由无线传感器网络处理后成功嵌入的虚拟网络的数量
TP	表示分配给所有工作边缘设备的发射功率的总和
$\alpha_{\Gamma_w^*}^i$	表示第 i 个虚拟网络是否成功嵌入工作图 Γ_w^*
SD	表示备用资源的最大共享程度
$\alpha_{\Gamma_b^*}^i$	表示第 i 个虚拟网络是否成功嵌入到备用图 Γ_b^*
N_2	表示由 PON 回路处理的虚拟网络的数量
N	表示无线光宽带接入网中所有虚拟网络的个数总和

10.2.2 设计框架概述

为了对后面提出的问题进行清晰的描述，我们利用图 10.4 对总体的框架进行阐述。由于一个边缘设备的总计算能力是工作计算和备用计算的总和，因此只需要确定分配给备用图的计算资源，剩下的就是分配给工作图的。为了节省备用图 Γ_b^* 的资源消耗，只有 k 个边缘设备用来进行资源备份，且 k 是由无线传感器网络的可靠性函数决定的，满足 $\lvert M\rvert < k \leqslant \lvert M \bigcup P\rvert$。在 Γ_b^* 中，$\lvert M\rvert$ 个 ONU 级边缘设备必须都有资源备份能力，如果 k 个备用边缘设备能够保证无线传感器网络的可靠性，那么剩余的 $\lvert M \bigcup P\rvert - k$ 个布置在无线路由器上的边缘设备不需要提供备用资源。

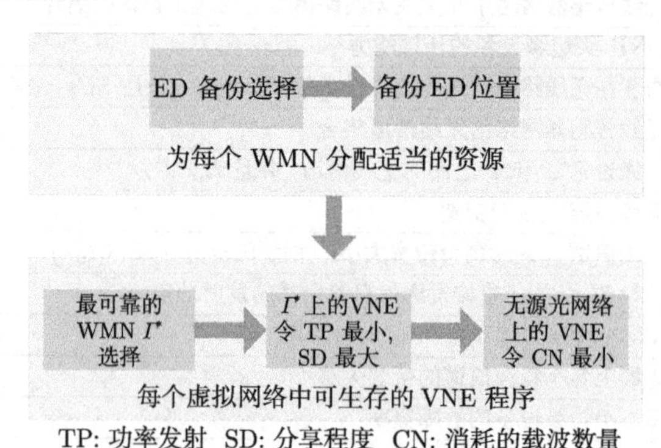

图 10.4 设计框架模型

我们把每一个无线传感器网络的内部结构 Γ 分成两个子部分：工作 Γ_w^* 和备用图 Γ_b^*。在根据无线传感器网络的可靠性函数确定 k 值后，我们在备用图 Γ_b^* 中确定备用边缘设备的位置。例如，在图 10.5(a) 中，SC_h=20，SC_l=10，$\lvert M\rvert = 3$，其中每一个边缘设备提供 10 个单位的备用资源 (比例因子 $f_h = \dfrac{5}{\mathrm{SC}_h} = 0.25$)。我们继续选择 Γ_b^* 中另外的 $k - \lvert M\rvert = 6 - 3 = 3$ 个

离 ONU 级边缘设备最近的备用边缘设备，如图 10.5(b) 所示。图 10.5(b) 中，每一个布置在无线路由器端的备用边缘设备提供 5 单位的计算资源 ($f_l = \dfrac{5}{\mathrm{SC}_l} = 0.5$)，我们假设 $f_h = f_l = f$。在确保备用资源最大程度共享的情况下，通过消耗一定量的发射功率将每个虚拟网络嵌入最合适的无线传感器网络 Γ^* 中。发射功率会被分配给工作边缘设备来保证它们服务当前的虚拟网络，资源最大共享程度表示嵌入同一备用节点的最多虚拟节点的数目，这些虚拟节点来自于当前和以前嵌入的虚拟网络。虚拟网络只选择一个备用边缘设备，因此不需要计算备份路径。

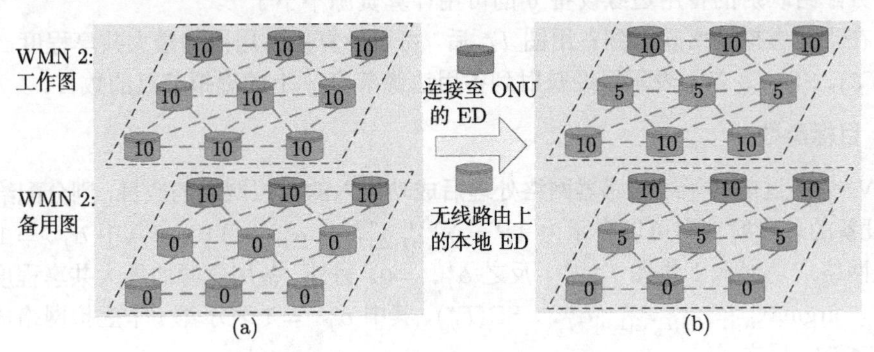

图 10.5　备用 ED 的选择和位置

如果单一的无线传感器网络中存在本地瓶颈，我们会考虑通过 PON 回路利用，来利用其他无线传感器网络中的备用边缘设备。对于此情况，存在瓶颈的无线传感器网络和另一个提供备用边缘设备的无线传感器网络之间通过固定路径相连，因此没有必要考虑链接映射问题。以图 10.3 为例，存在瓶颈的 WMN 2 和 WMN 3 中的边缘设备 g 之间建立一个链接后并保持不变。相应地，当通过 PON 回路执行持续网络虚拟化嵌入时，我们的优化目标是最小化固定路径上的备用载波信道的消耗。

综上所述，绿色可持续性主要体现在两个方面：① 在执行本地无线传感器网络嵌入时，最小化分配给工作边缘设备的发射功率；② 在执行 PON 回路嵌入时，最小化载波信道的消耗数量。

10.3　问题建模

在上述框架的基础上，本节对优化问题进行详细的数学阐述并推导出优化问题的边界。

10.3.1　问题描述

在得到最合适的无线传感器网络 Γ^* 的基础上，首先将当前的虚拟网络 $\mathrm{vn}(s, \phi, \mathrm{wb}, c)$ 嵌入工作图 Γ_w^* 中。

(1) 对于工作图 Γ_w^*，选择一个合适的工作 ONU 级边缘设备 $m \in M$，并找到虚拟节点 s 建立映射关系 $m = F(s)$。

(2) 选择一组合适的工作边缘设备布置在无线路由器上，即 $p \subset P$，来组成集合 ϕ。

(3) 所有已经映射过的工作边缘设备都具有不小于 c 的可用计算资源。

(4) 在链路映射方面，所有的工作通过的无线信道 P_w 都需要有不小于 wb 的可用带宽，即 $\forall l_{uv} \in P_w$，$\mathrm{RB}(l_{uv}) \geqslant \mathrm{wb}$。

(5) 计算映射后需要分配的总发射功率 $\mathrm{TP}_{\Gamma_w^*} = \sum_{u \in \Gamma_w^*} r(u)$。

经过上述步骤处理后，当前的虚拟网络模型可以转换成 $\mathrm{vn}(\mathrm{Ew}(s,\phi),c)$，并进一步嵌入备用图 Γ_b^* 中，其中 k 个备用边缘设备的位置已经确定，具体步骤如下。

(1) 从 k 个备选设备中消去集合 $\mathrm{Ew}(s,\phi)$ 中的备用边缘设备，从剩余的设备中选取一个具有最大共享度的备用边缘设备 g，由此得到的映射关系可以表示为 $g = F(s,\phi)$。

(2) 分配给映射的备用边缘设备 g 的可用计算资源不小于 c。

(3) 在当前虚拟网络映射到备用图 Γ_b^* 后，可以计算出备用图的最大共享程度，$\mathrm{SD}_{\Gamma_b^*} = \mathrm{SD}(g \in \Gamma_b^*)$。$\mathrm{SD}(g \in \Gamma_b^*)$ 表示已经映射到备用边缘节点 g 上的虚拟节点的数目。

10.3.2 目标函数

设 N_1 为经过前端无线传感器网络处理后成功嵌入的虚拟网络的数目，则分配给所有工作边缘设备的总发射功率可以表示为 $\mathrm{TP} = \sum_{i=1}^{N_1} \sum_{\Gamma_w^*=1}^{n} \alpha_{\Gamma_w^*}^i \times \mathrm{TP}_{\Gamma_w^*}$，其中 $\alpha_{\Gamma_w^*}^i = 1$ 表示第 i 个虚拟网络成功嵌入工作图 Γ_w^* 中，反之 $\alpha_{\Gamma_w^*}^i = 0$。另外，备用资源的最大共享程度可以表示为 $\mathrm{SD} = \mathrm{argmax}_{i \in [1,N_1], \Gamma_b^* \in [1,n]} \alpha_{\Gamma_b^*}^i \times \mathrm{SD}(\Gamma_b^*)$，其中 $\alpha_{\Gamma_b^*}^i = 1$ 表示第 i 个虚拟网络成功嵌入备用图 Γ_b^* 中，反之 $\alpha_{\Gamma_b^*}^i = 0$。

如果无线传感器网络瓶颈问题没有出现，则不用考虑利用 PON 回程，此时只需要在保证备用资源共享程度最大的前提下，通过为工作边缘设备分配合理数量的发射功率，将每一个虚拟网络嵌入最合适的无线传感器网络中。所分配的最小发射功率代表绿色网络 (节约更多的能源) 的最佳效果，最大的共享程度则反映了备用资源最佳利用情况。因此，综合目标函数表示如式 (10.1) 所示：

$$\min \frac{\sum_{i=1}^{N_1^{\max}} \sum_{\Gamma_w^*=1}^{n} \alpha_{\Gamma_w^*}^i \times \mathrm{TP}_{\Gamma_w^*}}{\mathrm{argmax}_{i \in [1,N_1=N], \Gamma_b^* \in [1,n]} \alpha_{\Gamma_b^*}^i \times \mathrm{SD}(\Gamma_b^*)} \tag{10.1}$$

其中，N 表示用以支撑智慧城市的无线光宽带接入网中所有虚拟网络的个数总和。

如果发生无线传感器网络瓶颈问题，虚拟网络首先会被嵌入无线传感器网络中，然后那些无法被本地无线传感器网络处理的虚拟网络会以 PON 回路的方式进行嵌入。在这种情况下，我们可以得到一个更复杂的目标函数，如式 (10.2) 所示：

$$\min \frac{\sum_{i=1}^{N_1^{\max}} \sum_{\Gamma_w^*=1}^{n} \alpha_{\Gamma_w^*}^i \times \mathrm{TP}_{\Gamma_w^*}}{\mathrm{argmax}_{i \in [1,N_1^{\max}], \Gamma_b^* \in [1,n]} \alpha_{\Gamma_b^*}^i \times \mathrm{SD}(\Gamma_b^*)} + \left\lceil \frac{N_2^{\max} \times \mathrm{wb}}{\mathrm{ba}} \right\rceil \tag{10.2}$$

其中，$N_1^{\max}$ 和 $N_2^{\max}$ 表示应该为尽可能多的虚拟网络提供服务，且满足 $N_1^{\max} + N_2^{\max} \leqslant N$。式 (10.2) 中的第一部分为本地无线传感器网络嵌入，即式 (10.1)；第二部分为 PON 回路嵌入的优化目标函数。

PON 回路嵌入的优化函数的目标是最小化备用载波信道的消耗。如果单一的无线传感器网络不能够很好地保证可持续性，则考虑使用来自其他无线传感器网络的备用 ONU 级边缘设备。因为需要在新的无线传感器网络中找一个工作 ONU 级边缘设备，需要在虚拟网络 $\mathrm{vn}(s,\phi,\mathrm{wb},c)$ 中找到 $1+|\phi|$ 个虚拟节点，备用 ONU 级边缘设备能够提供 $c \cdot (1+|\phi|)$ 单位

的计算资源。我们设 N_2 表示通过 PON 回路处理后成功嵌入的虚拟网络的数目，则消耗的光缆数量为 $\left\lceil \dfrac{N_2}{\dfrac{f\cdot \mathrm{SC}_h}{c\cdot(1+|\phi|)}} \right\rceil$，其中 $\dfrac{f\cdot \mathrm{SC}_h}{c\cdot(1+|\phi|)}$ 表示每根光缆所服务的虚拟网络的最大数目。

由于每根光缆消耗的备用载波信道的最大值为 $\left\lceil \dfrac{\left(\dfrac{f\cdot \mathrm{SC}_h}{c\cdot(1+|\phi|)}\right)\times \mathrm{wb}}{\mathrm{ba}} \right\rceil$，为 N_2 个虚拟网络提供服务所需要备用信道总数为 $\left\lceil \dfrac{N_2}{\dfrac{f\cdot \mathrm{SC}_h}{c\cdot(1+|\phi|)}} \right\rceil \cdot \left\lceil \dfrac{\left(\dfrac{f\cdot \mathrm{SC}_h}{c\cdot(1+|\phi|)}\right)\times \mathrm{wb}}{\mathrm{ba}} \right\rceil = \left\lceil \dfrac{N_2\times \mathrm{wb}}{\mathrm{ba}} \right\rceil$。

10.3.3 边界分析

首先，在不考虑无线传感器网络瓶颈问题的前提下，分配的总发射功率变成常数，即式 (10.1) 的分子，$\mathrm{TP}_{\mathrm{const}}(N_1^{\max}) = \sum_{i=1}^{N_1^{\max}} \sum_{\Gamma_w^*=1}^{n} \alpha_{\Gamma_w^*}^i \times \mathrm{TP}_{\Gamma_w^*}$。因此，如果我们在计算中得到最大共享程度 $\mathrm{SD}_{\max}$ 和常数 $N_1^{\max}$，就可以得到式 (10.1) 的边界。因此，如果没有无线传感器网络瓶颈问题出现，问题边界为 $\mathrm{PB} = N_1^{\max} + \mathrm{SD}_{\max}$。

在每个无线传感器网络中，$k-|M|$ 个布置在无线路由器端的边缘设备拥有本地备份资源的功能。也就是说，对于每一个无线传感器网络，$k-|M|$ 个布置在无线路由器端的边缘设备提供 $(1-f)\cdot \mathrm{SC}_l$ 单位的计算资源，剩余的 $|M\bigcup P|-k$ 边缘设备提供 SC_l 单位的计算资源。假设每一个无线传感器网络中，所有的工作边缘设备可以被一个拥有聚合工作资源能力的单一设备代替，它能够提供 $[(k-|M|)\cdot[(1-f)\cdot \mathrm{SC}_l]+(|M\bigcup P|-k)\cdot \mathrm{SC}_l$ 大小的计算资源。每一个虚拟网络中的 $|\phi|$ 个虚拟节点都需要被映射到布置在无线路由器上的工作边缘，因此需要处理的虚拟网络的最大数如式 (10.3) 所示：

$$N_1^{\max} = \frac{n\cdot[(k-|M|)\cdot(1-f)\cdot \mathrm{SC}_l + (|M\bigcup P|-k)\cdot \mathrm{SC}_l]}{c\cdot|\phi|} \tag{10.3}$$

嵌入同一备用边缘设备的最大虚拟节点数量可以通过如下公式计算，$\mathrm{SD}_{\max} = \left\lfloor \dfrac{f\cdot \mathrm{SC}_h}{c} \right\rfloor \cdot (1+|\phi|)$，其中 $\left\lfloor \dfrac{f\cdot \mathrm{SC}_h}{c} \right\rfloor$ 表示能够嵌入同一备用 ONU 级边缘设备的最多虚拟网络的数量。值得注意的是，每一个虚拟网络的 $1+|\phi|$ 的虚拟节点消耗 c 个单元的计算资源来共享同一个备用边缘设备。

接下来进行式 (10.2) 的边界推导。在给定 $N_1^{\max}$ 的情况下 (通过式 (10.3) 计算得出)，可以得到需要 PON 回路处理的虚拟网络个数，$N_2' = N - N_1^{\max}$。由于 $N_2 \leqslant N_2'$，可以得到 $N_2^{\max} = N_2'$，其中 N_2 为 PON 回路处理的虚拟网络的实际数量。因此，式 (10.2) 可以简化为 $\min \quad \mathrm{TP}_{\mathrm{const}}(N_1^{\max}) + \left\lceil \dfrac{N_2'\times \mathrm{wb}}{\mathrm{ba}} \right\rceil$。显然，备用载波信道的最优边界为 $W_{\mathrm{bound}} = \left\lceil \dfrac{N_2'\times \mathrm{wb}}{\mathrm{ba}} \right\rceil = \left\lceil \dfrac{(N-N_1^{\max})\times \mathrm{wb}}{\mathrm{ba}} \right\rceil$。

命题 10.1 如果实际消耗的备用载波信道小于 W_{bound}，那么由 PON 回路带来的优势将会被减弱。

证明： 如果存在一些虚拟网络还没有被通过 PON 的回路嵌入，即 $N_2 < N_2'$，那么实际消耗的备用载波信道 $W = \left\lceil \dfrac{N_2 \times \text{wb}}{\text{ba}} \right\rceil < \left\lceil \dfrac{N_2' \times \text{wb}}{\text{ba}} \right\rceil = W_{\text{bound}}$。因此，如果 $W < W_{\text{bound}}$，则 PON 回路带来的优势将会大大减弱。 □

算法 10.1 GSVNE 算法的伪代码

1: $\forall \Gamma \in [1,n]$: $\Pr(k)^{\Gamma} \leftarrow (1-P_r)^k \times (P_r)^{|P|-k}$;
2: $\forall \Gamma \in [1,n]$: $k \leftarrow \Pr(k)^{\Gamma} \geqslant \Pr_{\max}$;
3: for $\Gamma = 1,2,\cdots,n$ do
4: $\quad k \leftarrow k - |M|$;
5: $\quad$ 更新本地备用 ED 集合 $\Phi \leftarrow \Phi + M$;
6: $\quad$ while $k! = 0$ do
7: $\quad\quad$ for $u \in M$ do
8: $\quad\quad\quad$ for $v \in P$ do
9: $\quad\quad\quad\quad$ if $\text{minhop}(u,v) \leqslant h$ then
10: $\quad\quad\quad\quad\quad \Phi \leftarrow \Phi + \{v\}$;
11: $\quad\quad\quad\quad\quad k \leftarrow k-1$;
12: $\quad\quad\quad\quad$ end if
13: $\quad\quad\quad$ end for
14: $\quad\quad$ end for
15: $\quad$ end while
16: end for
17: for $\Gamma_b = 1,2,\cdots,n$ do
18: $\quad \forall u \in M$: $\text{SC}_h^b \leftarrow f \cdot \text{SC}_h$, $\forall v \in \Phi \bigcap P$: $\text{SC}_l^b \leftarrow f \cdot \text{SC}_l$, $\forall v \notin \Phi$ and $v \in P$: $\text{SC}_l^b \leftarrow 0$
19: end for
20: for $\Gamma_w = 1,2,\cdots,n$ do
21: $\quad \forall u \in M$: $\text{SC}_h^w \leftarrow (1-f) \cdot \text{SC}_h$, $\forall v \in P$: $\text{SC}_l^w \leftarrow \text{SC}_l - \text{SC}_l^b$;
22: end for
23: 初始化 $\aleph \leftarrow 0$, $W \leftarrow 0$, $\text{SD} \leftarrow 0$, $N_1 \leftarrow 0$, $N_2 \leftarrow 0$;
24: 初始化 $\delta \leftarrow \{\text{vn}_i | i \in [1,N]\}$;
25: while $\delta \neq \text{Null}$ do
26: $\quad \text{vn}_i \leftarrow \delta.\text{top}()$;
27: $\quad$ for $\Gamma = 1,2,\cdots,n$ do
28: $\quad\quad \Gamma_w \leftarrow \{\text{RB}(l_{uv}) \geqslant \text{wb}, \text{SC}(u)^w \geqslant c, (u,v) \in \Gamma_w\}$;
29: $\quad\quad \forall \Gamma_w$: $P_u(v) \rightarrow P_u(v) - \text{argmin}\{P_u(x), (u,x) \in \Gamma_w\}$;
30: $\quad\quad \Gamma_w \leftarrow \{P_u(v) = 0\}$, $\Gamma_b \leftarrow \{\text{SC}(u)^b \geqslant c, u \in \Gamma_b\}$;

```
31:     end for
32:     确定 Γ*: SD(Γ_b^*) ← argmax{SD(Γ_b)|Γ_b ∈ [1,n]}，并且 Γ_w^* 可用;
33:     if 能够找到 Γ* then
34:         进行资源分配并更新集合 SD;
35:         N_1 ← N_1 + 1;
36:     else
37:         If 能够从其他 WMN 找到可用 ONU 层的 ED g then
38:             ∀g : SC_h^b ← SC_h^b − c·(1+|φ|); N_2 ← N_2 + 1;
39:             更新 SD;
40:         else
41:             ℵ ← ℵ + 1;
42:         end if
43:     end If
44:     δ.pop();
45: end while
46: Return W ← (wb·N_2)/ba, ℵ.
```

10.4 启发式算法

本节描述本章提出的 GSVNE 算法，并分析算法的复杂度。

10.4.1 算法描述

GSVNE 算法的伪代码将如算法 10.1 中所述，其具体操作步骤如下。

(1) 信息初始化：根据前面构建的网络模型，初始化 WOBAN 和虚拟网络的相关信息。

(2) 备用边缘设备选择：在每一个无线传感器网络中，只有 k 个边缘设备具有资源备份能力，其中 k 是由无线传感器网络的稳定性函数决定的。$\forall \Gamma \in [1,n]: \mathrm{Pr}(k)^{\Gamma} = (1-P_r)^k \times (P_r)^{(|M \cup P|-k)}$，其中边缘设备的故障概率 $P_r < 0.5$。显然，k 值越大，即在网络中设置更多的备用边缘设备，这将使无线传感器网络更加稳定。在给定可接受的可靠性条件下 ($\mathrm{Pr}_{\max} \leqslant \mathrm{Pr}(k)^{\Gamma}, \forall \Gamma \in [1,n]$)，可以计算出一个合适的 k 值 (见算法 10.1 中 1~2 行)。

(3) 备用边缘设备定位：在每个无线传感器网络的备用图中，除了 $|M|$ 个 ONU 级边缘设备，剩余的 $k-|M|$ 个布置在无线路由器端的边缘设备也需要确定位置。因此有 $\forall u \in M, v \in P: \mathrm{minhop}(u,v) \leqslant h$，其中 h 表示 ONU 级边缘设备和无线路由器端边缘设备之间的物理最大跳数。如图 10.5(b) 所示，当 h=1 时，只有三个无线路由器端的边缘设备可以提供备用资源；但是如果 k=9，则图中的 6 个备用边缘设备难以保证网络的稳定性。如图 10.6 所示，网络有 6 个具有本地资源备份能力的无线路由器端的边缘设备，且它们至少 2 跳到达 ONU 级边缘设备。也就是说，当 h=2 时，保证了 k=9 时的网络稳定性。因此，我们逐渐增大 h 值直到 k 个备用边缘设备都被定位为止 (见算法 10.1 中 3~16 行)。

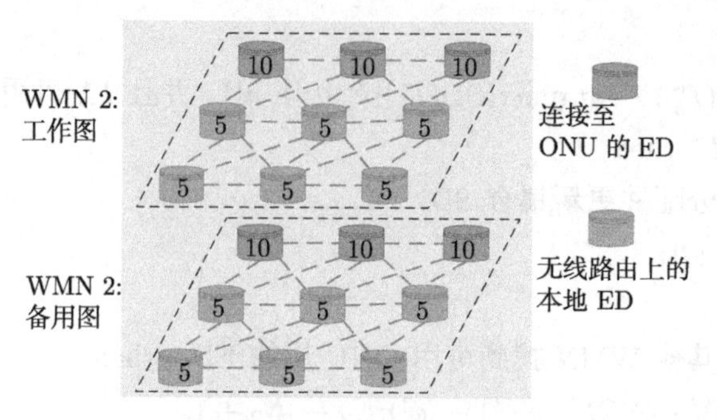

图 10.6 备用 ED 位置，$h = 2$ 并且 $k = 9$

(4) 资源划分：对于 ONU 级边缘设备，在给定比例因子 f 的前提下，初始的备用计算资源大小为 $\mathrm{SC}_h^b = f \cdot \mathrm{SC}_h$，则工作用计算资源大小为 $\mathrm{SC}_h^w = (1-f) \cdot \mathrm{SC}_h$。对于部署在无线路由器上的已定位的边缘设备，初始的备用计算资源大小为 $\mathrm{SC}_l^b = f \cdot \mathrm{SC}_l$，则工作用计算资源大小为 $\mathrm{SC}_l^w = (1-f) \cdot \mathrm{SC}_l$。对于部署在无线路由器上未定位的边缘设备，设 $\mathrm{SC}_l^b = 0$，$\mathrm{SC}_l^w = \mathrm{SC}_l$(见算法 10.1 中 17~22 行)。

(5) 确定每一个虚拟网络的最优无线传感器网络 $\varGamma^*$：对于当前虚拟网络的每一个无线传感器网络 $\varGamma$，我们在图 $\varGamma_w$ 和 $\varGamma_b$ 中删除可用计算资源小于 c 的顶点，同时在图 $\varGamma_w$ 中删除可用带宽小于 wb 的无线信道。更新图 $\varGamma_w$ 中无线信道的权重 $\varGamma_w$: $P_u(v) \rightarrow P_u(v) - \mathrm{argmin}\{P_u(x), (u,x) \in \varGamma_w\}$，其中 $\mathrm{argmin}\{P_u(x), (u,x) \in \varGamma_w\}$ 表示从顶点 u 发出的无线信道的最小权值。例如，b 发出的两个无线信道 (b,c) 和 (b,d) 的权值分别为 7 和 4，因此有 $\min\{P_b(x), (b,x) \in \varGamma_w\} = 4$，然后更新 (b,c) 和 (b,d) 的权值分别为 3 和 0。更新完所有无线信道的权值后，保留那些权值为 0 的无线信道 (上述例子中的 (b,d))，从而减少了分配的总发射功率。如果当前虚拟网络的备用图 $\varGamma_b^*$ 资源共享程度最大，且能够得到对应的工作图 $\varGamma_w^*$，则可以得到当前虚拟网络最合适的 $\varGamma^*$(见算法 10.1 中 25~36 行)。

10.4.2 复杂性分析

如算法 10.1 第 3~16 行所示，备用边缘设备定位最多需要循环 $n \times k \times |M| \times |P|$ 次。如算法 26~46 行所示，虚拟网络嵌入操作最多需要循环 $n \times N$ 次。

10.5 性能分析

本节首先介绍在大学社区环境下真实的 WOBAN 拓扑测试，根据这些获得的真实轨迹进行重要的仿真参数设置，并分析本章提出的方法在各种条件下的参数表现。

10.5.1 真实环境拓扑和参数设置

实验所测试的真实的 WOBAN 拓扑是在加利福尼亚大学戴维斯分校内进行大学社区环境的布置，其中包含三个无线传感器网络。值得注意的是，参照在文献 [109] 中提到的真实模拟场景，每个无线传感器网络最多由 5 个无线路由器组成，因此对于校园 WOBAN 测试环境来说，只能够布置 15 个边缘设备。考虑到未来边缘设备布置方案，WOBAN 实际测试情况如图 10.7 所示，我们在 ONU 上部署 3 个边缘设备，在无线路由器上部署 6 个边缘设

备，即 $n=3,|M|=3,|P|=6$。为了保证图 10.7 的清晰度，有些无线信道没有在图中显示。所有的边缘设备都被布置在真实的地理位置上，两个相连的边缘设备 u 和 v 之间的物理距离越长，则它们之间所需要的发射功率 $P_u(v)$ 也越大，设每个无线信道的初始无线带宽是充足的。对于虚拟网络，参数设置为 $|\phi|=2$，$c=1$，$\mathrm{wb}=1$。$|\phi|=2$ 确保网络中虚拟节点的个数小于总共的无线传感器网络的个数，即 $1+|\phi|\leqslant n$。带宽 ba 设置为 6，为 OC-12 标准波长粒度的一半。$\mathrm{Pr}_{\max}$ 的值事先给定以确保在 $h=2$ 和 $k=9$ 的情况下，无线传感器网络总是处于可靠状态。

设 $\mathrm{SC}_l=20$，$\mathrm{SC}_h=100$ 以确保 $\mathrm{SC}_h\cdot f_{\min}=\mathrm{SC}_l\cdot f_{\max}$，其中 $f_{\min}=0.1$，$f_{\max}=0.5$。也就是说，我们列举出所有具有代表性的比例因子的值，它涵盖了区间 $[0.5,0.3,0.1]$。比例因子表示备用资源占总计算资源的百分比，比例因子为 0.5 意味着每个边缘设备为工作和备用服务提供相同的资源；比例因子为 0.3 表示边缘设备中为工作提供的资源占据相对主导的地位；比例因子为 0.1 则表示为备用服务分配非常有限的资源。在仿真情况下，我们根据备用资源的最大共享程度以及其上界的收敛情况，从区间 $[0.5,0.3,0.1]$ 中选取最合适的比例因子。备用资源的最大共享程度表示映射到同一个备用边缘设备的虚拟节点的最大数量，共享程度的上界已经在式 (10.3) 中进行了详细的讨论，因此收敛率越高则说明对应的比例因子越合适，从而可以更好地利用备用资源。此外，我们还采用了成功嵌入的虚拟网络数量 (N_1+N_2) 以及实际消耗的备用载波信道数目 W 作为评价指标来评估本章提出的方法的实际表现。

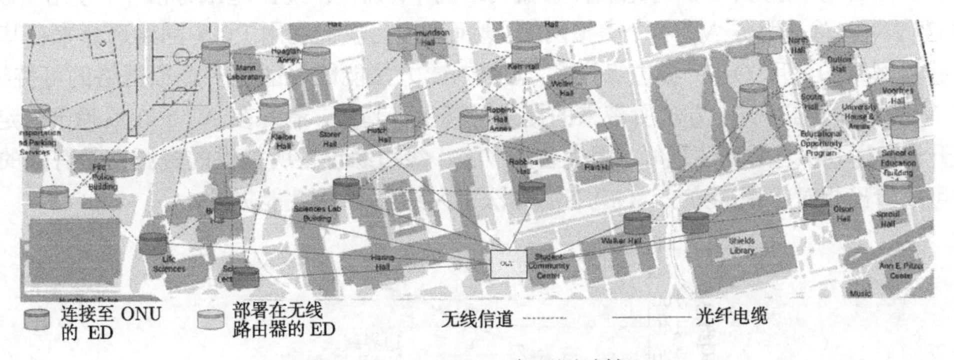

图 10.7　WOBAN 实际测试情况

10.5.2　总体传输功率的实验结果

首先，对通过为工作边缘设备分配一定的发射功率来服务虚拟网络的方法的有效性进行评估。假设所有的虚拟网络都可以成功地嵌入无线传感器网络中，对提出的方法和没有经过图分割的基准方法就消耗的发射功率进行比较。通过式 (10.3) 可以计算出成功嵌入虚拟网络的最大数目。$f=0.5$ 时，$N_1^{\max}=\dfrac{n\cdot[(k-|M|)\cdot(1-f)\cdot\mathrm{SC}_l+(|M\bigcup P|-k)\cdot\mathrm{SC}_l]}{c\cdot|\phi|}=90$；$f=0.4$ 时，$N_1^{\max}=108$；$f=0.3$ 时，$N_1^{\max}=126$(参见图 10.8 横坐标)。如图 10.8 所示，当所有的 $N_1^{\max}$ 个虚拟网络都被无线传感器网络成功处理时，对其发射功率进行比较。仿真结果表明：① 随着成功嵌入的虚拟网络数量的增加，总的发射功率也呈上升趋势；② 和不考虑图分割的基准方法相比，图分割方法能够有效地减少总的发射功率约 11%。这是因为

通过图分割方法，能够保留有效的无线信道从而简化每一个无线传感器网络的工作图。

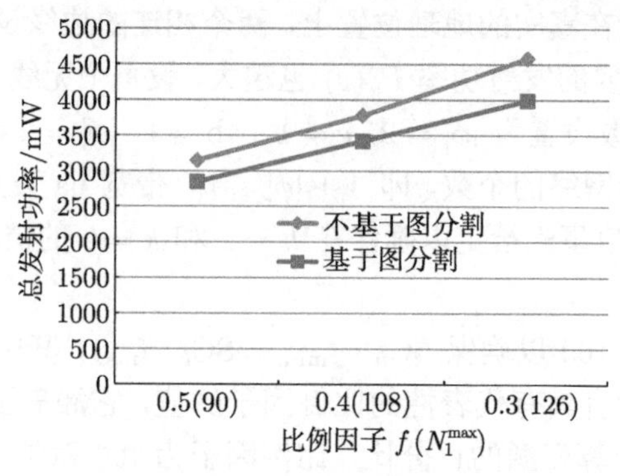

图 10.8　总体传输功率

10.5.3　f=0.5 时的实验结果

如图 10.9 所示，当 $f = 0.5$ 时，我们比较 GSVNE 方法和忽略 PON 回路的基准方法中成功嵌入的虚拟网络总数，即 $N_1 + N_2 = N - \aleph$，其中横坐标上系统中虚拟网络的总数 N 从 $N_1^{\max}$ 开始，并由式 (10.3) 决定。因此，无线传感器网络不可能嵌入虚拟网络，当 $N > (N_1^{\max} = 90)$，此时，本章所提出的 GSVNE 方法开始使用 PON 回路。可以看出，在不使用 PON 回路的情况下，因为无线传感器网络的本地瓶颈问题，基准方法 (不使用 PON 回路的 GSVNE) 总是服务 $N_1^{\max}$ 个虚拟网络。然而，因为我们利用 PON 回路选择来自其他无线传感器网络的备用 ONU 级边缘设备，GSVNE 方法能够保证更多虚拟网络的可持续性。随着 N 的增加，GSVNE 方法所带来的提升呈现上升趋势，最终在 N=190 后趋于稳定。性能提升在 N=190 之后到达顶峰，因为备用 ONU 级边缘设备所提供的资源也是有限的；从图中可以看出相对于基准方法，GSVNE 方法有大约 69%的性能提升。

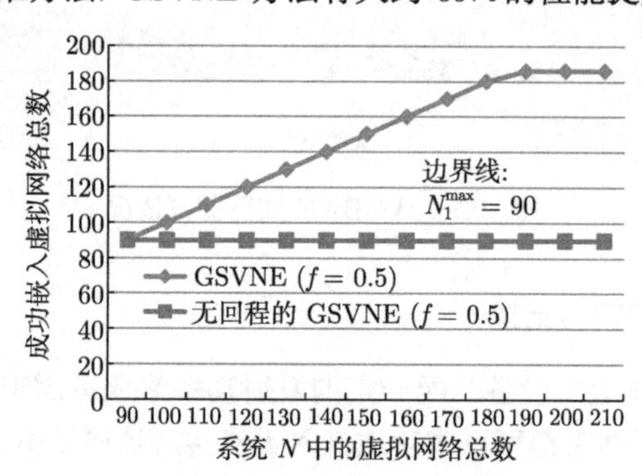

图 10.9　成功嵌入虚拟网络中的总数，$f = 0.5$

在图 10.10 中，当 $f = 0.5$ 时，比较 GSVNE 方法、忽略 PON 回路的基准方法和理论上界的备用资源的最大共享程度。当 $f = 0.5$ 时，$\mathrm{SD}_{\max} = 150$。从图 10.10 中可以看出，基准方法的共享程度总是 30，这远远低于理论上限。这表明如果不利用 PON 回路，备用资源不能够得到高效利用，这是因为一部分 ONU 级边缘设备提供的相关备份资源会浪费。这也很好地解释了为什么图 10.9 中基准方法最多服务 $N_1^{\max}$ 个虚拟网络。如果利用了 PON 回路，可以进一步提高 ONU 级边缘设备的备用资源的利用率，使网络中的资源共享程度更高，与理论上界的收敛率约为 87%。由图 10.10 可以看出，在系统中，当虚拟网络数目较少时，并不需要调用 PON 回路进行资源传输，资源共享程度不会很快地接近边界线；而在 N 大于 110 后，本章方法的最大共享程度趋于稳定，这很好地解释了为什么图 10.9 中本章方法性能的提升在 N=190 之后到达顶峰。

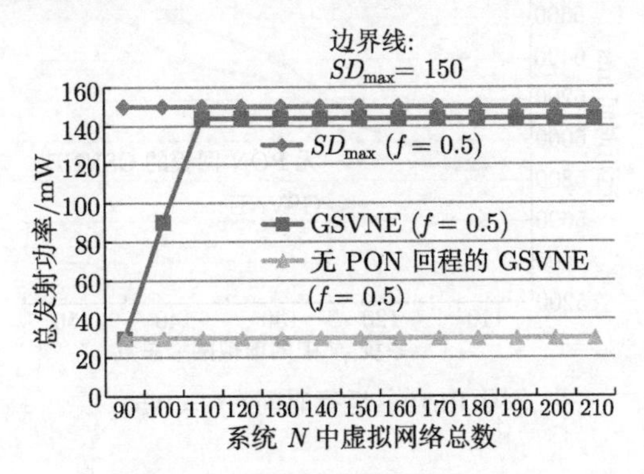

图 10.10　最大共享比例，$f = 0.5$

在图 10.11 中，当 $f = 0.5$ 时，我们比较了 GSVNE 方法和最佳边界 w_{bound} 的消耗备用载波信道的个数。和图 10.9 相似，虚拟网络的个数也是从 $N_1^{\max} = 90$ 开始，当 $N > N_1^{\max}$ 时，PON 回路将会被触发从而导致备用载波信道的消耗。从图 10.11 中可以看出，随着 N 值的增加，本章提出的 GSVNE 方法消耗的备用载波信道数目也随之变大。当 N=[90,180] 时，W 和最佳边界 w_{bound} 之间的收敛率高达 100%，这是因为此时充分利用了 PON 回路来保证更多虚拟网络的可持续性。在 N=190 之后，W 小于最佳边界 w_{bound}。这意味着 PON 回路带来的优势已经到达了顶峰，当 N 值继续增长时，优势将变得越来越弱，这一现象已经在前面的命题 10.1 中给出证明。综合多次实验，W 相较于最佳边界 w_{bound} 的收敛率为 97%。

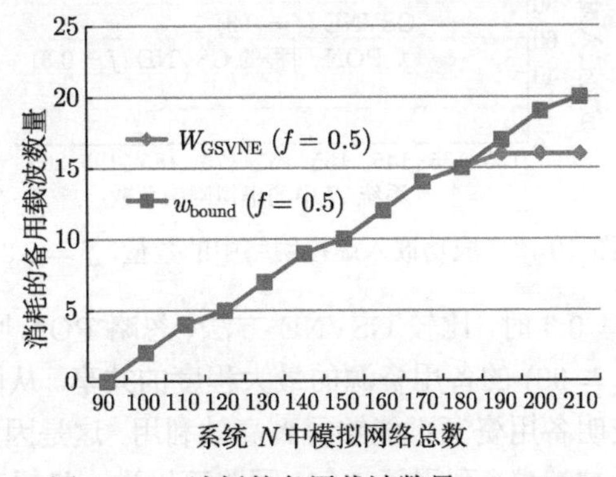

图 10.11　消耗的备用载波数量，$f = 0.5$

在图 10.12 中，当 $f = 0.5$ 时，比较 GSVNE 方法和忽略 PON 回路的基准方法在相同计算机环境下的运行时间。在此实验中，首先令 N 从 110(大于 $N_1^{\max} = 90$) 开始，以便于评估 GSVNE 中调用 PON 回路时运行的时间。从图 10.12 中可以看出，系统运行时间随着虚拟网络个数的增长也呈现增长趋势。当 N 变大时，GSVNE 方法的运行时间略高于基准方法，因为 GSVNE 方法会触发额外的 PON 回路调用。此外，最大运行时间大约为 7s，是可以接受的。

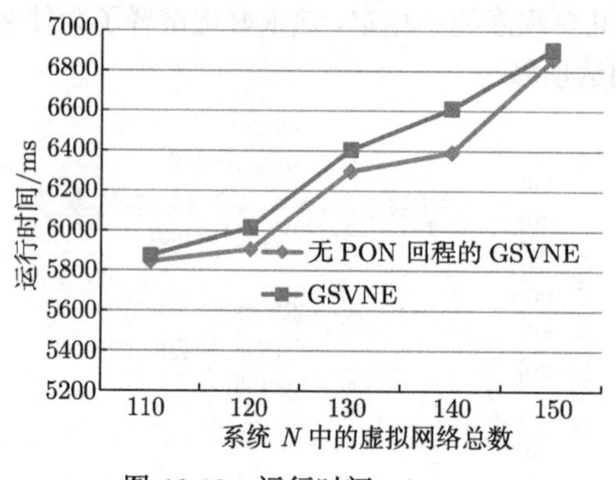

图 10.12　运行时间，$f = 0.5$

10.5.4　f=0.3 时的实验结果

如图 10.13 所示，当 $f = 0.3$ 时，比较 GSVNE 方法和忽略 PON 回路的基准方法中成功嵌入的虚拟网络总数。横坐标 N 从 125(当 $f = 0.3$ 时，$N_1^{\max} = 126$) 开始。得到当 $N > N_1^{\max}$ 时，无线传感器网络不可能嵌入虚拟网络，此时提出的 GSVNE 方法开始使用 PON 回路。从图中可以看出，在 PON 回路的帮助下，GSVNE 相对于基准方法能够保证更多虚拟网络的持续性，大约会有 30%的提高。

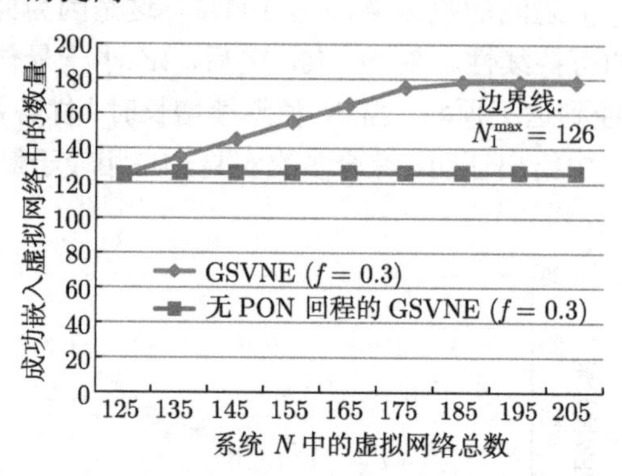

图 10.13　成功嵌入虚拟网络中的数量，$f = 0.3$

在图 10.14 中，当 $f = 0.3$ 时，比较 GSVNE 方法、忽略 PON 回路的基准方法和理论上界 (当 $f = 0.3$ 时、$\mathrm{SD}_{\max} = 90$) 的备用资源的最大程度的共享。从图中可以看出，基准方法的共享程度总是 30，这表明备用资源不能够得到高效利用，这是因为一部分 ONU 级边缘设备提供的相关备份资源会被浪费。利用了 PON 回路可以进一步提高 ONU 级边缘设备的备用资源的利用率，使网络中的资源共享程度更高，其与理论上界的收敛率约为 92%。在 N 大于 145 后，本章提出的方法的最大共享程度趋于稳定，收敛率达到 100%，即与上界完全匹配。然而，在图 10.10 中 $f = 0.5$ 时，最大共享程度只是接近但是没有完全匹配最佳上界。因此，相对于 $f = 0.5$，$f = 0.3$ 是更优的比例因子。

在图 10.15 中，当 $f = 0.3$ 时，我们比较了 GSVNE 方法和最佳边界 w_{bound} 的消耗备用载波信道的个数。当 N=[135,175] 时，W 和最佳边界 w_{bound} 之间的收敛率高达 100%，这是因为此时充分利用 PON 回路来保证更多虚拟网络的可持续性。然而在 N=175 之后，W 变得小于最佳边界 w_{bound}。这意味着 PON 回路带来的优势已经到达了顶峰，当 N 值继续增长时，优势将变得越来越弱，这一现象已经在前面的命题 10.1 中给出证明。综合多次实验，GSVNE 方法的平均收敛率为 91%，证明了方法的最优性。

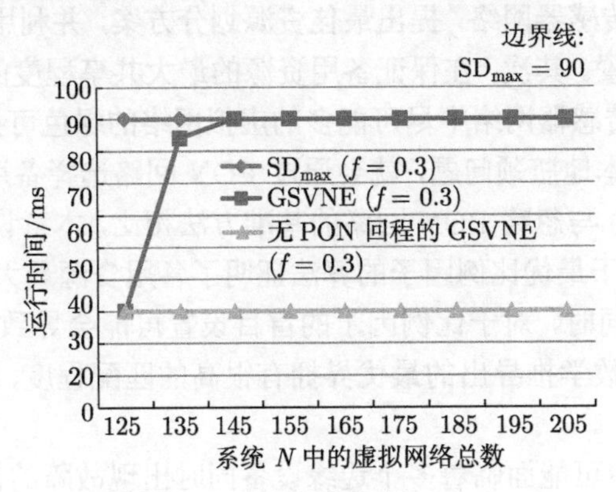

图 10.14　最大共享比例，$f = 0.3$

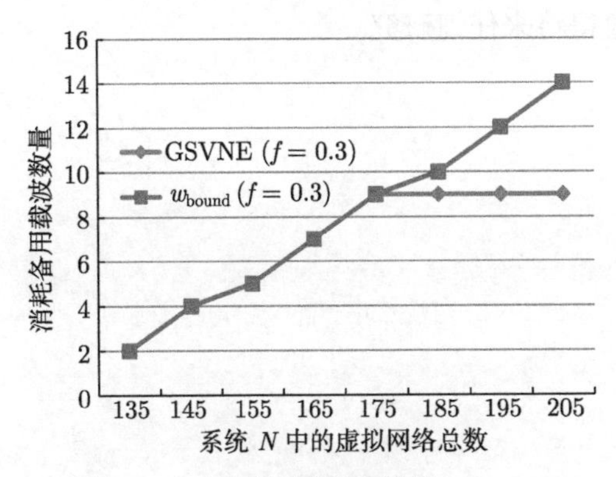

图 10.15　消耗备用载波数量，$f = 0.3$

10.5.5　f=0.1 时的实验结果

如表 10.2 所示，当 $f = 0.1$ 时，比较了 GSVNE 方法和忽略 PON 回路的基准方法中成功嵌入的虚拟网络总数。当 $f = 0.1$ 时，初始的备用资源是非常有限的。在此情况下，本章提出的 GSVNE 方法或者基准方法都拥有充足的工作资源，它们所能保证持续性的虚拟网络个数都远小于 $N_1^{\max}$。另一个导致此现象的原因是初始备用资源有限，备用的 ONU 级边

表 10.2　成功嵌入的虚拟网络中的数量 ($f = 0.1$)

N	175	185	195	205
$N_1^{\max}$	162	162	162	162
GSVNE	68	68	68	68
无 PON 回程的 GSVNE	68	68	68	68

缘设备通常无法正常工作，这就导致 PON 回路变得毫无意义。这一现象也表明了，当比例因子 $f = 0.3$ 时整体是最优的。

10.6 本章小结

本章提出了一种绿色可持续的虚拟城域网设计框架，用于支持智慧城市中的协同边缘计算。针对每一个无线传感器网络，提出最佳资源划分方案，并利用启发式方法确定备用边缘设备的数量和地理位置。其次，在保证备用资源的最大共享程度的前提下，通过消耗一定的传输功率，实现无线传感器网络中尽可能多的虚拟网络的绿色可持续性虚拟网络嵌入。一旦无线传感器网络出现本地瓶颈问题，就会通过 PON 回路选择备用 ONU 级边缘设备协助处理。实验结果证明：① 与忽略 PON 回路的基准方法相比，本章设计的框架可以成功嵌入更多的虚拟网络；② 基于最优比例因子的算法证明了备用资源最大共享程度和理论上界之间具有良好的收敛性，同时，对于比例因子的盲目设置可能会导致算法性能下降；③ 实际消耗的备用载波信道与数学推导出的最优界拥有很高的匹配程度，这证明了本章方法的最优性。

另外，在真实场景中可能面临着多个边缘设备同时出现故障的情况。例如，同一个城区的多个边缘设备在这个地域停电时会同时发生故障。然而，这并不是本章关注的重点，但却是一个有意义的问题，值得将来仔细研究。

第 11 章　面向高效数据分发的协同能量管理机制

本章阐述了面向高效数据分发的协同能量管理机制研究。路侧单元的高耗能会影响高效数据分发机制的性能，导致数据传输服务时延过高甚至传输中断的问题。近年来，随着绿色城市概念的提出和应用，绿色车联网技术在学术界和工业界得到了广泛的关注。基于高效数据分发的绿色车联网实现的重要途径是设计有效的能量管理机制。目前，车联网中主要的耗能部件为电池供电的路侧单元和电动汽车 (Electric Vehicle, EV)。一方面，路侧单元需要持续为途经的车辆提供服务；另一方面，电动汽车需要消耗能量来提供前进的动力。为了减少高能耗对车联网中高效数据分发性能的影响，车联网中基于路侧单元的能量管理机制得到了广泛关注。然而，目前对于车联网高效能量管理的研究还处于起步阶段，如何实现路侧单元及车辆之间的联合能量管理还未得到充分研究。因此，本章针对二者的能量消耗，提出了两种不同的能量管理方法。一种是面向高效数据分发的智能能量采集机制，联合考虑了电动汽车和路侧单元之间的能量管理，实现了能量的供需平衡和有效利用；另一种是面向高效数据分发的节能任务调度机制，通过对基于路侧设备的雾节点进行负载均衡来实现能量消耗和任务时延约束之间的平衡。

11.1　引　　言

随着智能车辆数量的快速增长和无线传感器技术的不断普及，车联网技术已经成为物联网技术的一个重要分支，并为智慧城市和智能交通管理系统的实现提供了技术支持。现代交通系统通过增强系统机动性和安全性等保障措施为用户的日常生活提供了极大便利。2018 年，据英国朱尼普研究公司 (Juniper Research) 报道，智慧城市可以帮助居民每年平均节省 125 小时，其中出行和公共安全方面可以分别节省 60 小时和 35 小时。车联网可以支持多种通信模式，包括车与车、车与设备、车与传感器及车与个人设备之间的通信。目前，汽车尾气排放是影响人类生存环境和空气质量的最主要因素之一。早在 19 世纪 70 年代，洛杉矶光化学烟雾事件，就是由超过 250 万辆车辆尾气的排放造成的。从此之后，许多国家开始颁布并实施相关政策及法规来加强汽车尾气排放的管理。例如，欧洲实施了 Euro I-VI 法规，以限制 NO_x、HC 及 CO 气体的排放。欧洲委员会对于 CO_2 气体的排放设置了 130g/km 的目标，已在 2015 年达成，并预计在 2021 年达到 95g/km 的排放量。包括中国、日本和美国在内的其他国家已经在本国的汽车市场设立了类似的目标。因此，绿色车联网系统的建立逐渐得到了越来越多的关注。

车联网系统可以为车辆和乘客提供多种车载应用，如位置感知的路网服务、自动驾驶及车载娱乐。这些应用使车辆与因特网之间的网络流量急剧增加。大量电池供电的路侧单元被安放在道路的两旁来为车辆提供网络接口和服务。一些路侧单元还可以提高网络的容量，如使用路侧单元来缓存某些信息，并且发送信息到相关车辆且无须通过主干网获得数据。然而，由于在某些比较偏僻的区域，路侧单元无法连接到电网，因此需要为路侧单元设置合理的能量获取方式来持续不断地为车辆提供服务。一种可行的方案是为路侧单元安装风能或太阳能供电设备。美国交通运输部预测截至 2050 年，美国 40%的乡郊高速公路将被太阳能路侧单元所覆盖。一些科学研究致力于研究路侧单元下行流量调度算法和服务需求路由策略来减少路侧单元的能量消耗。然而，这些研究仅考虑了路侧单元作为网络中唯一耗能设备的情况，而未考虑其他耗能终端，如电动汽车和传感器。多种车载应用产生的高动态网络流量和间断性可再生能源供给会导致网络流量传输耗能与能源供应的不均衡、能量利用效率低下及路侧单元的高安装和维护成本。因此，设计车联网中不同耗能设备的联合能量管理策略来保证高效数据分发的性能需要进行深入研究。

此外，这些车载应用产生的海量数据需要大量的计算资源和灵活的网络管理机制。边缘计算 (或雾计算) 可以在网络的边缘为终端设备提供网络计算资源。目前，许多研究将雾节点与路侧单元相结合，该模式既可以为用户提供网络接入点，又可以为终端设备提供计算资源。然而，短时间大量的计算卸载任务一方面会导致雾节点间负载的不均衡和计算任务的高时延；另一方面会导致负载较大的雾节点大量消耗能量。因此，如何设计合理的雾节点间任务调度策略，在最小化雾节点能量消耗的同时满足任务时延约束非常具有挑战性。

为了解决以上挑战，本章设计了两种解决方案，一种是基于绿色车联网的智能能量采集机制，另一种是基于雾计算的节能任务调度机制。本章的主要贡献如下。

(1) 面向高效数据分发的智能能量采集机制：本章算法关注两种类型的耗能设备，一种是基于电池供电的路侧单元，另一种是电动汽车。本章算法率先进行了二者的联合优化。首先，本章提出了一种基于 V2I 通信模式的能量采集框架。基于此框架，路侧单元可以智能地做出能量获取决策来满足所需要服务的任务。其次，为了同时满足车辆和路侧单元的效用，本章进一步设计了一种基于三阶段施塔克尔贝格博弈 (Stackelberg Game) 的能量获取策略。最后，通过与一个具有代表性的能量获取方法进行仿真比较。实验结果表明，本章算法在能量供给方面具有较好的性能。

(2) 面向高效数据分发的节能任务调度机制：本章算法首先提出了一个基于节能机制的系统模型，然后根据系统中各部件的能量消耗构建了一个节能优化问题，并满足系统中任务的时延约束。为了解决这个问题，本章设计了一种启发式算法，目的是通过在雾节点之间进行任务调度来实现能量消耗和任务时延间的折中。实验结果表明，算法可以在任务完成率、任务完成时延与能量消耗之间达到较好的平衡。

本章的结构安排如下：11.2 节介绍能量管理的相关工作；11.3 节详细介绍基于车联网的能量采集；11.4 节描述基于雾计算的节能机制；11.5 节对本章工作进行总结。

11.2 相关工作

本节介绍车联网中能量管理的相关工作，基于两方面内容对现有研究进行分析和总结，分别是基于车联网中能量管理机制和车联网中雾计算方案。

11.2.1 车联网中能量管理机制

车联网中的能量管理可以应用多种技术，如发电厂、储能系统、高效的通信协议及灵活的功耗管理。本节主要从以下四个方面对绿色车联网中的能量管理机制进行描述。

1) 路侧单元的节能调度

在车联网中，路侧单元作为主要设备可以为市区和高速公路上的车辆提供网络接入。目前，基于电池供电的路侧单元已经在多个国家进行了安装使用。然而，有限的路侧单元和源源不断的网络流量会造成路侧单元能量的急剧消耗。因此，如何在路侧单元电量耗尽之前服务更多的任务值得深入研究。下行任务调度算法是减少路侧单元能量消耗的有效手段。如果一个路侧单元经常与距离自身较近的节点进行通信，那么它的能量消耗会得到一定程度的降低。因此，有效的下行链路任务调度算法对于满足车辆的通信需求是十分必要的。此外，当多个路侧单元同时存在时，如何在这些路侧单元之间进行任务调度来优化整体能量消耗也是非常重要的。另一个有效的能量管理方案为周期性地打开或关闭部分路侧单元以减少整体能量消耗。

2) 路侧单元的能量获取

因为路侧单元在某些偏远区域无法与智能电网进行连接，因此利用可再生能源进行能量获取是一种有效手段。风能和太阳能常常作为电力发电的主要来源。路侧单元可以安装太阳能充电电池以便将太阳能转化成电能，因此一个大容量可充电电池是必需的。在电池供电期间，下行链路任务调度算法来控制路侧单元和车辆间的能量消耗。文献 [110] 基于风力发电的路侧单元进行能量获取，为了保证低水平的能量消耗，一些路侧单元在不影响网络运行状态的情况下允许进入睡眠状态。此外，一些研究采用射频 (Radio Frequency, RF) 能量传输技术将能量从车辆传输到路侧单元。

3) 基于车辆到网格技术的车辆充放电

电动车辆在下一代车辆系统中扮演着重要角色，尤其是为智慧城市和绿色城市的建立提供了重要支持。电动汽车的充放电管理是实现车辆能量高效利用的核心，主要挑战包括两方面，一是如何制定合理的充电计划并选择合适的充电设备；二是怎样设计一个基于车辆和智能电网的有效通信框架。文献 [111] 设计了一种基于发布/订阅模式的通信框架。考虑到交通状况和用户偏好，充电站周期性地广播自身的信息到路侧单元，如正在充电的电车数量及剩余电量等。当电动汽车行驶到路侧单元的信号覆盖范围内时，车辆可以获得充电站发布的信息，并可以选择合适的充电站。文献 [112] 提出了优化机制来配置电动汽车和智能电网的电能储量，其中电动汽车不仅能从智能电网中获取能量，还可以将电能卖给电网，其采用一种基于粒子群算法的优化方法，基于电费的时空变化特性来实现车辆和电网间利益的平衡。

4) 电动车辆的无线能量传输

传统的输电站是基于有线充电技术，用户需要停车进行充电，并且充电过程可能持续数小时。许多用户无法接受如此长的充电等待时间，并试图寻找其他可行的充电方式。为了克服以上困难，无线充电技术应运而生，它允许车辆在行驶中通过无线能量传输进行充电。目前，国内外许多学者开始关注无线充电技术的实现和网线充电系统的搭建。文献 [113] 设计了一种高效的无线充电系统，该系统仅需要四个线圈来实现无线充电。一个源线圈 (Source Coil) 用来在发电设备中产生电磁场，两个激励线圈 (Transmitter Coil) 用来增强电磁场。一个安装在电动汽车内的感应线圈 (Induction Coil) 用来接收电磁场产生的电能。无线充电技术中最重要的挑战是如何提高电动汽车的充电效率。

11.2.2 车联网中雾计算方案

本节主要从以下四个方面介绍车联网中雾计算的实现。

1) 流量卸载

计算任务卸载对于保证车联网中高效数据分发机制的性能及终端能量消耗的缓解具有重大意义。然而，车联网中雾计算的实现仍处于起步阶段，且面临许多挑战。一个主要的问题是计算负载卸载量，即采用完全卸载还是部分卸载。部分卸载可以看成本地计算与完全卸载的结合。然而，如何卸载计算任务受到多方面因素的影响，包括雾节点和终端设备的计算能力、用户的偏好及网络连接状态。部分卸载的目标是在能量消耗和算法执行时延之间进行折中，同时还需满足车联网中的任务时延限制。文献 [87] 介绍了一种基于雾节点的任务卸载机制，允许终端设备选择合适的雾节点进行任务管理，并综合考虑了车辆的移动性和计算任务的特性来进行任务卸载决策。文献 [78] 试图同时最小化移动终端的能量消耗和执行时延，采用了联合优化计算速度和设备传输能量的方法。然而，该文献作者仅考虑了单用户存在的情况。

2) 协作雾计算

对于资源受限的设备来说，在本地处理所有的计算任务是不现实的。协作雾计算的出现使异构计算与设备间存储资源的结合成为可能。文献 [114] 描述了在时延敏感网络 (例如，5G 和车联网) 中三种重要的协作雾计算场景，分别是移动边界协同、多层干扰消除及合作处理和存储。车载雾计算的核心思想是整合车辆中的闲置资源并以合作的方式来进行任务处理[83]。文献 [115] 提出了一种基于 D2D 技术的协同雾计算框架，可以支持移动数据卸载、移动数据流处理及基于端到端传输的云计算卸载。为了缓解城市交通拥塞问题，文献 [116] 设计了一种交通管理架构，综合考虑了车联网技术、软件定义网络 (Software Defined Networks, SDN) 技术、雾计算及 5G 通信技术。本章通过一个连续事故救援应用展示了该架构高效的事故响应能力。

3) 绿色雾计算

网络设备数量的空前增长导致了车联网中能量消耗模式的转变，从终端设备的能量消耗转换为服务器的能量消耗。雾节点的高密度配置会消耗大量能量，从而使绿色雾计算的设计十分具有挑战性。计算和无线资源需要合理配置。文献 [117] 总结了一些具有代表性的绿色雾计算实现方案，例如，基于计算负载的雾节点的能量均衡、基于网络空间异构性的负载均衡和基于能量信息的可再生雾计算框架。文献 [118] 研究了异构车联网中基于 D2D 技术的 V2V 传输技术，使用了英式拍卖技术来实现偏好配对进而避免了用户间的冲突，从而令基于 D2D 技术的 V2V 传输技术和蜂窝网络的能量利用率以迭代的方式得到提高。为了避免网络故障和链路中断导致的雾计算设备失效，雾节点需要满足车联网中多种动态任务的需求。

4) 节能任务调度

雾计算在车联网中扮演着重要角色，车辆可以通过基于雾计算的路侧单元进行通信并卸载计算任务。虽然现存一些基于雾计算的任务调度，但这些算法主要关注于如何减少终端设备的能量消耗。对于基于雾计算的路侧单元节能调度的相关研究还处于起步阶段。为了提高车辆的计算能力，文献 [119] 设计了一个基于雾计算的框架，可以通过蚁群优化算法进行任务调度。然而，文献 [119] 的作者仅考虑了车辆间的任务调度，而忽略了路侧单元间的调度。如何通过有限数量的路侧单元来满足车辆不断增长的通信需求非常具有挑战性，尤其是在路侧单元不能连接到智能电网的情况下。对于可充电路侧单元的一个重要研究方向是如何在电池供电期间保持电量处于可持续供电状态。对于电池供电的路侧单元，下行链路任务调度对于减少能量消耗是非常重要的。文献 [120] 为车辆和可充电路侧单元之间的通信设计了下行链路任务调度算法，并同时考虑了在线和离线模式的系统设置。

11.3 面向高效数据分发的智能能量采集机制

为了满足电动汽车的高效数据传输需求，同时保证路侧单元和车辆的收益达到纳什均衡，本章设计了一种面向高效数据分发的智能能量采集机制，命名为 IEAF (Intelligent Energy-harvesting Framework for Highly Efficient Data Dissemination)。

11.3.1 系统模型及问题描述

如图 11.1 所示，太阳能电池板和风力涡轮机是智能电网中两种主要的能量来源。路侧单元安装了风力涡轮机，并且在一个充放电周期经历三个阶段，分别是发电高水平阶段、发电中等水平阶段和发电低水平阶段。在发电高水平阶段，风力涡轮机的能量产生速度比路侧单元的能量消耗速度快。在这种情况下，路侧单元拥有充足的电量，可以将剩余能量卖给所需的电动汽车，并通过射频能量传输技术进行传输。也就是说，电动汽车不仅可以从充电站购买电能，还可以从途经的路侧单元获取能量。当路侧单元处于发电中等水平和低水平时，风力涡轮机的能量产生速度低于路侧单元的能量消耗速度，且路侧单元可以购买附近电动汽车的能量。在路侧单元处于发电高水平和中等水平时，它们可以服务于所有车辆。然而当路侧单元处于发电低水平时，它们仅服务于可以提供服务请求所需能量的车辆。一方面，路侧单元试图将剩余能量卖给过往车辆，并最大化自身的收益；当能量短缺时，从过往车辆购买能量来最小化开销；另一方面，电动汽车试图通过从路侧单元购买能量来最大限度地节约成本，并通过卖给路侧单元能量来最大化自身收益。为了缓解路侧单元和电动汽车的利益冲突，并平衡二者之间的能量，本章设计了一个基于车辆与路侧单元通信模型的智能能量获取框架。

假设车辆服务请求到达每个路侧单元的数据流服从泊松分布。路侧单元可以看作服务器，用来处理来自电动汽车的服务请求，并被模型化为一个 $M/G/1/n$ 排队系统。来自电动汽车服务请求的排队时间 W_q 和处理时间 W_p 计算分别如式 (11.1) 和式 (11.2) 所示：

$$W_q = \frac{L_q}{\lambda_e} \tag{11.1}$$

$$W_p = \frac{L_g - L_q}{\lambda_e} \tag{11.2}$$

其中，L_g 为排队系统中的平均任务数；L_q 为队列中等待服务的平均任务数；λ_e 为任务的平均到达速率。变量 L_g 可通过式 (11.3) 获得

$$L_g = \sum_{k=1}^{n}(k-1)\pi_k \tag{11.3}$$

变量 n 为该排队系统所能容纳的最大任务数，π_k 为系统在任意时刻存在 k 个任务的概率。变量 L_q 通过式 (11.4) 计算：

$$L_q = \sum_{k=1}^{n} k\pi_k \tag{11.4}$$

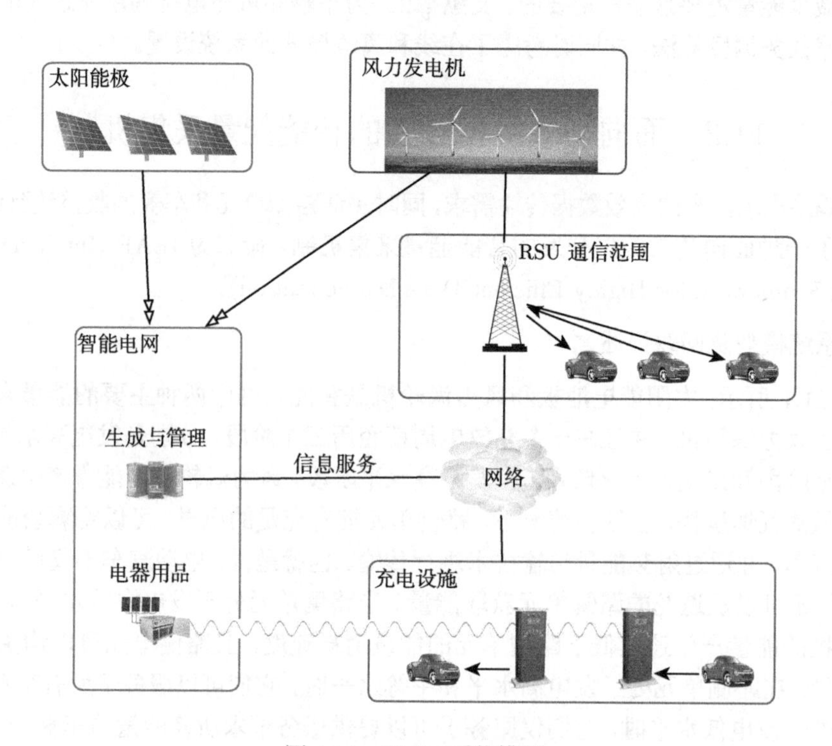

图 11.1　IEAF 系统模型

此外，路侧单元通过安装的风力涡轮机获得的能量可以通过式 (11.5) 获得

$$P_w = \frac{1}{2} d_p \rho A v^3 \tag{11.5}$$

其中，d_p 是风力涡轮机的性能系数，代表实际获得的能量与理论值的比例，即由于转轮和扇叶设计导致的摩擦和设备损耗系数；变量 ρ 是空气密度，单位为 $\mathrm{kg/m^3}$；变量 A 为横断面积，单位为 m^2, 代表涡轮机扇叶旋转时扫过的横截面积，变量 $A = (\pi/4)D^2$, 变量 D 为扇叶的直径；变量 v 代表风速，单位为 m/s。车辆和路侧单元间通过射频能量传输技术获得能量可通过式 (11.6) 的射频能量传播模型获得

$$P_r = P_t \frac{G_t G_r \lambda^2}{(4\pi d)^2 L} \tag{11.6}$$

其中，P_r 为接收功率；P_t 为传输功率；L 为路径损耗因子；G_t 为传输天线增益；G_r 为接收天线增益；λ 为发射波长；d 为传输天线和接收天线之间的距离。本章涉及的主要变量及定义见表 11.1。

表 11.1　第 11 章主要变量及其定义

变量	定义
S_t^r	在时间 t 时路侧单元所卖电量的价格
S_t^v	在时间 t 时电动汽车所卖电量的价格
P_i	卖给车辆 i 的电量
P_r	卖给路侧单元 i 的电量
C_k^d	路侧单元平均到每次交易的安装成本
C_k^m	路侧单元平均到每次交易的维护成本
$S_{t+T_0}^g$	在 $t+T_0$ 时刻智能电网电量的售价
$S_{t-T_1}^g$	在 $t-T_1$ 时刻智能电网电量的售价
α	采用路侧单元充电的效率
β	采用智能电网充电的效率
U_r	路侧单元的效用
U_v	电动汽车的效用
A,B,D,E	能量售价

11.3.2　智能能量采集策略

当路侧单元处于发电高水平时，它拥有充足的电能来维持自身功能的正常运转。当车辆的一个服务请求到达时，这个请求首先到达路侧单元的服务请求处理队列。此外，路侧单元可以将自身多余的能量出售给途经车辆，并通过射频能量传输技术进行传送。因此，在此阶段路侧单元的目标是最小化维护成本，或者说最大化自身的利益，其效用函数如式 (11.7) 所示：

$$U_r = S_t^r \times P_i - C_k^d - C_k^m \tag{11.7}$$

其中，S_t^r 是路侧单元在时刻 t 的能量售价；P_i 是卖给车辆 i 的能量总量，必须小于路侧单元的剩余能量；变量 C_k^d 表示在路侧单元的电池生命周期内，安装成本平均到每一次交易的费用，可以通过式 (11.8) 进行计算：

$$C_k^d = \frac{c^d \times (t_k - t_1)}{k-1} \tag{11.8}$$

其中，c^d 是单位安装成本，可以通过一个路侧单元的安装成本除以路侧单元的生命周期进行计算；变量 t_k 代表路侧单元和车辆之间第 k 个交易发生的时间；t_1 为第 1 个交易发生的时间。变量 C_i^m 是平均到每一次交易的维护成本费用，计算公式如式 (11.9) 所示：

$$C_k^m = \frac{c^m \times (t_k - t_1)}{k-1} \tag{11.9}$$

其中，变量 c^m 是单位维护成本，可以通过一个路侧单元的计划维护成本除以路侧单元的生命周期进行计算。

对于电动汽车来说，它们可以从路侧单元处购买能量，目的是减少自身的开销。效用函数定义如式 (11.10) 所示：

$$U_v = \frac{S_{t+T_0}^g \times P_i \times \alpha}{\beta} - S_t^r \times P_i \tag{11.10}$$

其中，$S^g_{t+T_0}$ 为 T_0 时间段后，如果车辆在充电站进行充电，充电站的电能售价；变量 α 为电动汽车从路侧单元处充电的充电效率；变量 β 为电动汽车从智能电网充电的效率。

当路侧单元处于发电中等水平时，它们停止售卖电能，并且开始从途经车辆购买电能以便存储足够的能量来维持自身的正常运转。在这种情况下，路侧单元仍可以服务来自途经车辆的请求。在此阶段，路侧单元对应的效用函数如式 (11.11) 所示：

$$U_r = S^v_t \times P_r - C^d_j - C^m_j \tag{11.11}$$

其中，S^v_t 是在时刻 t 电动汽车的电能售价；P_r 是电动汽车出售给路侧单元的电量；变量 C^d_j 为单位安装成本 c^d 与采用风力涡轮机发电并产生 γP_r 能量所耗费时间的乘积。同样可以采用类似的方法得到变量 C^m_j。

对于电动汽车，如果自身的能量足够支撑它到达目的地，那么它可以出售多余的能量给路侧单元。电动汽车在此阶段的目标为最大化自身的利益，效用函数如式 (11.12) 所示：

$$U_v = S^v_t \times P_r - \frac{S^g_{t-T_1} \times P_r}{\beta} \tag{11.12}$$

其中，$S^g_{t-T_1}$ 为当电动汽车在 T_1 时间段前从充电站购买能量时的电量售价。

当路侧单元处于发电低水平时，路侧单元为能量短缺状态。为了维持其正常运行，路侧单元仅为能够提供足量能量来处理上传任务的车辆提供服务。在此阶段，路侧单元的效用函数与发电中等水平阶段的效用函数一致。对于电动汽车来说，它们的需求是否得到处理依赖于它们自身是否可以为路侧单元提供足够的能量。如果车辆不能提供足够能量，那么它们需要选择其他路侧单元进行任务处理，这样往往会造成很大的时延。因此，电动汽车在该阶段的目标是最小化任务的响应时间。

基于以上分析，我们可以看出路侧单元的效用和电动汽车的效用往往存在冲突。为了平衡二者的利益，本章提出了一种基于三阶段施塔克尔贝格博弈的智能能量获取算法。该算法中路侧单元和车辆之间的交互主要分为三阶段：第一阶段，路侧单元卖给电动汽车能量；第二阶段，路侧单元从电动汽车处购买能量；第三阶段，电动汽车为路侧单元提供能量以处理服务请求，如图 11.2 所示，主要过程如下。

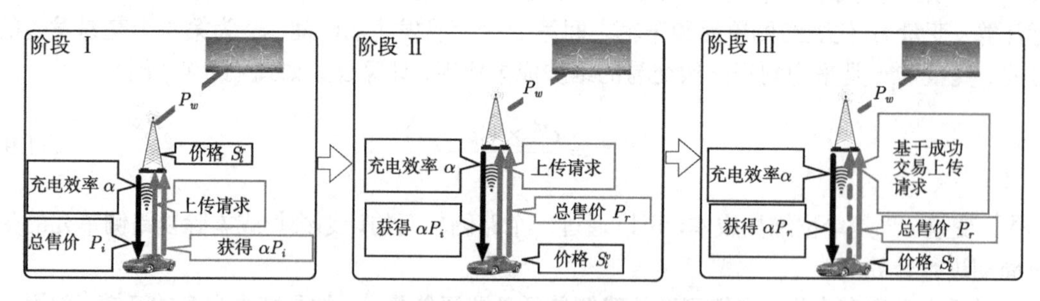

图 11.2　车辆与路侧单元间的三阶段交互

在第一阶段，即当路侧单元处于发电高水平时，路侧单元作为三阶段施塔克尔贝格博弈算法的领导者，首先公布能量卖价。车辆在得到卖价后，根据自身的效用来判断是否可以从路侧单元处购买能量。如果此时路侧单元的能量卖价比智能电网低，那么电动汽车就会购买能量。基于此情况，路侧单元为了获得利润，必须提供一个合理的售价。当路侧单元的出价满足以下公式时，该阶段的博弈可以达到纳什均衡：

$$A \leqslant S_t^{r*} \leqslant B \tag{11.13}$$

其中

$$A = \frac{C_k^d + C_k^m}{P_i} \tag{11.14}$$

$$B = \frac{\alpha S_{t+T_0}^g}{\beta} \tag{11.15}$$

第二阶段展示了路侧单元处于发电中等水平时，电动汽车作为三阶段施塔克尔贝格博弈算法的领导者。当电动汽车行驶到路侧单元信号覆盖范围内时，如果有剩余能量可能销售，那么电动汽车进行出价。当出价满足如下公式时，该阶段达到纳什均衡：

$$D \leqslant S_t^{v*} \leqslant E \tag{11.16}$$

其中

$$D = \frac{S_{t-T_1}^g}{\beta} \tag{11.17}$$

$$E = \frac{C_j^d + C_j^m}{P_r} \tag{11.18}$$

第三阶段展示了路侧单元处于发电低水平时，路侧单元仅可以服务于能够提供足够能量来处理上传服务请求的车辆。因此，当一个电动汽车有服务请求需要路侧单元处理时，它需要在服务时延和自身获得利益之间进行折中。这是因为，如果该车辆采用此路侧单元进行消息处理，它必须提供消息处理所必需的能量，这样自身所获的利益会受到影响。否则，它可以寻找其他路侧单元进行处理，但距离其他路侧单元的距离远比此路侧单元远。当车辆行驶到其他路侧单元周围再进行服务处理时，服务时延必然会加大。如果车辆的服务请求是时延容忍的，那么它可以选择其他距离较远的路侧单元。此时，该阶段达到纳什均衡的条件和第二阶段相同。如果请求为时延敏感，那么车辆需要先满足其任务需求，而忽略自身效用。在这种情况下，纳什均衡达成的条件如式 (11.19) 所示：

$$S_t^{v*} \leqslant E \tag{11.19}$$

11.3.3 实验分析

本节对所设计算法的性能进行实验仿真，并对结果进行详细分析。

1) 实验设置

本节在真实数据集基础上进行实验分析，所使用的数据集为 2015 年 4 月 1 日到 2015 年 4 月 30 日的上海市出租车轨迹信息。将路侧单元随机部署在静安区的不同地点，并通过蒙特卡罗实验获取算法性能。上海市 2015 年 4 月的风速信息从中国气象数据网 [121] 获得。本节根据高斯分布对风力每小时产生的能量进行了建模。此外，将车辆发送到路侧单元的数据包平均大小设置为 867.4B，每比特的能量消耗为 2.92×10^{-6}J，且路侧单元的能量容积为 262kJ [122]。为了保证面向高效数据分发的能量采集机制的有效吞吐量、能量利用率、路侧单元的收益和电动汽车的收益，本节共使用了以下四个指标进行性能评价。

(1) 任务阻塞率：指由于路侧单元消息等待队列占满而被丢弃的数据包个数与车辆上传总数的比值。

(2) 平均剩余能量：指经过特定的时间段后路侧单元的剩余能量。

(3) 路侧单元所获利润标准化结果：指路侧单元所获得的利润与系统路侧单元的安装和维护成本的比值。

(4) 电动汽车所获利润标准化结果：指电动汽车节约的成本与其所获得利润的比值。

对比算法为基于间歇休眠的能量获取 (Sleep-based Solution) 算法 [110]。该算法同样采用了风力涡轮机进行能量获取，如果能量产生的速度低于能量消耗速度，允许路侧单元在某些时刻进入休眠状态。

2) 实验结果

图 11.3 展示了本章所设计的算法和基于间歇休眠的能量获取算法的任务阻塞率。可以看出，本章算法的性能远优于基于间歇休眠的能量获取算法。例如，当处于中午 12 点到下午 1 点时间段时，本章算法的任务阻塞率为 0.03，而基于间歇休眠的能量获取算法的任务阻塞率为 0.1。这是由于本章算法可以平衡路侧单元和电动车辆之间的能量，并尽可能满足车辆上传任务的需求。而基于间歇休眠的能量获取算法中的路侧单元在能量不足时被迫进入休眠状态，这样会导致任务的完成率下降。

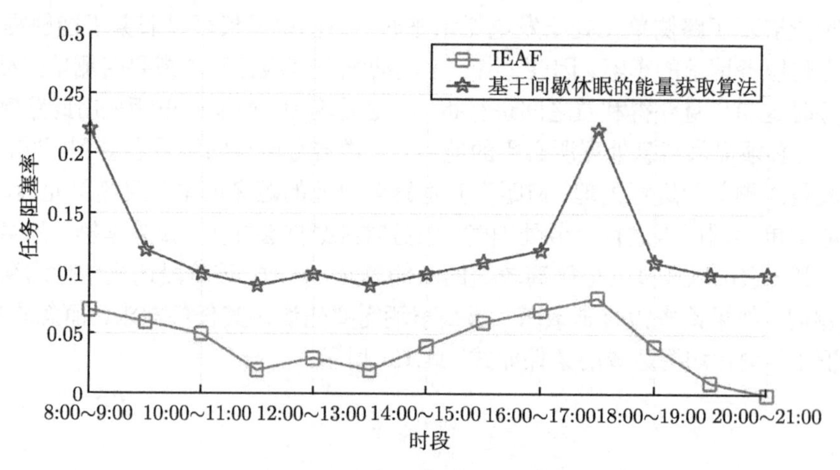

图 11.3　任务阻塞率的性能比较

如图 11.4 所示，本章所设计的算法与基于间歇休眠的能量获取算法进行了比较。可以看出，本章所设计算法平均剩余能量比基于间歇休眠的能量获取算法的平均剩余能量多，尤其是在车辆高峰时段，如上午 8 点到 9 点和下午 5 点到 6 点。原因是，本章的算法允许路侧单元从途经车辆处进行能量购买，尤其是当能量不足以支撑自身的运行时。然而，基于间歇休眠的能量获取算法在能量不充足时，允许一部分路侧单元进入休眠状态以便节约更多的能量。这样，基于间歇休眠的能量获取算法并没有其他能量获取的渠道，因此其平均剩余能量比本章所设计算法的平均剩余能量数小。

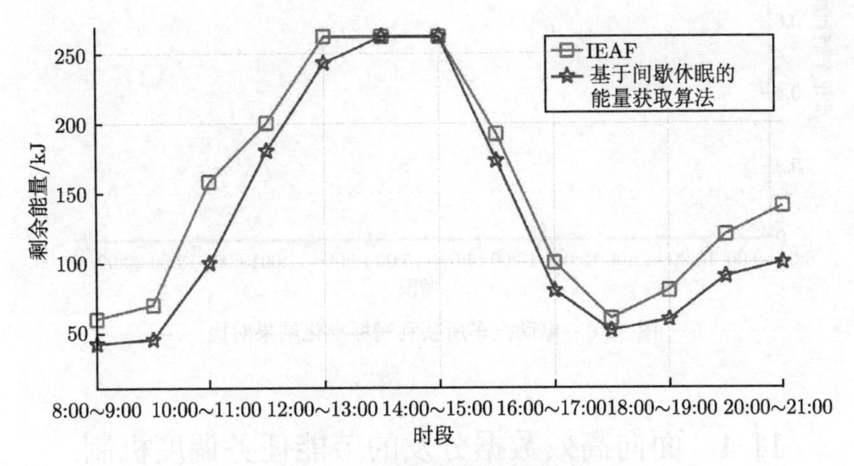

图 11.4 剩余能量的性能比较

图 11.5 为路侧单元所获利润的对比。可以看出，在中午 12 点到下午 3 点之间路侧单元所获利润达到高峰。这是因为，这个阶段车流量并不大，来自车辆的服务请求少且风能充足，这样路侧单元可以收获足量的能量并将多余能量卖给车辆。而基于间歇休眠的能量获取算法并没有相应的能量买卖机制，因此无法增加路侧单元的利益。

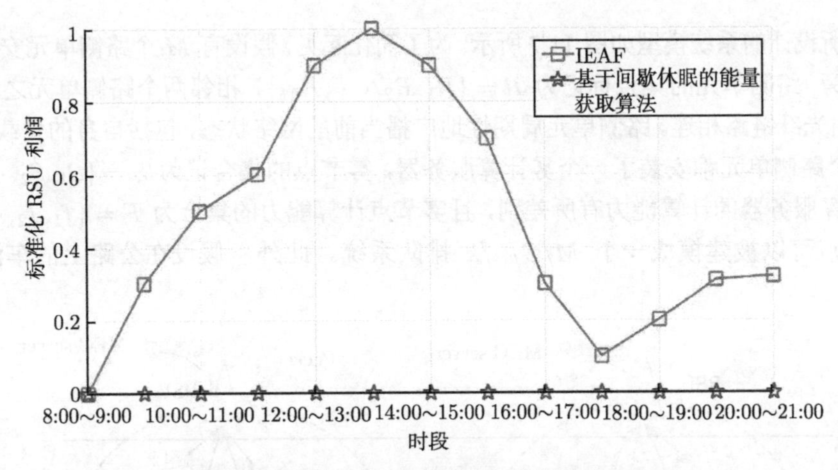

图 11.5 路侧单元所获利润标准化结果对比

对于电动汽车来说，当路侧单元的能量不充足时，它们可以将自身剩余能量销售给路侧单元，目的是维持路侧单元的正常工作状态。此外，如图 11.6 所示，在 13 点到 15 点期间，能量产生速度比能量消耗速度快，那么路侧单元可以以较低的价格将能量卖给电动汽车，这样增加了车辆节约的成本。而基于间歇休眠的能量获取算法缺少路侧单元和电动汽车间的能量获取机制。

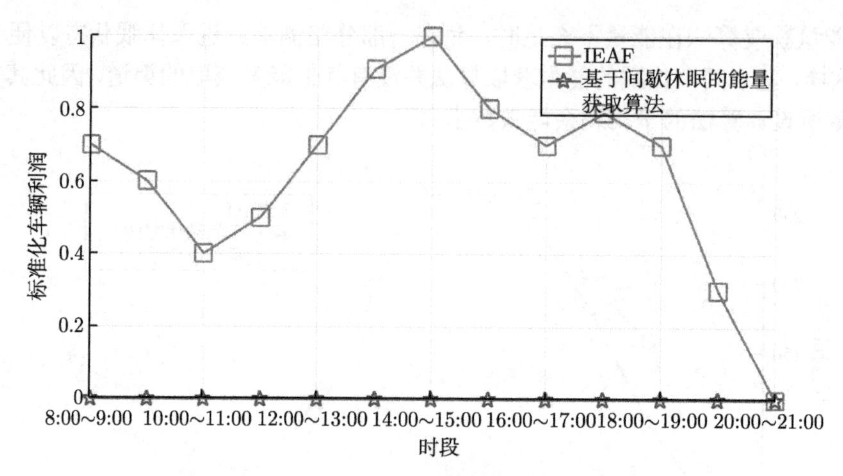

图 11.6　电动汽车所获利润标准化结果对比

11.4　面向高效数据分发的节能任务调度机制

为了实现面向高效数据分发的节能机制，本节首先介绍基于雾计算的节能任务调度机制的系统模型，然后描述构建的优化问题。由于该优化问题的计算复杂度高，本章进一步提出了一个启发式算法来求解该节能调度问题，目的是减少基于雾节点的路侧单元能量消耗，并同时满足车联网中的任务时延限制。

11.4.1　系统模型及问题描述

本节所设计的系统模型如图 11.7 所示。为了简化起见，假设有 M 个路侧单元安装在一条公路的两旁，路侧单元的集合标记为 $R = \{R_1, R_2, \cdots, R_M\}$，相邻两个路侧单元之间的距离相等，且由光纤链路相连。路侧单元周期性地广播当前的网络状态，包括自身的负载、计算能力等。每个路侧单元都安装了一个雾计算服务器，雾节点的集合记为 $S = \{S_1, S_2, \cdots, S_M\}$。每个雾计算服务器的计算能力有所差别，且雾节点计算能力的集合为 $F = \{f_1, f_2, \cdots, f_M\}$。每个雾节点可以被建模成一个 $M/G/n/k$ 排队系统。此外，假设在公路上的车流量是双向的。

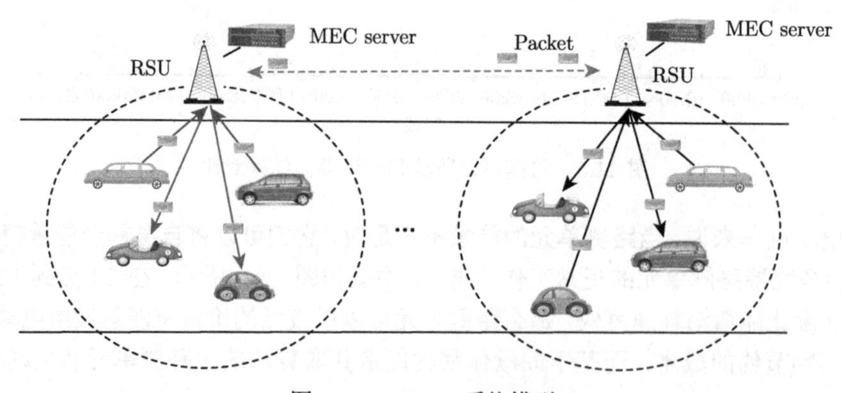

图 11.7　MEES 系统模型

在本系统中，路径车辆在行驶到路侧单元的无线信号覆盖范围内时，可以将自身的计算任务上传到路侧单元。然后，路侧单元可以基于流入的数据流和计算能力来估算这些计算任务的服务时间。本章假设车辆的计算任务不可再分。每个任务可以表示为 $A_i = \{C_i, D_i, T_i^{\max}\}$，其中 C_i 为任务 A_i 所需的计算资源，D_i 为计算任务的大小，$T_i^{\max}$ 为计算任务可容忍的最大时延。计算任务 A_i 从车辆到路侧单元 R_j 的传输时延记为 $t_{i,j}^u$，它依赖于信道的状态。任务的服务时间可以表示为 $t_{i,j}^s = t_{i,j}^q + t_{i,j}^p$，其中 $t_{i,j}^q$ 为排队时间，$t_{i,j}^p$ 为雾节点的处理时间。如果任务由路侧单元 R_j 处理的预估服务时间比任务可容忍最大时延 $T_i^{\max}$ 大，计算任务可以通过多跳传输被输送到其他路侧单元进行处理。我们使用 $t_i^b = t_i^r \times h_i^t$ 来表示在各路侧单元之间传输任务 A_i 所使用的总时间，其中 t_i^r 是在两个路侧单元之间进行传输所消耗的时间，h_i^t 为任务 A_i 所经过的跳数。一般地，该计算结果规模很小，并且在网络中进行传输的时间可以忽略。因此，任务 A_i 的服务时间 T_i 可以通过式 (11.20) 计算：

$$T_i = \sum_{j=1}^{M} t_{i,j}^u \times \alpha_{i,j} + \sum_{j=1}^{M} t_{i,j}^s \times \beta_{i,j} + t_i^b \tag{11.20}$$

其中

$$\alpha_{i,j} = \begin{cases} 1, & \text{当任务 } A_i \text{ 上传到路侧单元 } R_j \text{ 时} \\ 0, & \text{当任务 } A_i \text{ 上传到其他路侧单元时} \end{cases} \tag{11.21}$$

$$\beta_{i,j} = \begin{cases} 1, & \text{当任务 } A_i \text{ 由路侧单元 } R_j \text{ 处理时} \\ 0, & \text{当任务 } A_i \text{ 由其他路侧单元处理时} \end{cases} \tag{11.22}$$

假设上传任务 A_i 所消耗的能量可以忽略，因为该部分主要消耗的是车辆能量，对于路侧单元 R_j 的能量消耗没有任何影响。处理任务 A_i 所消耗的能量定义为 $e_{i,j}^p$，可以建模成 C_i 的函数，即

$$e_{i,j}^p = \zeta_j (C_i)^2 + \nu_j C_i + \varsigma_j \tag{11.23}$$

其中，$\zeta_j > 0$；$\nu_j, \varsigma_j \geqslant 0$。任务 A_i 及其处理结果在路侧单元之间进行传输消耗的能量之和可以通过式 (11.24) 计算：

$$e_i^b = (h_i^t + h_i^l) \times e_i^r \tag{11.24}$$

其中，e_i^r 为在两个路侧单元之间传输任务所消耗的能量，主要依赖于二者之间的距离；变量 h_i^l 为传输结果所经过的跳数。定义 $e_{i,j}^d$ 为路侧单元下行链路所消耗的能量。因此，任务 A_i 服务过程中所消耗的总能量可通过式 (11.25) 计算：

$$E_i = \sum_{j=1}^{M} e_{i,j}^p \times \beta_{i,j} + \sum_{j=1}^{M} e_{i,j}^d \times \gamma_{i,j} + e_i^b \tag{11.25}$$

其中

$$\gamma_{i,j} = \begin{cases} 1, & \text{当任务 } A_i \text{ 的计算结果由路侧单元 } R_j \text{ 传送给车辆时} \\ 0, & \text{当任务 } A_i \text{ 的计算结果由其他路侧单元传送给车辆时} \end{cases} \tag{11.26}$$

为了最小化路侧单元为每个任务服务时消耗的能量，我们构建如下优化问题：

$$\min \sum_{i=1}^{N} E_i = \sum_{i=1}^{N} \left(\sum_{j=1}^{M} e_{i,j}^{p} \times \beta_{i,j} + \sum_{j=1}^{M} e_{i,j}^{d} \times \gamma_{i,j} + e_i^b \right) \tag{11.27}$$

约束条件为

$$T_i \leqslant T_i^{\max}, \quad i \in 1, 2, \cdots, N \tag{11.28}$$

$$\sum_{j=1}^{M} \alpha_{i,j} = 1 \tag{11.29}$$

$$\sum_{j=1}^{M} \beta_{i,j} = 1 \tag{11.30}$$

$$\sum_{j=1}^{M} \gamma_{i,j} = 1 \tag{11.31}$$

其中，N 为网络中所有的计算任务个数。

11.4.2 节能任务调度算法

为了最小化基于雾计算的路侧单元的能量消耗并满足任务的时延需求，本节提出了一个面向高效数据分发的节能任务调度算法，命名为 MEES(VFC-enabled Offloading for Real-time Traffic Management for Highly Efficient Data Dissemination)。该算法将任务在路侧单元之间进行调度，并在能量消耗和任务时延方面进行平衡。MEES 算法共包含四部分内容，分别是时延估计、能量消耗估计、任务调度和处理及结果反馈。首先，我们对各雾节点处理任务的时延进行估计，然后在满足任务时延的条件下，对各节点消耗的能量进行估计。根据以上估计结果，选择合适的雾节点进行任务处理。最后，将处理结果反馈给目标车辆。以下对这四部分的内容进行详细描述。

1) 时延估计

当车辆行驶到路侧单元无线信号覆盖范围内时，它可以在 t_0 时刻将计算任务 A_i、当前地点 L_i、速度 D_i 及行驶方向发送给路侧单元。在接收到这些信息后，路侧单元 R_j 开始寻找可以处理 A_i 的后备路侧单元，并满足 $T_i \leqslant T_i^{\max}$。首先，路侧单元 R_j 计算在 $t_0 + T_i^{\max}$ 时刻车辆的位置 L_i^T。假设车辆的行驶方向为从路侧单元 R_j 到路侧单元 R_{j+1} 的方向，并且在位置 L_i 及位置 L_i^T 之间存在 k 个路侧单元。然后，可以获得一个后备路侧单元集合 $R^c = R_j, R_{j+1}, \cdots, R_{j+k}$。根据路侧单元周期性广播的信息，计算 R^c 中每个路侧单元处理任务 A_i 的时延。最后，可以获得一组路侧单元集合 $R^{c'} = R_j, R_{j+1}, \cdots, R_{j+v}$ 使 $T_i \leqslant T_i^{\max}$ 成立，其中 $v < k$。如果集合 $R^{c'}$ 为空，可以从另一个方向，即从路侧单元 R_j 到路侧单元 R_{j-1} 的方向进行搜索。

2) 能量消耗估计

在找到满足任务 A_i 时延需求的路侧单元集合 $R^{c'}$ 后，估算集合 $R^{c'}$ 中每个路侧单元服务任务 A_i 所消耗的能量。以路侧单元 $R_{j+q}\,(q < v)$ 为例，可以计算处理 A_i 所消耗的能量 $e_{i,i+q}$ 及将 A_i 传输到 R_{j+q} 所消耗的能量 $q \times e_i^r$。当路侧单元 R_{j+q} 完成任务 A_i 的处理时，

可以基于行驶速度 D_i 及位置 L_i 获得目标车辆的位置信息 L_i^{i+q}。然后，在 R^c 中找到离位置 L_i^{i+q} 最近的路侧单元 R_g，并估算将任务 A_i 的结果从路侧单元 R_{i+q} 传输到 R_g 及从路侧单元 R_g 传输到目标车辆所消耗的能量。在获得 $R^{c'}$ 中所有路侧单元的能量消耗后，基于能量消耗增加的顺序对 $R^{c'}$ 中的元素进行排序。最后，选择 $R^{c'}$ 中第一个路侧单元 R_f 来处理任务 A_i。

3) 任务调度和处理

基于时延估计和能量消耗估计的结果，可以将任务在雾节点之间进行调度。若路侧单元 R_f 的能量消耗和 R_j 相同，那么 R_j 在本地处理任务 A_i，且不需要把 A_i 传送到其他路侧单元。若路侧单元 R_f 的能量消耗比 R_j 的能量消耗小，那么 R_j 需要将任务 A_i 传输到 R_f 进行处理。在每个雾节点中，任务的处理按照剩余生命周期升序进行排序。每次雾节点在排队队列中选择一个剩余生命周期最短的任务进行处理，目的是满足任务的时延约束。

4) 结果反馈

当路侧单元 R_i 或 R_f 完成任务 A_i 的处理时，R_i 将结果传输给路侧单元 R_g，然后 R_g 将结果返回给车辆。这样大大减少了路侧单元的下行链路能量消耗。本节所设计的算法框架如图 11.8 所示。

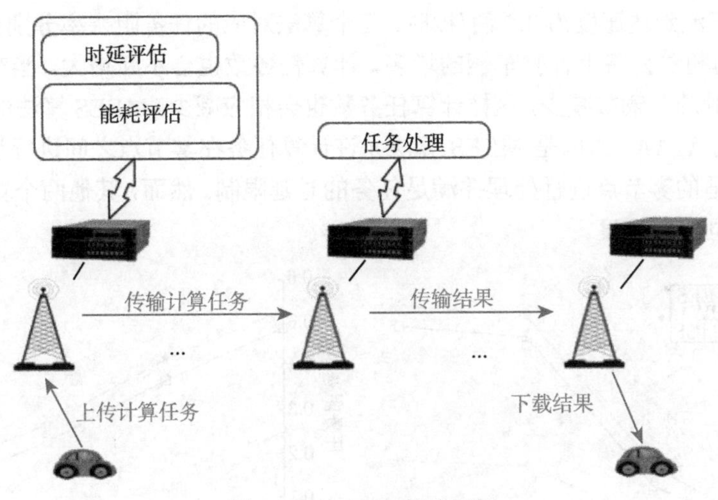

图 11.8　MEES 算法框架

11.4.3　实验分析

1) 实验设置

本节采用蒙特卡罗实验来进行性能仿真。假设在一条双向公路上等距安装了 10 个路侧单元，且路侧单元的无线通信距离为 250m。车流的到达速度设置为 0.2~0.5 辆/秒。车速分别设置为 18m/s，23m/s，28m/s 及 33m/s [123]。在每个时段中，行驶的车辆随机产生计算任务并将它们上传到最近的路侧单元。此外，假设网络中存在两种形式的任务，一种任务的最大时延为 1s，另一种任务的最大时延为 1.5s。

为了展示 MEES 的性能优势，本章采用以下两种对比算法进行性能对比。

(1) ATAA：该算法允许雾节点接收所有的计算任务并将它们放置到等待队列。然后，雾节点依序对这些计算任务进行处理，且这些计算任务不能传输到其他路侧单元进行处理。因此，如果车辆行驶到该雾节点的信号覆盖范围外，那么车辆将无法接收到计算任务的处理结果。

(2) GMCF [123]：该算法通过优化下行链路的费用流并满足任务的时延约束来减少路侧单元下行链路所消耗的能量。

同时，为了保证面向高效数据分发的节能机制的有效吞吐量、能量利用率及任务响应时延，我们采用了以下三个指标进行性能评价。

(1) 任务阻塞率：指任务得到及时处理且车辆接收到处理结果的数量与系统中产生的总任务数的比值。

(2) 总体能量消耗：系统中路侧单元消耗的能量总数。

(3) 平均任务时延：系统中所有任务得到处理并将结果返回给车辆的平均时延。

2) 实验结果

图 11.9 展示了 MEES、GMCF 及 ATAA 算法在不同车流到达速度和不同车速的情况下任务阻塞率的变化趋势。显然，随着车流到达速度的不断增长，任务阻塞率不断增加。例如，在车流到达速度为 0.3 辆/秒时，MEES、GMCF 及 ATAA 算法的任务阻塞率分别是 0.04、0.1 及 0.13。而当车流到达速度为 0.4 辆/秒时，三个算法对应的任务阻塞率分别是 0.13、0.39 及 0.42。这是因为随着公路上行驶车辆的增多，计算任务数也会不断增大。当车速增加时，在公路上同时行驶的车辆数减少，这样计算任务数也会相应减少。MEES 算法的任务阻塞率要低于 GMCF 及 ATAA，原因是 MEES 算法允许计算任务在雾节点之间进行调度和传输，从而选择一个合适的雾节点进行处理并满足任务的时延限制。然而，其他两个算法不允许计算任务在雾节点间进行调度。

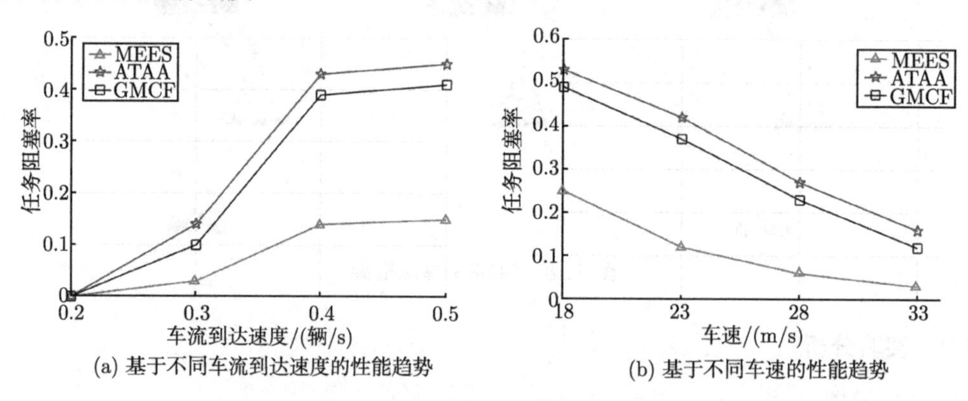

图 11.9 任务阻塞率的性能比较

三个算法的平均任务时延性能趋势如图 11.10 所示。该图与图 11.9 具有类似的性能趋势，原因是当车流到达速度增大时，更多的计算任务需要处理。而较高的车速会导致较少的计算任务从而任务可以更加及时地得到处理。图 11.11 展示了系统的总体能量消耗。随着车流到达速度的增大，MESS 算法的总能耗变大。当车流到达速度大于 0.4 辆/秒时，MESS 算法的能耗在三个算法中居于首位。这是因为，当车流到达速度增大时，更多的计算任务需要进行处理。本章的算法可以平衡雾节点之间的任务，并保证计算任务的服务时延满足任务时延限制。虽然能耗略有增加，但更多的任务可以得到处理。

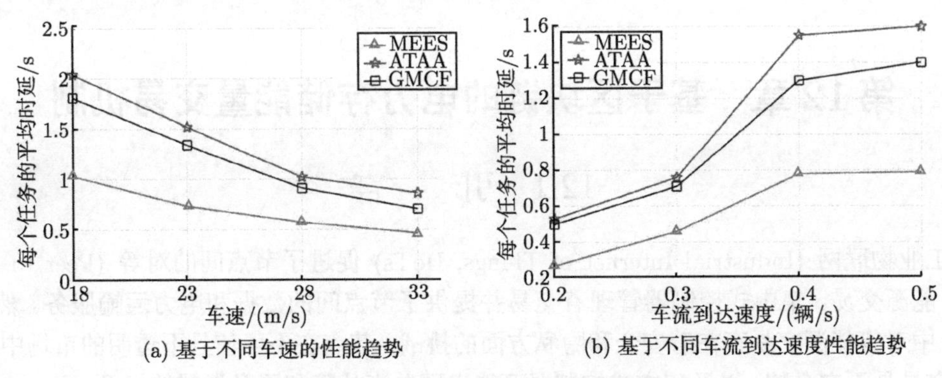

(a) 基于不同车速的性能趋势　　(b) 基于不同车流到达速度性能趋势

图 11.10　平均任务时延的性能比较

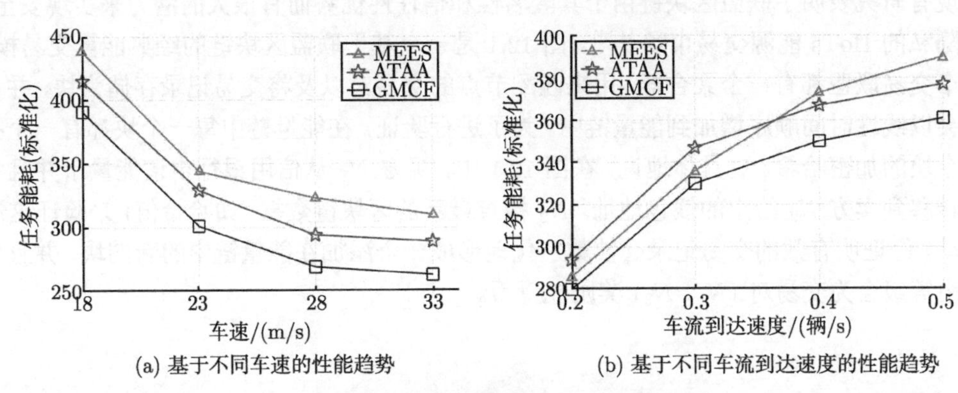

(a) 基于不同车速的性能趋势　　(b) 基于不同车流到达速度的性能趋势

图 11.11　总体能量消耗的性能比较

11.5 本章小结

在一些偏远地区，路侧单元无法连接到智能电网，或者在二者之间搭建链路的花费高昂。路侧单元的耗能和供给不平衡会严重影响高效数据分发的性能，导致服务时延甚至中断。因此路侧单元的能量管理非常重要，是实现绿色车联网的重要技术。本章设计了两种车联网中面向高效数据分发的能量管理机制，分别是基于路侧单元的智能能量获取机制及节能任务调度机制。智能能量获取机制联合考虑了电动汽车和路侧单元的能量管理，达到了二者能量的供需平衡，并确保了二者的效用。该算法基于上海市的气象信息及出租车轨迹信息进行了大量的实验，通过与对比算法的比较，验证了自身的性能优势。节能任务调度机制通过平衡雾节点之间的计算任务，达到了既满足任务的最大时延限制又能节约能量消耗的目的。基于蒙特卡罗实验，并与多种对比算法进行比较，可以看出本章所设计算法可以在任务时延和能量消耗之间达到很好的平衡，确保了面向高效数据分发的能量管理机制的性能。

第 12 章　基于区块链的电力存储能量交易机制

12.1　引　　言

工业物联网 (Industrial Internet of Things, IIoTs) 促进了节点间的对等 (Peer to Peer, P2P) 能源交易。集中式控制器管理着交易并提供了节点间的数据和电力运输服务。然而，IIoTs 中对等能源交易存在着安全和隐私方面的挑战。节点在不可信且不透明的市场中进行能源交易是不安全的，以及集中式控制器可能出现单点故障和隐私泄露的问题。

现有研究表明了联盟区块链由于其匿名性和信任性优势而有很大的潜力来实现安全的、保护隐私的 IIoTs 能源交易市场 [124]。图 12.1 是一个基于联盟区块链的经典能量交易模型。每一个交易联盟都有一个聚合器，用来匹配节点的交易对以及将交易记录存储为块，并且这些块会以线性时间顺序增加到能量链中。为了进行验证，在能量链中每一个块都有一个指向前一个块的加密哈希。更具体地说，在图 12.1 中，买方 N_1 从信用银行申请能量币并且将能量币转移到卖方 N_2 给定的钱包地址。N_2 检查最新的区块链数据 (如哈希值) 来验证这次支付活动。经证明有效的交易记录会被数字化地形成一个添加在能量链中的新的块，并且增加的信用等级会为交易对 (N_1，N_2) 奖励能量币。

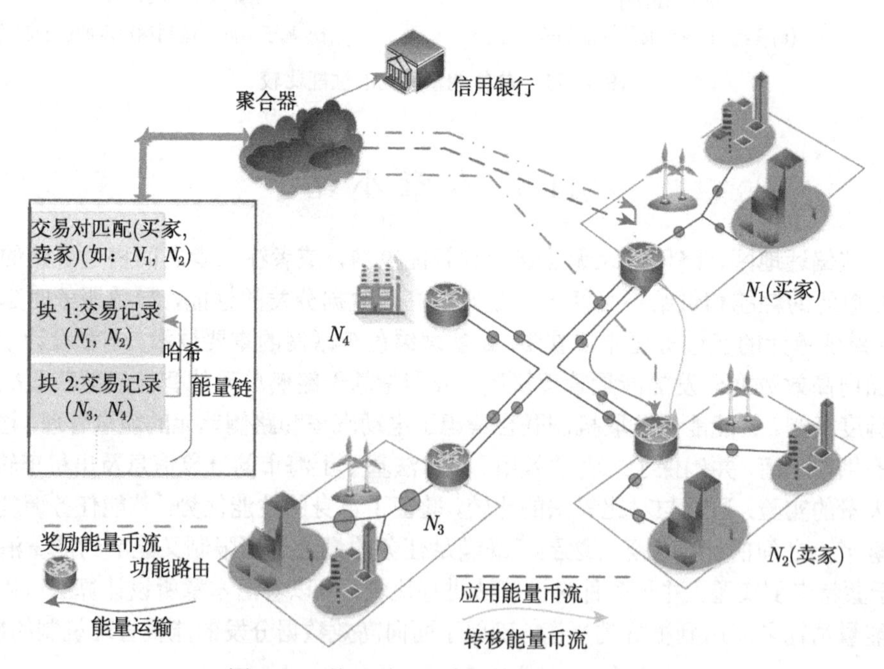

图 12.1　基于联盟区块链的能量交易模型

一旦鼓励所有的节点出于它们自身的利益去满足本地的电力负荷，则信用银行的效用将急剧增加。然而，这种频繁的交易有着巨大的运营开销。首先，由于更多的交易记录作为新的块被添加到链中，能量链会变得更加长，这会导致数据管理压力很大。同时，交易对之间还存在着昂贵的能量运输成本。

本章针对在基于区块链的 IIoTs 中进行安全、保护隐私的能源交易所面临的挑战，提出了一个有效的解决方案。如果节点有大量的剩余能量，本章提出的方法方法可以使节点在作为卖方参与之前通过本地存储的能量交易，来满足它们自身的电力负荷。也就是说，每个节点都有对变化的天气状况敏感的能量 $E_g(t)$、电力负荷 $E_l(t)$ 以及本地存储的能量 $E_s(t)$。如果 $0 \leqslant E_g(t)+E_s(t)-E_l(t)<\zeta$，那么这个节点能够自给自足并且不需要交易；否则这个节点会从卖方处购买能量。在这里，阈值 ζ 是一个整数形式的能量值，目的是禁止具有少量剩余电量的自给自足节点作为卖方。举个例子，当 $\zeta=E_s(t)$ 时，即 $0 \leqslant E_g(t)+E_s(t)-E_l(t)<E_s(t)$，则具有不充足能量的节点 (即 $E_g(t)<E_l(t)$) 会由于本地存储的电量而变成自给自足的节点，但是它不会进一步作为卖方进行交易。由于自给自足的节点不需要和其他节点进行交易，从而使运营开销能够减少。另一个有趣的现象是信用效用和紧密依赖 ζ 值的运营开销之间的权衡。ζ 的值越大，则参与能量交易的节点就越少，这会带来更低的运营开销和更大的信用效用损失。因此，为了维持一个良好的权衡，我们通过大量的仿真确定了一个有效的阈值 ζ。本章的主要贡献有三个方面。

(1) 问题的公式化和分析：本章在现实的基于区块链的 IIoTs 中提出了一个安全以及保护隐私的能量交易模型，其中只有一些节点由于拥有先进的设备而具有电力存储能力。我们公式化了优化问题，并且根据多维 0-1 背包问题进行降维来证明其 NP 难的特征和问题边界。

(2) 有效的启发式算法：为了减少解决该问题的时间花销，本章提出了新的启发式算法，其中节点在本地存储的能量优先满足其能量需求而不是进行交易。

(3) 合理的性能验证：使用经典的基于区块链的能量互联网 (Internet of Energy，IoE) 作为案例，结果显示本章所提出的方法在减少链长和能源运输成本方面具有优势。同时，获得了一个合理的阈值来保证一个可接受的信用效用损失。

本章的其余部分结构如下：12.2 节强调现有工作和本章工作之间的差异；12.3 节基于区块链的能量交易模型提出问题的公式化并且进行分析；12.4 节提出时间复杂度较低的启发式算法来解决所提出的问题；12.5 节讨论性能分析；12.6 节对本章进行小结。

12.2 研究现状

区块链提供了一个分布式的 P2P 网络，其中可信成员能够以一种可验证的方式相互作用。文献 [125] 的作者首次展示出了区块链物联网在多个行业中的强大结合。紧接着，一系列用于区块链工业物联网中安全和保护隐私的 P2P 能量交易的机制被提出。文献 [126] 提出了一个安全且保护隐私的基于区块链的框架 (SPB)，该框架能够使能源节点交易对直接地协商价格而不依赖于受信的第三方，同时很好地解释了为什么能量链是安全的。一旦卖方没有在预定时间内对买方的能源需求做出承诺，那么相应的到期交易就会被视为无效的。这种强大的验证机制使 SPB 能够很好地抵御一些攻击。

文献 [127] 中通过减少能量链中确认交易的时延，为安全、保护隐私的基于区块链的工业物联网设计了一个基于信用的支付方式，从而实现了快速、频繁的电力交易。通过 Stackelberg 博弈的思想，基于信用的贷款的最佳定价策略也被提出以最大化银行的效用。他们进一步在文献 [128] 中对 IIoTs 中一个具体的场景展开了相关研究，即智能电网，并且基于 PETCON 模型在插电式混合电动汽车 (PHEV) 之间进行安全、保护隐私的 P2P 能源交易。与文献 [126] 类似，文献 [128] 中提出的模型通过对放电的 PHEV 提供激励来平衡本地的电力需求。在文献 [129] 中，一个新的分布式的数字货币 NRG 币首先被提出了。然后，节点使用在智能电网中买卖绿色能源的交易模式所组织的 NRG 币出售本地产生的可再生能源。文献 [130] 中尝试使用区块链技术在分布式的智能电网中保证交易安全。多签名和匿名加密消息流使参与者能够匿名地协商交易价格并安全地进行交易。不同于以往这些鼓励所有的节点出于它们自身的利益成为卖方，本章的工作首先考虑了节点通过高效的本地电力存储进行自给自足。本章所提出的方法使进行的交易不是很频繁，从而减少了链长以及能源运输成本。此外，由于没有交易是由自给自足的节点完成的，所以本章的方法可能更加安全。

另外，一些真实应用的区块链系统 (如 PowerLedger) 被建立用于微电网中的电力交易。PowerLedger 应用的是行业特定的联盟区块链。虽然 PowerLedger 在没有电力公司的情况下简单地实现了安全、保护隐私的 P2P 能源交易，但是存在一些优化机制可以合并到系统中。本章以 IoE 为例，证明了所提方法的有效性和优越性。

12.3 基于区块链的能源交易模型以及问题描述

在支持区块链的能源交易模型的基础上，本节详细地描述待解决的问题。

12.3.1 基于区块链的能源交易模型

本章考虑了一个时隙 IIoT 系统，在给定的时隙 t 内，电力负荷和能量获得条件保持不变，其中 $\forall t \in \{t_1, t_2, \cdots, t_T\}$。$V$ 是能量节点的集合。L 是支持数据和能量传输的节点间链路的集合，这意味着所有的节点都能够传输数据和电能。如果获得的能量没有用完，它能够被存储起来以便将来使用。只有部分节点拥有能量存储的能力且最大容量为 C_{ps}，并且每个节点表示为 $N_j^s \in V$。储能节点 N_j^s 在每个时间片内有三种类型的数据：获得的能量 $E_g(j,t)$、电力负荷 $E_l(j,t)$ 和存储的能量 $E_s(j,t)$。显然，$E_s(j,t) \leqslant C_{\mathrm{ps}}$。如果获得的能量 $E_g(j,t)$ 没有用完，它可以被存储以便将来使用。然后，使用变量 $E_s(j,t)$ 来记录储能节点 N_j^s 在时间片 t 之前存储的总能量。而对于没有能量存储能力的节点 $N_k \in V$，$E_s(k,t) = 0$。C_t 是每条链路能量传输的最大值，并且 c 是每单位距离传输单位电能所需的传输成本。

对能量链而言：G 是当相应的交易记录有效时添加到能量链中的块的长度；P 表示从信用银行申请的用来购买单位能量所需要支付的能量币的数量；α 是交易对的比例奖励计划。需要注意的是，时间片、时代和时期在不同的表达方式中具有相同的含义。

本章中一些重要的变量及其定义分别总结在表 12.1、表 12.2 和表 12.3 中。

表 12.1　第 12 章主要变量及其定义

变量	定义	变量	定义
t	时隙	N_k	第 k 个节点不需要进行能量存储，并且 $N_k \in V$
T	时隙个数	$E_g(j,t)$	时间 t 范围内 N_j^s 中采集的能量
V	能量节点集合	$E_g(k,t)$	时间 t 范围内 N_k 中采集的能量
L	节点间的链路集合	$E_l(j,t)$	时间 t 范围内 N_j^s 的能量负载
C_{ps}	最大储存能量值	$E_l(k,t)$	时间 t 范围内 N_k 的能量负载
N_j^s	第 j 个能量储存节点，并且 $N_j^s \in V$	$E_s(j,t)$	时间 t 前 N_j^s 存储的能量，并且 $E_s(j,t) \leqslant C_{\mathrm{ps}}$

表 12.2　问题目标变量及其定义

变量	定义
δ_{v_p,v_q}^t	如果在时隙 t 交易对 (v_p,v_q) 构建成功，该值为 1；否则为 0
E_{v_q,v_p}^t	时隙 t 买方 $v_p \in V$ 接收传输自卖方 $v_q \in V$ 的能量数量
D_{v_q,v_p}	从 v_q 到 v_p 的传输路径长度
$\eta_j^{s,t}$	如果 N_j^s 在时隙 t 自身存储能量充足并且不需要进行交易，该值为 1；否则为 0
c	每单位能量在每单位距离下的传输能量开销
G	每个块长度
P	购买一个单位能量所需能量货币
α	交易对的奖励比例
ζ	整数门限

表 12.3　问题约束变量及其定义

变量	定义
C_t	链路能量传输最大值
$\phi_{l,t}^{v_q,v_p}$	如果链路 $l \in L$ 在时隙 t 由节点 v_q 到 v_p，该值为 1，否则为 0
$\mathrm{RE}_j^s(t)$	时隙 t 能量交易后节点 N_j^s 中储存的剩余能量值

12.3.2　问题描述

我们的优化目标是通过利用存储的电能来满足本地电力负荷进而最小化总链长和能量传输成本。此外，必须保证一个可接受的信用效用损失。在数学上，上述提到的优化目标可以通过式 (12.1) 进行描述：

$$
\begin{aligned}
\min\ & G \cdot \sum_{t\in[t_1,t_T]} \sum_{v_p\in V} \sum_{v_q\in V, v_q\neq v_p} \delta_{v_p,v_q}^t \\
& + c \cdot \sum_{t\in[t_1,t_T]} \sum_{v_p\in V} \sum_{v_q\in V, v_q\neq v_p} \left[E_{v_q,v_p}^t \cdot \delta_{v_p,v_q}^t \cdot D_{v_q,v_p} \right] \\
& + (1-\alpha)\cdot P \cdot \sum_{t\in[t_1,t_T]} \sum_{N_j^s\in V} [E_l(j,t) - E_g(j,t)] \cdot \eta_j^{s,t}
\end{aligned} \tag{12.1}
$$

其中

$$
\forall N_j^s \in V : \eta_j^{s,t} = 1, \quad 0 \leqslant E_g(t) + E_s(t) - E_l(t) < \zeta \tag{12.2}
$$

在式 (12.1) 中，第一项是能量链的总长度。在图 12.1 左侧所显示的能量链中，每个块都对应一个交易对的有效交易。换句话说，如果交易对 (v_p,v_q) 有一个有效的交易，那么一个新的块会被添加到链中，然后总链长会增加这个新块的长度 G。在本章中，我们认为所有的块都具有相同的长度 G；第二项是交易对之间能量传输的总成本；第三项是银行损失的最大信用效用。在不考虑存储能量的情况下，买方 N_j^s 应该支付 $P\cdot[E_l(j,t)-E_g(j,t)]$ 个能量币来完全地满足其本地电力负荷。在完成交易之后，N_j^s 和它的有效卖方会因为增加的信用等价而被奖励 $\alpha\cdot P\cdot[E_l(j,t)-E_g(j,t)]$ 个能量币。因此，银行最多会从买方 N_j^s 处获得 $(1-\alpha)\cdot P\cdot[E_l(j,t)-E_g(j,t)]$ 效用。相反，如果 N_j^s 满足式 (12.2)，即 N_j^s 可以在不进行交易的情况下自给自足，那么银行损失的最大效用也是 $(1-\alpha)\cdot P\cdot[E_l(j,t)-E_g(j,t)]$ once N_j^s。

为了公式化这个问题，上述目标应该满足一系列约束条件。

(1) 能量传输能力的约束：

$$\forall l\in L,t:\sum_{v_p\in V}\sum_{v_q\in V,v_q\neq v_p}\left[E_{v_q,v_p}^t\cdot\phi_{l,t}^{v_q,v_p}\right]\leqslant C_t \tag{12.3}$$

式 (12.3) 能够保证穿过链路的总能量不超过其最大容量。正如图 12.1 所示，除了能量流之外，虚拟币流量也应该作为节点间的数据进行传输，所以任意两个节点之间的链路都应具有一个最大的数据容量来定义穿过链路的最大链长。在本章中，我们将这个能量约束进行了松弛，并把这个容量设置为无穷大。

(2) 能量存储的约束：

$$\forall j,t:\mathrm{RE}_j^s(t)\leqslant C_{\mathrm{ps}} \tag{12.4}$$

在时隙 t 中，一旦之前存储的部分能量已经卖给了其他买家，那么剩余的存储能量 $\mathrm{RE}_j^s(t)$ 能够进一步本地存储以满足未来的电力负荷。因此，式 (12.4) 保证了存储的总能量不超过最大容量。

另外，对于不能存储能量的节点 N_k，其剩余的电量只能出售来满足电力负荷，而不能增加节点 N_j^s 存储的能量值。

总之，本章的优化目标是通过最小化有效交易和交易对的数量的比值 ($\min\sum_{t\in[t_1,t_T]}\sum_{v_p\in V}\sum_{v_q\in V,v_q\neq v_p}\delta_{v_p,v_q}^t$) 来减少式 (12.1) 中的前两项 (链长和能量传输成本)。为了实现 $\sum_{t\in[t_1,t_T]}\sum_{v_p\in V}\sum_{v_q\in V,v_q\neq v_p}\delta_{v_p,v_q}^t$，本地存储的能量需要很好地利用，即 $\max\sum_{t\in[t_1,t_T]}\sum_{N_j^s\in V}\eta_j^{s,t}$，因为自给自足的节点不会完成任何交易。

如果增大 $\sum_{t\in[t_1,t_T]}\sum_{N_j^s\in V}\eta_j^{s,t}$，那么损失的信用效用 (式 (12.1) 中的第三项) 也会增加。所以，我们在一个合适的阈值 ζ 下最大限度地利用本地存储的能量来确保一个可接受的损失的信用效用。最后，本章的优化目标能够简化为

$$\max\sum_{t\in[t_1,t_T]}\sum_{N_j^s\in V}\eta_j^{s,t} \tag{12.5}$$

12.3.3 问题分析

我们首先证明了问题的 NP 难特征，然后推导出问题的界限，如式 (12.6) 所示：

$$
\begin{aligned}
\mathrm{TCL}_{\max} &= G \cdot \sum_{t\in[t_1,t_T]} \sum_{v_p\in V} \sum_{v_q\in V, v_q\neq v_p} \delta^{*,t}_{v_p,v_q} \\
\mathrm{TEC}_{\max} &= c \cdot \sum_{t\in[t_1,t_T]} \sum_{v_p\in V} \sum_{v_q\in V, v_q\neq v_p} \left[E^t_{v_q,v_p}\cdot\delta^{*,t}_{v_p,v_q}\cdot D_{v_q,v_p}\right] \\
\forall t:& \sum_{v_p\in V} \sum_{v_q\in V, v_q\neq v_p} (E^t_{v_q,v_p}\cdot\delta^{*,t}_{v_p,v_q}) = \sum_{v\in N'^{\Delta e-}(t)} [E_l(v,t)-E_g(v,t)]
\end{aligned}
\tag{12.6}
$$

定理 12.1 本章研究的问题是 NP 难题。

证明： 由于布尔变量的性质，本章的问题公式构成了一个混合整数线性规划问题。在时隙 t 内：① 对于储能节点 N_j^s，如果 $E_g(j,t)+E_s(j,t)-E_l(j,t)\geqslant\zeta$，那么它是一个能和买方最大限度交易 $E_g(j,t)+E_s(j,t)-E_l(j,t)$ 电量的卖方；如果 $0\leqslant E_g(j,t)+E_s(j,t)-E_l(j,t)<\zeta$，那么这个节点不会参加任何交易；如果 $E_g(j,t)+E_s(j,t)<E_l(j,t)$，那么它是一个可以使用能量币最多获得 $E_l(j,t)-E_g(j,t)-E_s(j,t)$ 能量的买方；② 对于没有本地能量存储的节点 N_k，如果 $E_g(k,t)>E_l(k,t)$，那么它是一个能和买方最大限度交易 $E_g(k,t)-E_l(k,t)$ 电能的卖方；如果 $E_g(k,t)=E_l(k,t)$，那么它不会参加任何交易；如果 $E_g(k,t)<E_l(k,t)$，那么它是一个可以使用能量币最多获得 $E_l(k,t)-E_g(k,t)$ 能量的买方；③ 总之，在每个时间片中都存在着两个节点集合 (买方和卖方)，即卖方集合 $\forall t: N^{\Delta e+}(t)=\{N_j^s|[E_g(j,t)+E_s(j,t)-E_l(j,t)]\geqslant\zeta\}\bigcup\{N_k|E_g(k,t)>E_l(k,t),E_s(k,t)=0\}$ 和买方集合 $\forall t: N^{\Delta e-}(t)=\{N_j^s|[E_g(j,t)+E_s(j,t)]<E_l(j,t)\}\bigcup\{N_k|E_g(k,t)<E_l(k,t),E_s(k,t)=0\}$；④ 交易对之间的能量传输至少类似于 NP 难多维 0-1 背包问题，该问题将物品放在背包中且不超过背包的容量且价值最大。背包的容量类似于卖方的剩余能量。物品是一个买方请求的能量，并且它的重量是购买该能量所需的能量币的数量。还原过程如图 12.2 所示。因此，本章的问题也是 NP 难题。 □

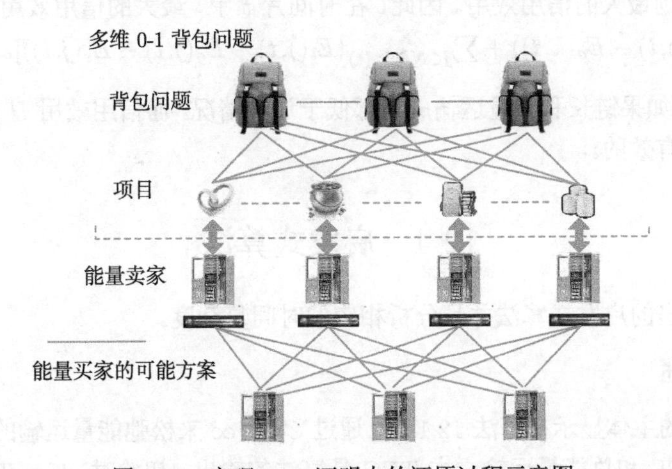

图 12.2 定理 12.1 证明中的还原过程示意图

命题 12.1 最大的链长 $\mathrm{TCL}_{\max}$ 以及能量运输成本 $\mathrm{TEC}_{\max}$ 如式 (12.6) 所示。

证明： 在不考虑本地电力存储的情况下，之前时隙中剩余的能量不会被存储。换句话说，如果获得的能量不能满足本地电力负荷，那么拥有先前剩余电量的节点仍然会成为

买方。在这种情况下，拥有剩余能量的节点出于自身的利益必须和买方进行频繁的交易，然后在时隙 t 中，卖方集合是 $N'^{\Delta e+}(t)=\{v\in V|E_g(v,t)>E_l(v,t)\}$，并且买方集合是 $N'^{\Delta e-}(t)=\{v\in V|E_g(v,t)<E_l(v,t)\}$。这种传统的能量交易模型已经在先前工作中讨论过 (如文献 [131])，并且它能够看作边界。然后，我们可以基于式 (12.7) 的条件推导出本章问题上界：

$$\begin{aligned}\forall t: &\sum_{v\in N'^{\Delta e+}(t)}[E_g(v,t)-E_l(v,t)]\\ \geqslant &\sum_{v\in N'^{\Delta e-}(t)}[E_l(v,t)-E_g(v,t)]\end{aligned}\tag{12.7}$$

即所有的节点都被鼓励去进行交易。只有当所有的买方都通过进行最频繁的交易成功地获得预期的能量来完全地满足本地电力负荷时，即 $\forall t:\sum_{v_p\in V}\sum_{v_q\in V,v_q\neq v_p}(E^t_{v_q,v_p}\cdot\delta^{*,t}_{v_p,v_q})=\sum_{v\in N'^{\Delta e-}(t)}[E_l(v,t)-E_g(v,t)]$，每个时间片 t 中最大的链长和能量运输成本才能够得到。 □

命题 12.2 我们研究的问题的最大信用效用如式 (12.8) 所示：

$$\begin{aligned}U_{\max}=(1-\alpha)\cdot P\cdot\sum_{t\in[t_1,t_T]}&\left[\sum_{k\in N^{\Delta e-}(t)}(E_l(k,t)-E_g(k,t))\right.\\ &\left.+\sum_{j\in N^{\Delta e-}(t)}(E_l(j,t)-E_g(j,t)-E_s(j,t))\right]\end{aligned}\tag{12.8}$$

证明： 在具有本地能量存储的情况下，在时间片 t 中，当所有在集合 $\forall t:N^{\Delta e-}(t)=\{N^s_j|[E_g(j,t)+E_s(j,t)]<E_l(j,t)\}\bigcup\{N_k|E_g(k,t)<E_l(k,t),E_s(k,t)=0\}$ 中的买方都通过交易成功地获得了全部的能量 $\sum_{k\in N^{\Delta e-}(t)}[E_l(k,t)-E_g(k,t)]+\sum_{j\in N^{\Delta e-}(t)}[E_l(j,t)-E_g(j,t)-E_s(j,t)]$，才会得到最大的信用效用。因此，在时间片 t 中，最大的信用效用等于 $(1-\alpha)\cdot P\cdot[\sum_{k\in N^{\Delta e-}(t)}(E_l(k,t)-E_g(k,t))+\sum_{j\in N^{\Delta e-}(t)}(E_l(j,t)-E_g(j,t)-E_s(j,t))]$。 □

命题 12.3 如果链长和能量运输成本都低于边界情况，而信用效用 U 接近于 $U_{\max}$，那么本章的方法是有效的。

12.4 启发式算法

本节描述提出的启发式算法并且分析相应的时间复杂度。

12.4.1 算法描述

启发式算法的主体显示在算法 12.1 中。通过 $C_t\leftarrow\infty$ 来松弛能量运输的约束。总信用效用 U、总链长 TCL 和总能量运输成本 TEC 是算法的输出。初始时，$U=\text{TCL}=\text{TEC}=0$。正如算法 12.1 中的第 4 行所示，变量 $\overline{\Delta E}$ 和我们调整的系数 N 用于产生可能超过或者低于相应获得能量的随机电力负荷，从而在每个时间片内出现买方 (电力负荷 $>$ 获得的能量) 和卖方 (电力负荷 $<$ 获得的能量)。买方集 $N^{\Delta e-}(t)$ 包括了能量不足的所有节点。而在卖方集 $N^{\Delta e+}(t)$ 中，我们没有考虑在自给自足后仅有少量剩余电量的储能节点。这有助于实现

较低的运营开销，因为这些自给自足的节点不需要和其他的节点进行交易。此外，这些自给自足节点中剩余的电量能够被存储来满足未来的电力需求。为了保证算法和上述命题所提到的边界之间的合理性，必须满足式 (12.7) 中的条件。

算法 12.1 主体算法

输入: $V, L, T, \{N_k\}, \{N_j^s\}, E_g(v,t), C_{ps}, C_t, c, G, P, \alpha, \zeta$.

1: for $t \in T$ do
2: $C_t \leftarrow \infty$，总信用效用 $U \leftarrow 0$，总链长 $\text{TCL} \leftarrow 0$，总能量传输开销 $\text{TEC} \leftarrow 0$;
3: $\overline{\Delta E} \leftarrow \left\lceil \dfrac{C_{ps}}{T} \right\rceil$;
4: $\forall v \in V$:
5: $E_l(v,t) \leftarrow \text{rand}\left[(E_g(v,t) - \overline{\Delta E} \cdot N, E_g(v,t) + \overline{\Delta E}\right]$;
6: if 式 (12.7) 的条件是否得到满足 then
7: 卖方集合 $N^{\Delta e+}(t) \leftarrow \{N_j^s|[E_g(j,t) + E_s(j,t) - E_l(j,t)] \geqslant \zeta\} \bigcup \{N_k|E_g(k,t) > E_l(k,t), E_s(k,t) = 0\}$;
8: 买方集合 $N^{\Delta e-}(t) \leftarrow \{N_j^s|[E_g(j,t) + E_s(j,t)] < E_l(j,t)\} \bigcup \{N_k|E_g(k,t) < E_l(k,t), E_s(k,t) = 0\}$
9: for 一个买家 $it \in N^{\Delta e-}(t)$ do
10: 寻找卖家并且根据算法 12.2 制定基于区块链的交易
11: end for
12: 根据算法 12.3 执行本地能量存储
13: end if
14: end for
15: if $\dfrac{U}{U_{\max}} \rightarrow 1$，$\text{TCL} < \text{TCL}_{\max}$ 并且 $\text{TEC} < \text{TEC}_{\max}$ then
16: 返回 U、TCL 和 TEC
17: end if

买方 $\text{it} \in N^{\Delta e-}(t)$ 首先从来自于 DIS_Active_NSs 中的卖方购买能量 (算法 12.2 中 1~21 行)。在 DIS_Active_NSs 中剩余的能量会被浪费而不是本地存储，离买方最近的卖方更受人偏爱，因为这可以保证较低的电力运输成本。如果它不足以补充不足的能源，买方应使用更多的能量币来购买 DIS_Active_Ss 所拥有的剩余电量 (算法 12.2 中 22~53 行)。一旦买方和一个卖方之间的交易被验证是有效的，那么总的区块链长度 TCL 会被增加 G。类似地，TEC 和 U 也会更新。

算法 12.2 基于区块链的能量交易

输入: $N^{\Delta e+}(t)$, $N^{\Delta e-}(t)$，$\text{it} \in N^{\Delta e-}(t)$：$\Delta E(t)^- = \Delta E_l(k,t) - E_g(k,t)$，或者 $\Delta E(t)^- = \Delta E_l(j,t) - E_g(j,t) - E_s(j,t)$.

1: DIS_Active_NSs← $\{N_k \in N^{\Delta e+}(t), D_{N_k,it}$, '升序'$\}$;
2: 总计 $\_\Delta E^+(t) \leftarrow \sum_{N_k \in \text{DIS\_Active\_NSs}}[E_g(k,t) - E_l(k,t)]$;
3: if 总计 $\_\Delta E^+(t) \geqslant \Delta E(t)^-$ then

4: for 一个卖家 itd ∈DIS_Active_NSs do

5: $\Delta E(t)^+ \leftarrow [E_g(\text{itd}, t) - E_l(\text{itd}, t)]$;

6: if $\Delta E(t)^-! = 0$ then

7: if $\Delta E(t)^- \geqslant \Delta E(t)^+$ then

8: $\Delta E(t)^- \leftarrow \Delta E(t)^- - \Delta E(t)^+$;

9: $U \leftarrow U + (1-\alpha) \cdot \Delta E(t)^+ \cdot P$;

10: $\text{TCL} \leftarrow \text{TCL} + G$;

11: $\text{TEC} \leftarrow \text{TEC} + c \cdot \Delta E(t)^+ \cdot D_{\text{itd,it}}$;

12: $N^{\Delta e+}$.erase(itd);

13: else

14: $E_g(\text{itd}, t) \leftarrow E_g(\text{itd}, t) - \Delta E(t)^-$;

15: $U \leftarrow U + (1-\alpha) \cdot \Delta E(t)^- \cdot P$;

16: $\text{TCL} \leftarrow \text{TCL} + G$;

17: $\text{TEC} \leftarrow \text{TEC} + c \cdot \Delta E(t)^- \cdot D_{\text{itd,it}}$;

18: 中断;

19: end if

20: end if

21: end for

22: else

23: DIS_Active_Ss←$\{N_j^s \in N^{\Delta e+}(t),\ D_{N_j^s,\text{it}}),\ \text{‘升序’}\}$;

24: 总计 $\_\Delta E'^+(t) \leftarrow \sum_{N_j^s \in \text{DIS\_Active\_Ss}} [E_g(j,t) + E_s(j,t) - E_l(j,t)]$;

25: if [总计 $\_\Delta E^+(t)$+Total$_\Delta E'^+(t)$] $\geqslant \Delta E(t)^-$ then

26: 运行 4~21 行;

27: for itd ∈DIS_Active_Ss do

28: $\Delta E(t)^+ \leftarrow [E_g(\text{itd}, t) + E_s(\text{itd}, t) - E_l(\text{itd}, t)]$;

29: if $\Delta E(t)^-! = 0$ 并且 $\Delta E(t)^- \geqslant \Delta E(t)^+$ then

30: $\Delta E(t)^- \leftarrow \Delta E(t)^- - \Delta E(t)^+$;

31: $E_s(\text{itd}, t) \leftarrow 0$;

32: $U \leftarrow U + (1-\alpha) \cdot \Delta E(t)^+ \cdot P$;

33: $\text{TCL} \leftarrow \text{TCL} + G$;

34: $\text{TEC} \leftarrow \text{TEC} + c \cdot \Delta E(t)^+ \cdot D_{\text{itd,it}}$;

35: $N^{\Delta e+}$.erase(itd);

36: end if

37: If $\Delta E(t)^-! = 0$ 并且 $\Delta E(t)^- < \Delta E(t)^+$ then

38: if $E_g(\text{itd}, t) \geqslant \Delta E(t)^-$ then

39: $E_g(\text{itd}, t) \leftarrow E_g(\text{itd}, t) - \Delta E(t)^-$;

40: $U \leftarrow U + (1-\alpha) \cdot \Delta E(t)^- \cdot P$;

41: $\text{TCL} \leftarrow \text{TCL} + G$;

```
42:                 TEC ← TEC + c · ΔE(t)^- · D_{itd,it};
43:             else
44:                 E_s(itd, t) ← E_s(itd, t) − [ΔE(t)^- − E_g(itd, t)];
45:                 E_g(itd, t) ← 0;
46:                 U ← U + (1 − α) · ΔE(t)^- · P;
47:                 TCL ← TCL + G;
48:                 TEC ← TEC + c · ΔE(t)^- · D_{itd,it};
49:             end if
50:         end if
51:     end for
52: end if
53:             end if
```

算法 12.3　局部能量存储易

输入: $N^{\Delta e+,s}(t) \leftarrow \{N_j^s | E_g(j,t) + E_s(j,t) > E_l(j,t)\}$.

```
1: if N^{Δe+,s}(t).size()!=0 then
2:     for it ∈ N^{Δe+,s}(t) do
3:         if [E_g(it, t) − E_l(it, t) + E_s(it, t)] ⩽ C_ps then
4:             E_s(it, t) ← E_s(it, t) + [E_g(it, t) − E_l(it, t)];
5:         else
6:             E_s(it, t) ← C_ps;
7:         end if
8:     end for
9: end if
```

在进行能量交易之后，如果一些具有本地存储能力的节点仍然拥有剩余的能量，算法 12.3 就会被使用。

最终，如果我们的算法如命题 12.3 所描述那样是有效的，那么就会输出期望值 (算法 12.1 中 14~15 行)。

12.4.2　时间复杂性分析

正如算法 12.1 所示，执行 $|T| \times N^{\Delta e-}(t)$ 次算法 12.2，算法 12.1 的时间复杂度是 $O(|T| \times N^{\Delta e-}(t) \times |\text{DIS\_Active\_NSs} \cup \text{DIS\_Active\_Ss}| + |N^{\Delta e+,s}(t)|)$。

12.5　性 能 分 析

整个系统具有 10 个时隙 ($T = 10$，通常为高峰时间 10:00a.m.~20:00p.m.)，并且获得的能量 $E_g(v,t)$，$t \in [1,10]$ 被定义为 100。每个节点的电力负荷遵循着以下原则 $E_l(v,t) =$

$\text{rand}\left[(E_g(v,t) - \frac{C_{\text{ps}}}{T} \cdot N, E_g(v,t) + \frac{C_{\text{ps}}}{T}\right]$ 随机生成。其中，$N = 2$。比例奖励计划 $\alpha = 0.5$ 且能够有效地鼓励节点出于自身利益进行更多的交易。为了保持合理性并且增强式 (12.1) 所表示的目标中三项的可加性，所有的输入参数都进行归一化。更加具体地说，应该从信用银行申请一个能量币来购买单位能源，即 P=1；一旦相应的交易对生效，能源链将增加一个单位长度，即 $G = 1$；每单位距离单位能源的传输成本被认为是 1，即 $c = 1$。真实的能源互联网 (IoE) 实验台指的是如图 12.3 所示的全球可再生能源电网 (GREC，http://images.google.de/imgres?imgurl=http%3A%2F%2Fwww.renewableenergyworld.com)，其中链路外面的数字表示的是以公里为单位测量的距离。

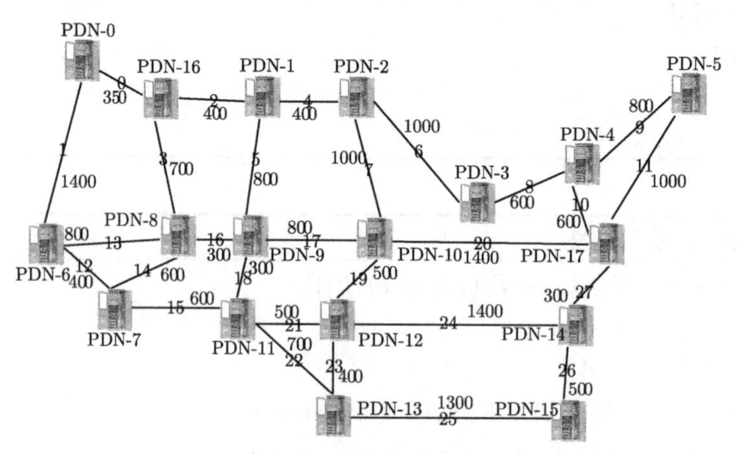

图 12.3　IoE 试验台

首先，考虑上述真实的 IoE 试验台，其中更多的节点被高连通度分配并拥有能量存储的能力。在这里连通度表示的是节点附近的链路数。因此，对于连通度高的能量卖方，可以从许多候选者中选择距离较短的能源传输路径。在这种网络场景下，当阈值 ζ 从 300 开始且式 (12.7) 中所表达的条件被满足时，根据命题 12.1 和 12.2，边界值 $U_{\max}$、$\text{TEC}_{\max}$ 以及 $\text{TCL}_{\max}$ 都能够推导出。在本章的仿真中，希望从能量存储能力的三个典型的候选情况：低、中、高中选择一个合适的 C_{ps}。相应地，在本章的仿真中，选择200、600、1000。所以，为了能够在可接受的实验时间和复杂度内证明预期结果 (例如，从给定的候选情况中找出一个合适的能量存储容量)，$C_{\text{ps}} = 400$ 或者其他值的情况都会忽略。

实际效用、能量传输成本和链长分别显示在图 12.4(a)、图 12.4(b) 和图 12.4(c) 中。在图 12.4(a) 中，当 $C_{\text{ps}} = 200$ 时，节点存储能量的能力非常有限。结果，能量存储节点不能成为卖方进行交易因为它们在自给自足之后具有非常少量的剩余能量。然后非频繁的交易产生非常低的且与阈值无关的效用、能量传输成本和链长。这是不合适的，因为三个性能指标之间的最佳权衡是不可能通过调整阈值来实现的。此外，当 $C_{\text{ps}} = 200$ 时，实际效用和边界值之间的差距非常小，这导致了一个意外的电力交易市场，在该市场中，信用银行拥有少量比例的赚取的能量币来奖励交易对。

在图 12.4(b) 中，当 $C_{\text{ps}} = 600$ 或者图 12.4(c) 中等于 1000 时，由于本地储能能力较强，当节点具有相当多的剩余电能时，大量的节点会作为卖方参与；因此，和图 12.4(a) 中

$C_{\rm ps}=200$ 相比，由于交易更加频繁，我们获得了更高的效用、能量传输成本和链长。而且，当 $C_{\rm ps}=600$ 或者 1000 时，如果阈值逐渐变大，那么实际效用和能量链长都严格遵循下降趋势；但有趣的是，能量传输成本并没有明显的变化情况，且当 $C_{\rm ps}=1000$ 时，意外地有上升的趋势。这是因为能量传输对参与交易的卖方数量和电力传输路径的长度非常敏感。给定一个较高的阈值，储能卖方的数量会受到限制，因此其他普通节点必须作为卖方进行交易来转移大量的能量。由于普通节点的数量较少，同时在这种网络场景下，每个普通节点的连通度都很低，且必须通过较长路径来转移大量的能量，这导致了很高的成本。

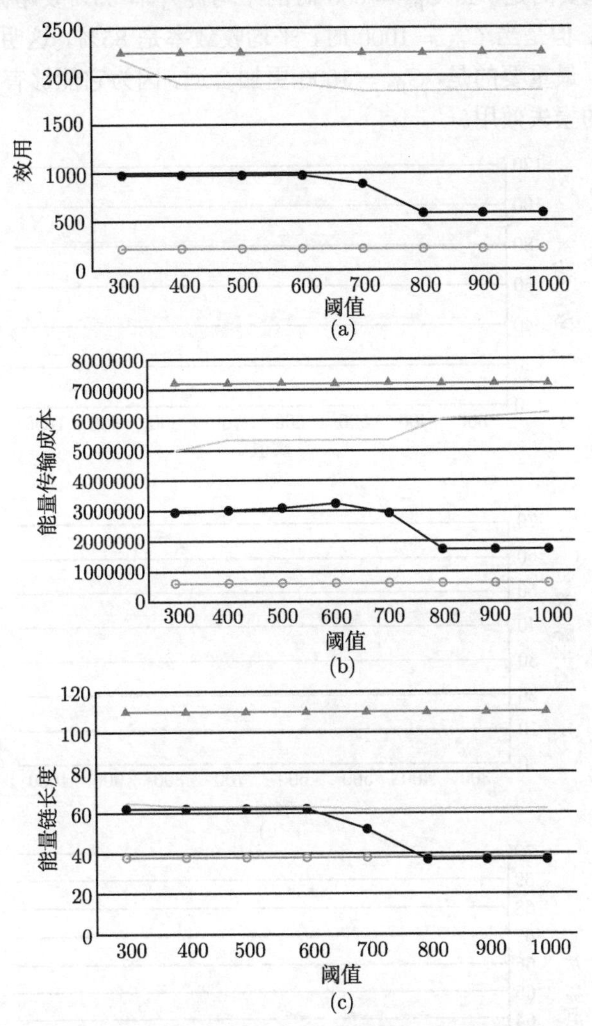

图 12.4 第一种网络场景下的效用值、能量传输成本和链长度比较

borderline；$C_{\rm ps}$=200；$C_{\rm ps}$=600；$C_{\rm ps}$=1000

总之，当 $C_{\rm ps}=600$ 或者 1000 时，在一个大的阈值下，我们会得到小的效用和能量链长。换句话说，在信用银行效用和运营开销之间确实存在着权衡。因此，哪一个 $C_{\rm ps}$ 值 (600 或者 1000) 更适合实现最佳权衡？这是接下来要讨论的问题。

为了获得更加合适的 $C_{\rm ps}$ 值，实际效用和边界之间的收敛率以及与边界相比减少能量链长度的提升率分别展示在图 12.5(a) 和图 12.5(b) 中。收敛率定义为 $\dfrac{\text{real utility}}{U_{\max}}$，其中 $U_{\max}$ 是式 (12.8) 中提到的效用的上界。提升率等于 $\dfrac{\text{TCL}_{\max}-\text{real chain length}}{\text{TCL}_{\max}}$，其中 $\text{TCL}_{\max}$ 是式 (12.6) 中提到的链长的上界。显然，这两个比率都小于 1。

收敛率和提升率越大，权衡就越好。能够看出，无论 $C_{\text{ps}}=600$ 还是 1000，当阈值逐渐增大时，收敛率遵循着下降的趋势，而提升率却有着相反的变化情况。这再一次证明了上述权衡的存在。更加重要的是，当 $C_{\text{ps}}=600$ 时的平均提升率 53%要略微好于 $C_{\text{ps}}=1000$ 时的平均提升率 42%；但是当 $C_{\text{ps}}=1000$ 时，平均收敛率是 85%，这明显高于 $C_{\text{ps}}=600$ 时的平均收敛率 36%。最重要的是，$C_{\text{ps}}=1000$ 更加合适，因为它能够有效地减少能量链的长度同时能保证较低的损失效用。

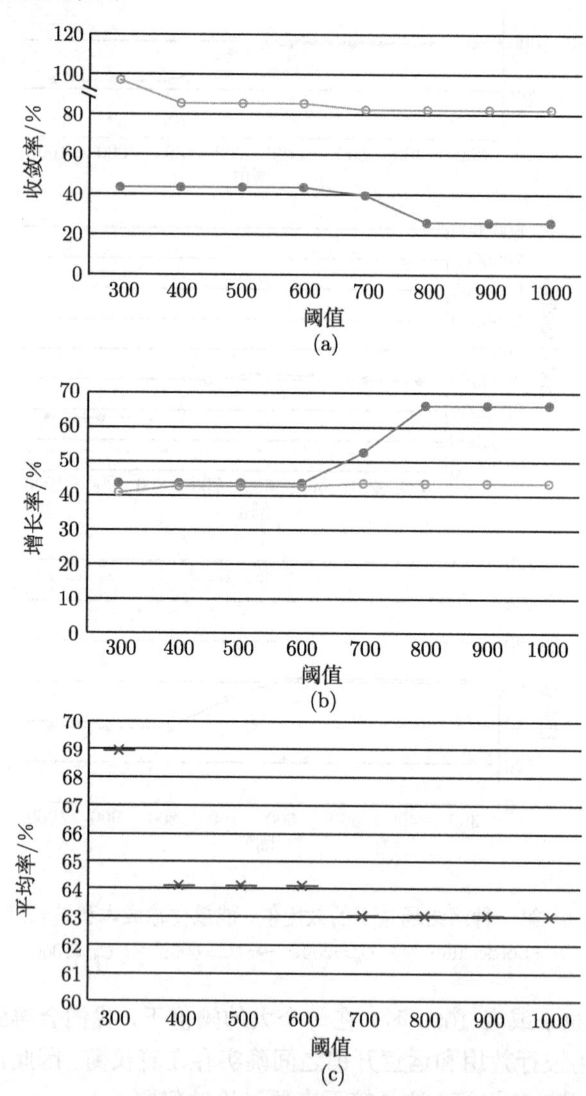

图 12.5 第一种网络场景下的收敛性、性能提升和平均性能比较

—●— C_{ps}=600; —○— C_{ps}=1000

由于收敛率和提升率越大，权衡就越好，所以当 $C_{\mathrm{ps}}=1000$ 时，在图 12.5(c) 中的每个阈值点，给出了相应的收敛率和提升率的平均值。显然，平均率越大，阈值的值就越合适。从仿真结果中，可以看出当阈值等于 300 时，平均率最高。换句话说，当 $C_{\mathrm{ps}}=1000$ 时，300 是实现最佳权衡的最合适的阈值。接下来，考虑了真实的 IoE 试验台，通过低连通度分配较少的节点使其具有能量存储能力。在这种网络场景下，当阈值 ζ 从 1100 开始且式 (12.7) 中的条件都满足时，根据命题 12.1 和命题 12.2，能够推导出边界值 $U_{\max}$、$\mathrm{TEC}_{\max}$ 和 $\mathrm{TCL}_{\max}$。

给定 $C_{\mathrm{ps}}=1000$，实际效用、能量传输成本和链长分别显示在图 12.6(a)、图 12.6(b) 和图 12.6(c) 中，并且当阈值越来越大时，三个性能指标都严格遵循着下降趋势，这是符合我们预期的现象。特别是对于能量传输成本，不同于当阈值增加时它会上升的意外情况，在这个新的网络场景中，当阈值逐渐增加时，能量传输成本如期下降。这是因为，虽然在一个高的阈值下，储能卖方的数量会变得有限，但是有更多的参与交易的普通节点，然后每个这种卖方只能转移少量的能量给买方。此外，由于普通节点具有较高的连通度，所以可以从许多

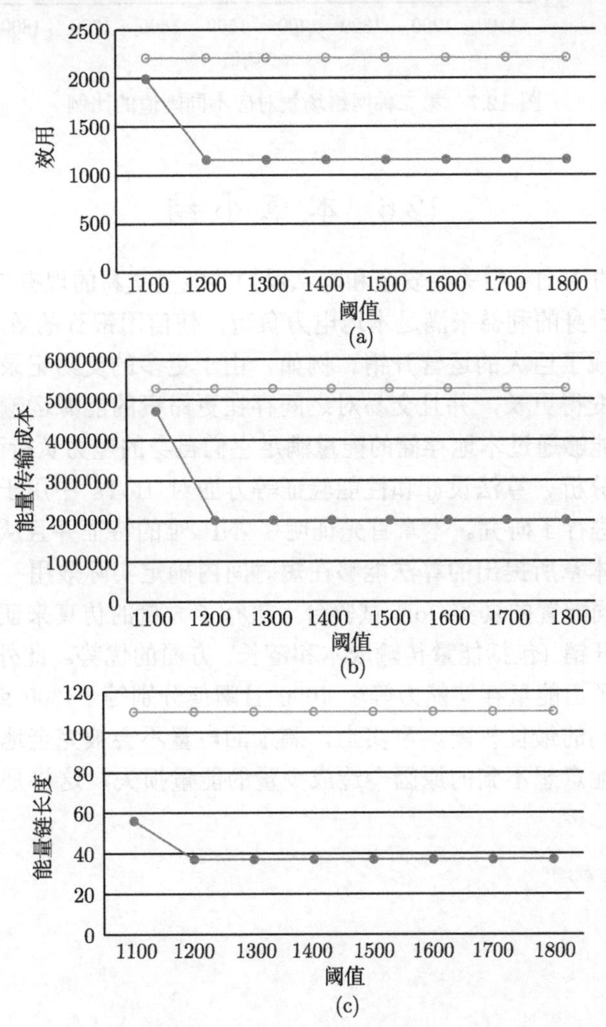

图 12.6 第二种网络场景下的效用值、能量传输成本和链长度比较

—●— 本章算法； —○— 边界

候选节点中选择短距离的能量传输路径，这也会降低相应的成本。最后，在图 12.7 中给出了在每个阈值点处的平均率。实验结果表明当 $C_{\mathrm{ps}} = 1000$ 时，1100 是实现最佳权衡的最合适的阈值。

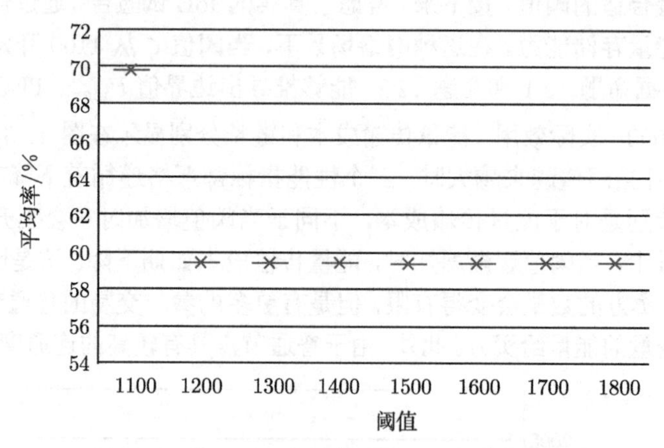

图 12.7　第二种网络场景对应不同阈值的比例

12.6　本 章 小 结

在基于区块链的 IIoTs 中关注安全和隐私保护的能量交易的现有工作中，所有的节点都被鼓励出于它们自身的利益来满足本地电力负荷，使信用银行的效用急剧增加。然而，这种频繁的交易造成了巨大的运营开销。例如，由于更多的交易记录作为新的块被添加到链中而使能量链变得更长，并且交易对之间存在更昂贵的能源运输成本。事实上，一些自给自足的节点能够通过本地存储的能量满足它们自身的电力负荷而不需要进行交易。为此，本章从问题分析、算法设计和性能验证等方面对 IIoTs 中用于基于区块链能量交易的本地电力存储进行了研究。本章首先证明了 NP 难的特征并且从数学上推导了问题的边界，然后通过本章所提出的算法能够在短时间内确定实际效用、能量传输成本和链长。在具有两种不同配置的真实 IoE 试验台上进行了大量的仿真来证明提出的方法与边界相比在降低运营开销 (包括能量传输成本和链长) 方面的优势。此外，我们在两种不同的网络场景中获得了当能量存储能力等于 1000 且阈值分别等于 300 或 1100 时信用银行效用和运营开销之间的最佳权衡。事实上，剩余的电量不会被完全地存储，因为储能设备的某些缺陷或其他意想不到的原因会造成少量的能量损失，这将是下一步工作的考虑重点。

参考文献

[1] SMALDONE S, HAN L, SHANKAR P, et al. Roadspeak: Enabling voice chat on roadways using vehicular social networks[C]// Proceedings of the 1st Workshop on Social Network Systems, 2008: 43-48.

[2] SHAFIEE K, LEUNG V C, SENGUPTA R. Request-adaptive packet dissemination for context-aware services in vehicular networks[C]// 2012 IEEE Vehicular Technology Conference (VTC Fall), 2012: 1-5.

[3] ABROUGUI K, BOUKERCHE A, PAZZI R W, et al. A scalable bandwidth-efficient hybrid adaptive service discovery protocol for vehicular networks with infrastructure support[J]. IEEE transactions on mobile computing, 2014, 13(7):1424-1442.

[4] XU C, JIA S, WANG M, et al. Performance-aware mobile community-based vod streaming over vehicular ad hoc networks[J]. IEEE transactions on vehicular technology, 2015, 64(3):1201-1217.

[5] QUAN W, XU C, GUAN J, et al. Social cooperation for information-centric multimedia streaming in highway vanets[C]// Proceedings of IEEE International Symposium on a World of Wireless, Mobile and Multimedia Networks, 2014: 1-6.

[6] NING Z, XIA F, ULLAH N, et al. Vehicular social networks: Enabling smart mobility[J]. IEEE communications magazine, 2017, 55(5):16-55.

[7] BAO F, CHEN R. Trust management for the internet of things and its application to service composition[C]// 2012 IEEE International Symposium on a World of Wireless, Mobile and Multimedia Networks (WoWMoM), 2012: 1-6.

[8] WAN J, ZHANG D, ZHAO S, et al. Context-aware vehicular cyber-physical systems with cloud support: Architecture, challenges, and solutions[J]. IEEE communications magazine, 2014, 52(8):106-113.

[9] ALAM K M, SAINI M, AHMED D T, et al. Vedi: A vehicular crowd-sourced video social network for vanets[C]// 39th Annual IEEE Conference on Local Computer Networks Workshops, 2014: 738-745.

[10] CHENG J, CHENG J, ZHOU M, et al. Routing in internet of vehicles: A review[J]. IEEE transactions on intelligent transportation systems, 2015, 16(5):2339-2352.

[11] NING Z, LIU L, XIA F, et al. CAIS: A copy adjustable incentive scheme in community-based socially aware networking[J]. IEEE transactions on vehicular technology, 2017, 66(4):3406-3419.

[12] LUAN T H, LU R, SHEN X, et al. Social on the road: Enabling secure and efficient social networking on highways[J]. IEEE wireless communications, 2015, 22(1):44-51.

[13] XIA F, LIU L, LI J, et al. Beeinfo: Interest-based forwarding using artificial bee colony for socially aware networking[J]. IEEE transactions on vehicular technology, 2015, 64(3):1188-1200.

[14] TALEB T, SAKHAEE E, JAMALIPOUR A, et al. A stable routing protocol to support its services in vanet networks[J]. IEEE transactions on vehicular technology, 2007, 56(6):3337-3347.

[15] AL-RABAYAH M, MALANEY R. A new scalable hybrid routing protocol for vanets[J]. IEEE transactions on vehicular technology, 2012, 61(6):2625-2635.

[16] LAKAS A, SERHANI M A, BOULMALF M. A hybrid cooperative service discovery scheme for mobile services in vanet[C]// 2011 IEEE 7th International Conference on Wireless and Mobile Computing, Networking and Communications (WiMob), 2011: 25-31.

[17] ZHAO Y, ADVE R, LIM T J. Improving amplify-and-forward relay networks: Optimal power allocation versus selection[C]// 2006 IEEE International Symposium on Information Theory, 2006: 1234-1238.

[18] LI Y, LIAO C, WANG Y, et al. Energy-efficient optimal relay selection in cooperative cellular networks based on double auction[J]. IEEE transactions on wireless communications, 2015, 14(8):4093-4104.

[19] YANG X S. Nature-inspired metaheuristic algorithm[M]. London: Luniver Press, 2008.

[20] NG C Y, YU W. Joint optimization of relay strategies and resource allocations in cooperative cellular networks[J]. IEEE journal on selected areas in communications, 2007, 25(2):328-339.

[21] MADAN A, CEBRIAN M, MOTURU S, et al. Sensing the health state of a community[J]. IEEE pervasive computing, 2012, 11(4):36-45.

[22] YANG D, WANG X, XUE G. Truthful auction for cooperative communications[C]// ACM MobiHoc, 2011: 89-98.

[23] ZHANG Z, LONG K, WANG J, et al. On swarm intelligence inspired self-organized networking: Its bionic mechanisms, designing principles and optimization approaches[J]. IEEE communications surveys and tutorials, 2014, 16(1):513-537.

[24] YU Y, NING Z I, GUO L A. A secure routing scheme based on social network analysis in wireless mesh networks[J]. Science China information sciences, 2016, 59(12): 122310.

[25] YAO L, MAN Y, HUANG Z. Secure routing based on social similarity in opportunistic networks[J]. IEEE transactions on wireless communications, 2016, 15(1):594-605.

[26] ZHU H, DONG M, CHANG S, et al. Zoom: Scaling the mobility for fast opportunistic forwarding in vehicular networks[C]// INFOCOM, 2013 Proceedings IEEE, 2013: 2832-2840.

[27] LI Y, ZHANG S. Combo-Pre: A combination link prediction method in opportunistic networks[C]// IEEE ICCCN, 2015: 1-6.

[28] ZHANG L, YU B, PAN J. GeoMob: A mobility-aware geocast scheme in metropolitans via taxicabs and buses[C]// IEEE INFOCOM, 2014: 1279-1787.

[29] CHEN H, LOU W. Making nodes cooperative: A secure incentive mechanism for message forwarding in DTNs[C]// IEEE ICCCN, 2013: 1-7.

[30] NING T, YANG Z, WU H. Self-interest-driven incentives for ad dissemination in autonomous mobile social networks[C]// IEEE INFOCOM, 2013: 2310-2318.

[31] KRIFA A, BARAKAT C, SPYROPOULOS T. MobiTrade: Trading content in disruption tolerant networks[C]// ACM Workshop on Challenged Networks, 2011: 31-36.

[32] XIAO M, WU J, HUANG L. Community-aware opportunistic routing in mobile social networks[J]. IEEE transactions on computers, 2014, 63(7):1682-1695.

[33] FU X, LI W, FORTINO G, et al. A utility-oriented routing scheme for interest-driven community-based opportunistic networks[J]. Journal of universal computer science, 2014, 20(13):1829-1854.

[34] LI H, ZHU H, DU S. Privacy leakage of location sharing in mobile social networks: Attacks and defense[J]. IEEE transactions on dependable and secure computing, DOI:10.1109/TDSC, 2016.2604383, 2016.

[35] LI F, WANG H, NIU B. A practical group matching scheme for privacy-aware users in mobile social networks[C]// IEEE WCNC, 2016: 1-6.

[36] FRUSTACI M, PACE P, ALOI G, et al. Evaluating critical security issues of the IoT world: Present and future challenges[J]. IEEE internet of things journal, DOI: 10.1109/JIOT.2017.2767291, 2017.

[37] YAO A C. Protocols for secure computations[C]// Proc. IEEE SFCS, 1982: 160-164.

[38] XU Q, SU Z, GUO S. A game theoretical incentive scheme for relay selection services in mobile social networks[J]. IEEE transactions on vehicular technology, 2016, 65(8):6692-6702.

[39] LINDGREN A, DORIA A, SCHELÉN O. Probabilistic routing in intermittently connected networks[J]. ACM SIGMOBILE mobile computing and communications review, 2003, 7(3):19-20.

[40] GUERRERO-IBANEZ J A, ZEADALLY S, CONTRERAS-CASTILLO J. Integration challenges of intelligent transportation systems with connected vehicle, cloud computing, and Internet of things technologies[J]. IEEE wireless communications, 2015, 22(6):122-128.

[41] AHN J, WANG Y, YU B, et al. RISA: Distributed road information sharing architecture[C]// IEEE INFOCOM, 2012: 1494-1502.

[42] SALAHUDDIN M A, AL-FUQAHA A, GUIZANI M. Software-defined networking for RSU clouds in support of the Internet of vehicles[J]. IEEE internet of things journal, 2015, 2(2):133-144.

[43] ZHENG Q, ZHENG K, ZHANG H, et al. Delay-optimal virtualized radio resource scheduling in software-defined vehicular networks via stochastic learning[J]. IEEE transactions on vehicular technology, 2016, 65(10):7857-7867.

[44] WANG M, SHAN H, LU R, et al. Real-time path planning based on hybrid-VANET-enhanced transportation system[J]. IEEE transactions on vehicular technology, 2015, 64(5):1664-1678.

[45] AISSAOUI R, MENOUAR H, DHRAIEF A, et al. Advanced real-time traffic monitoring system based on V2X communications[C]// IEEE International Conference on Communications, 2014: 2713-2718.

[46] WANG J, HUANG Y, FENG Z, et al. Reliable traffic density estimation in vehicular network[J]. IEEE transactions on vehicular technology, 2018, 67(7):6424-6437.

[47] CHEN L W, CHANG C C. Cooperative traffic control with green wave coordination for multiple intersections based on the Internet of vehicles[J]. IEEE transactions on systems, man, and cybernetics: systems, 2017, 47(7):1321-1335.

[48] WU D, LIU Q, LI Y, et al. Adaptive lookup of open WiFi using crowdsensing[J]. IEEE/ACM transactions on networking, 2016, 24(6):3634-3647.

[49] DUA A, BULUSU N, FENG W C, et al. Towards trustworthy participatory sensing[C]// USENIX Hotsec, 2009: 1-6.

[50] VAHDAT A, BECKER D. Epidemic routing for partially-connected Ad hoc networks[J]. Technical Report CS-2000-06, Duke University, 2000.

[51] BAZZI A, ZANELLA A. Position based routing in crowd sensing vehicular networks[J]. Ad hoc networks, 2016, 36(2):409-424.

[52] INDEX G C. Cisco global cloud index: Forecast and methodology, 2016–2021 white paper[J].

[53] BASTUG E, BENNIS M, DEBBAH M. Living on the edge: The role of proactive caching in 5G wireless networks[J]. IEEE communications magazine, 2014, 52(8):82-89.

[54] LIMBASIYA T, DAS D. Secure message transmission algorithm for vehicle to vehicle (V2V) communication[C]// 2016 IEEE Region 10 Conference (TENCON), 2016: 2507-2512.

[55] YANG L, XU J, WU G, et al. Road probing: RSU assisted data collection in vehicular networks[C]// International Conference on Wireless Communications, Networking and Mobile Computing, 2009: 2717-2720.

[56] CHEN X, WANG L. Exploring fog computing-based adaptive vehicular data scheduling policies through a compositional formal method-PEPA[J]. IEEE communications letters, 2017, 21(4):745-748.

[57] MAO G, ZHANG Z, ANDERSON B D. Cooperative content dissemination and offloading in heterogeneous mobile networks[J]. IEEE transactions on vehicular technology, 2015, 65(8):6573-6587.

[58] MIN H, LEE J, PARK S, et al. Capacity enhancement using an interference limited area for device-to-device uplink underlaying cellular networks[J]. IEEE transactions on wireless communications, 2011, 10(12):3995-4000.

[59] LUAN T H, SHEN X, FAN B, et al. Feel bored? join verse! engineering vehicular proximity social networks[J]. IEEE transactions on vehicular technology, 2015, 64(3):1120-1131.

[60] NING Z, XIA F, HU X, et al. Social-oriented adaptive transmission in opportunistic internet of smartphones[J]. IEEE transactions on industrial informatics, 2017, 13(2):810-820.

[61] GALLO L, HAERRI J. Unsupervised long-term evolution device-to-device: A case study for safety-critical V2X communications[J]. IEEE vehicular technology magazine, 2017, 12(2):69-77.

[62] MEZGHANI F, DHAOU R, NOGUEIRA M, et al. Content dissemination in vehicular social networks: Taxonomy and user satisfaction[J]. IEEE communications magazine, 2014, 52(12):34-40.

[63] CENERARIO N, DELOT T, ILARRI S. A content-based dissemination protocol for VANETs: Exploiting the encounter probability[J]. IEEE transactions on intelligent transportation systems, 2011, 12(3):771-782.

[64] SCHWARTZ R S, OHAZULIKE A E, SOMMER C, et al. On the applicability of fair and adaptive data dissemination in traffic information systems[J]. Ad hoc networks, 2014, 13:428-443.

[65] QIN J, ZHU H, ZHU Y. POST: Exploiting dynamic sociality for mobile advertising in vehicular networks[J]. IEEE transactions on parallel and distributed systems, 2016, 27(6):1770-1782.

[66] SUN W, STRÖM E G, BRÄNNSTRÖM F, et al. Radio resource management for D2D-based V2V communication[J]. IEEE transactions on vehicular technology, 2015, 65(8):6636-6650.

[67] REN Y, LIU F, LIU Z, et al. Power control in D2D-based vehicular communication networks[J]. IEEE transactions on vehicular technology, 2015, 64(12):5547-5562.

[68] ZHANG Y, TIAN F, SONG B, et al. Social vehicle swarms: A novel perspective on socially aware vehicular communication architecture[J]. IEEE wireless communications, 2016, 23(4):82-89.

[69] LI H, WANG B, SONG Y, et al. Veshare: A D2D infrastructure for real-time social-enabled vehicle networks[J]. IEEE wireless communications, 2016, 23(4):96-102.

[70] ZHANG B, LI Y, JIN D, et al. Social-aware peer discovery for D2D communications underlaying cellular networks[J]. IEEE transactions on wireless communications, 2014, 14(5):2426-2439.

[71] ZHANG Y, SONG L, SAAD W, et al. Exploring social ties for enhanced device-to-device com-

munications in wireless networks[C]// 2013 IEEE Global Communications Conference (GLOBECOM). 2013: 4597-4602.

[72] LIU J, MAO Y, ZHANG J, et al. Delay-optimal computation task scheduling for mobile-edge computing systems[C]// 2016 IEEE International Symposium on Information Theory (ISIT), 2016: 1451-1455.

[73] MAO Y, ZHANG J, LETAIEF K B. Dynamic computation offloading for mobile-edge computing with energy harvesting devices[J]. IEEE journal on selected areas in communications, 2016, 34(12):3590-3605.

[74] LABIDI W, SARKISS M, KAMOUN M. Joint multi-user resource scheduling and computation offloading in small cell networks[C]// 2015 IEEE 11th International Conference on Wireless and Mobile Computing, Networking and Communications (WiMob), 2015: 794-801.

[75] ZHAO Y, ZHOU S, ZHAO T, et al. Energy-efficient task offloading for multiuser mobile cloud computing[C]// 2015 IEEE/CIC International Conference on Communications in China (ICCC), 2015: 1-5.

[76] YOU C, HUANG K. Multiuser resource allocation for mobile-edge computation offloading[C]// 2016 IEEE Global Communications Conference (GLOBECOM), 2016: 1-6.

[77] MAO Y, ZHANG J, SONG S, et al. Power-delay tradeoff in multi-user mobile-edge computing systems[C]// 2016 IEEE Global Communications Conference (GLOBECOM), 2016: 1-6.

[78] WANG Y, SHENG M, WANG X, et al. Mobile-edge computing: Partial computation offloading using dynamic voltage scaling[J]. IEEE transactions on communications, 2016, 64(10):4268-4282.

[79] ZHANG J, HU X, NING Z, et al. Energy-latency trade-off for energy-aware offloading in mobile edge computing networks[J]. IEEE internet of things journal, 2018, 5(4):2633-2645.

[80] YANG L, CAO J, CHENG H, et al. Multi-user computation partitioning for latency sensitive mobile cloud applications[J]. IEEE transactions on computers, 2014, 64(8):2253-2266.

[81] NING Z, HUANG J, WANG X. Vehicular fog computing: Enabling real-time traffic management for smart cities[J]. IEEE wireless communications, DOI: 10.1109/MWC.2018.1700441, 2018.

[82] LIU Y, XU C, ZHAN Y, et al. Incentive mechanism for computation offloading using edge computing: A stackelberg game approach[J]. Computer networks, 2017, 129(2):399-409.

[83] HOU X, LI Y, CHEN M, et al. Vehicular fog computing: A viewpoint of vehicles as the infrastructures[J]. IEEE transactions on vehicular technology, 2016, 65(6):3860-3873.

[84] ZHANG W, ZHANG Z, CHAO H C. Cooperative fog computing for dealing with big data in the Internet of vehicles: Architecture and hierarchical resource management[J]. IEEE communications magazine, 2017, 55(12):60-67.

[85] LAMAR B W. A method for solving network flow problems with general nonlinear arc costs[G]// Network Optimization Problems: Algorithms, Applications and Complexity. World Scientific, 1993: 147-167.

[86] EDMONDS J, KARP R M. Theoretical improvements in algorithmic efficiency for network flow problems[J]. Journal of the ACM, 1972, 19(2):248-264.

[87] ZHANG K, MAO Y, LENG S, et al. Mobile-edge computing for vehicular networks: A promising network paradigm with predictive off-loading[J]. IEEE vehicular technology magazine, 2017, 12(2):36-44.

[88] NING Z L, GUO L, PENG Y, et al. Joint scheduling and routing algorithm with load balancing

in wireless mesh network [J]. Computers & electrical engineering, 2012, 38(3): 533-550.

[89] BARBAROSSA S, SARDELLITTI S, LORENZO P D. Joint allocation of computation and communication resources in multiuser mobile cloud computing[C]// 2013 IEEE 14th Workshop on Signal Processing Advances in Wireless Communications (SPAWC), 2013: 26-30.

[90] ZHANG J, HU X P, NING Z L, et al, Joint Resource Allocation for Latency-Sensitive Services over Mobile Edge Computing Networks with Caching[J]. IEEE internet of things journal, 2019, 6(3): 4283-4294.

[91] NING Z L, WANG X J, RODRIGUES J, et al. Joint Computation Offloading, Power Allocation, and Channel Assignment for 5G-enabled Traffic Management Systems[J]. IEEE Transactions on Industrial Informatics, 2019, 15(5): 3058-3067.

[92] NING Z L, DONG P R, KONG X J, et al. A Cooperative Partial Computation Offloading Scheme for Mobile Edge Computing Enabled Internet of Things[J]. IEEE Internet of Things Journal, 2019, 6(3): 4804-4814.

[93] WANG X, YANG L T, XIE X, et al. A cloud-edge computing framework for cyber-physical-social services[J]. IEEE communications magazine, 2017, 55(11):80-85.

[94] ZENG X, XU G, ZHENG X, et al. E-aua: An efficient anonymous user authentication protocol for mobile IoT[J]. IEEE internet of things journal, 2018, 6(2): 1506-1519.

[95] GU L, ZENG D, GUO S, et al. Cost efficient resource management in fog computing supported medical cyber-physical system[J]. IEEE transactions on emerging topics in computing, 2017, 5(1):108-119.

[96] MUÑOZ O, PASCUAL-ISERTE A, VIDAL J. Joint allocation of radio and computational resources in wireless application offloading[C]// 2013 Future Network Mobile Summit, 2013: 1-10.

[97] MUÑOZ O, PASCUAL-ISERTE A, VIDAL J. Optimization of radio and computational resources for energy efficiency in latency-constrained application offloading[J]. IEEE transactions on vehicular technology, 2015, 64(10):4738-4755.

[98] HOU W G, NING Z L, GUO L, Green Survivable Collaborative Edge Computing in Smart Cities[J]. IEEE transactions on industrial informatics, 2018, 14(4): 1594-1605.

[99] WANG X, NING Z, WANG L. Offloading in Internet of vehicles: A fog-enabled real-time traffic management system[J]. IEEE transactions on industrial informatics, DOI: 10.1109/TII.2018. 2816590, 2018.

[100] WANG X J, NING Z L, ZHOU M C, et al. Privacy-Preserving Content Dissemination for Vehicular Social Networks: Challenges and Solutions[J]. IEEE communications surveys and tutorials, 2019, 21(2): 1314-1345.

[101] NING Z, HU X, CHEN Z, et al. A cooperative quality-aware service access system for social internet of vehicles[J]. IEEE internet of things journal, 2018, 5(4):2506-2517.

[102] YANG L, CAO J N, WANG Z Y, et al. Network Aware Multi-User Computation Partitioning in Mobile Edge Clouds[C]//2017 46th International Conference on Parallel Processing (ICPP), 2017: 1-6.

[103] NING Z L, DONG P R, WANG X J, et al, When Deep Reinforcement Learning Meets 5G-enabled Vehicular Networks: A Distributed Offloading Framework for Traffic Big Data[J]. IEEE transactions on industrial informatics, 2020, 16(2): 1352-1361.

[104] TALEB T, DUTTA S, KSENTINI A, et al. Mobile edge computing potential in making cities smarter[J]. IEEE communications magazine, 2017, 55(3):38-43.

[105] YANG C S, AVESTIMEHR A S, PEDARSANI R. Communication-Aware Scheduling of Serial Tasks for Dispersed Computing[C]//2018 IEEE International Symposium on Information Theory (ISIT), 2018: 1-6.

[106] YUAN F, NIU X, LI X, et al. Survivable virtual topology mapping for single-node failure in ip over wdm network[C]// Asia Communications and Photonics Conference and Exhibition. Optical Society of America, 2011: 83101S.

[107] JARRAY A, SONG Y, KARMOUCH A. P-cycle-based node failure protection for survivable virtual network embedding[C]// 2013 IFIP Networking Conference, 2013: 1-9.

[108] HMAITY A, SAVI M, MUSUMECI F, et al. Virtual network function placement for resilient service chain provisioning[C]// 2016 IEEE 8th International Workshop on Resilient Networks Design and Modeling (RNDM), 2016: 245-252.

[109] ROFOEE B R, ZERVAS G, YAN Y, et al. Hardware virtualized flexible network for wireless data-center optical interconnects[J]. Journal of optical communications and networking, 2015, 7(3):A526-A536.

[110] MUHTAR A, QAZI B R, BHATTACHARYA S, et al. Greening vehicular networks with standalone wind powered RSUs: A performance case study[C]// IEEE ICC, 2013: 4437-4442.

[111] CAO Y, YANG S, MIN G, et al. A cost-efficient communication framework for battery-switch-based electric vehicle charging[J]. IEEE communications magazine, 2017, 55(5):162-169.

[112] CHEN C, XIAO L, DUAN S, et al. Cooperative optimization of electric vehicles in microgrids considering across-time-and-space energy transmission[J]. IEEE transactions on industrial electronics, DOI: 10.1109/TIE.2017.2784410, 2017.

[113] MOON S, MOON G W. Wireless power transfer system with an asymmetric four-coil resonator for electric vehicle battery chargers[J]. IEEE transactions on power electronics, 2016, 31(10):6844-6854.

[114] TRAN T X, HAJISAMI A, PANDEY P, et al. Collaborative mobile edge computing in 5G networks: New paradigms, scenarios, and challenges[J]. IEEE communications magazine, 2017, 55(4):54-61.

[115] CHEN X, PU L, GAO L, et al. Exploiting massive D2D collaboration for energy-efficient mobile edge computing[J]. IEEE wireless communications, 2017, 24(4):64-71.

[116] LIU J, WAN J, JIA D, et al. High-efficiency urban traffic management in context-aware computing and 5G communication[J]. IEEE communications magazine, 2017, 55(1):34-40.

[117] MAO Y, YOU C, ZHANG J, et al. A survey on mobile edge computing: The communication perspective[J]. IEEE communications surveys & tutorials, 2017, 19(4):2322-2358.

[118] ZHOU Z, XIONG F, XU C, et al. Energy-efficient vehicular heterogeneous networks for green cities[J]. IEEE transactions on industrial informatics, 2018, 14(4):1522-1531.

[119] FENG J, LIU Z, WU C, et al. AVE: Autonomous vehicular edge computing framework with ACO-based scheduling[J]. IEEE transactions on vehicular technology, 2017, 66(12):10660-10675.

[120] ATOUI W S, AJIB W, BOUKADOUM M. Offline and online scheduling algorithms for energy harvesting RSUs in VANETs[J]. IEEE transactions on vehicular technology, DOI: 10.1109/TVT.2018.2797002, 2018.

[121] 上海地面累年值日值数据集 (1981-2010), 2018, http://data.cma.cn/data/cdcdetail/dataCode/A.0029.0001_310.html.

[122] KUMAR W, MUHTAR A, QAZI B R, et al. Energy and QoS evaluation for a V2R network[C]// IEEE GLOBECOM, 2011: 1-5.

[123] HAMMAD A A, TODD T D, KARAKOSTAS G, et al. Downlink traffic scheduling in green vehicular roadside infrastructure[J]. IEEE transactions on vehicular technology, 2013, 62(3):1289-1302.

[124] ESPOSITO C, DE SANTIS A, TORTORA G, et al. Blockchain: A panacea for healthcare cloud-based data security and privacy?[J]. IEEE cloud computing, 2018, 5(1):31-37.

[125] CHRISTIDIS K, DEVETSIKIOTIS M. Blockchains and smart contracts for the internet of things[J]. IEEE access, 2016, 4:2292-2303.

[126] DORRI A, LUO F, KANHERE S S, et al. Spb: A secure private blockchain-based solution for energy trading[J]. arXiv preprint arXiv:1807.10897, 2018.

[127] LI Z, KANG J, YU R, et al. Consortium blockchain for secure energy trading in industrial internet of things[J]. IEEE transactions on industrial informatics, 2017, 14(8):3690-3700.

[128] KANG J, YU R, HUANG X, et al. Enabling localized peer-to-peer electricity trading among plug-in hybrid electric vehicles using consortium blockchains[J]. IEEE transactions on industrial informatics, 2017, 13(6):3154-3164.

[129] MIHAYLOV M, JURADO S, AVELLANA N, et al. Nrgcoin: Virtual currency for trading of renewable energy in smart grids[C]//IEEE 11th International Conference on the European Energy Market (EEM14), 2014: 1-6.

[130] KIM G, PARK J, RYOU J. A study on utilization of blockchain for electricity trading in microgrid[C]// 2018 IEEE International Conference on Big Data and Smart Computing (BigComp), 2018: 743-746.

[131] MAHARJAN S, ZHU Q, ZHANG Y, et al. Dependable demand response management in the smart grid: A stackelberg game approach[J]. IEEE transactions on smart grid, 2013, 4(1):120-132.